医疗器械类专业实训教材

医疗器械类专业基础技能实训

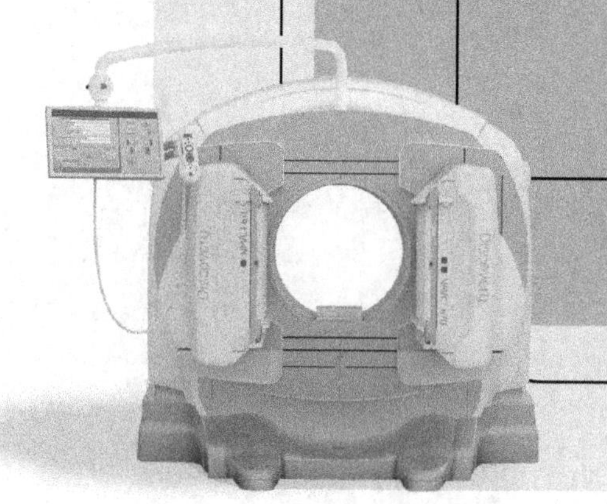

主编 李小红（安徽医学高等专科学校）

编者 曹 彦（安徽医学高等专科学校）
余会娟（安徽医学高等专科学校）

东南大学出版社
SOUTHEAST UNIVERSITY PRESS
·南京·

图书在版编目(CIP)数据

医疗器械类专业基础技能实训 / 李小红主编. —南京：东南大学出版社，2014.7(2023.8 重印)

ISBN 978-7-5641-5027-3

Ⅰ. ①医… Ⅱ. ①李… Ⅲ. ①医疗器械—电子电路—教材 Ⅳ. ①TN77

中国版本图书馆 CIP 数据核字(2014)第 123878 号

医疗器械类专业基础技能实训

出版发行	东南大学出版社
出 版 人	江建中
社　　址	南京市四牌楼 2 号
邮　　编	210096
经　　销	江苏省新华书店
印　　刷	广东虎彩云印刷有限公司
开　　本	787 mm×1 092 mm　1/16
印　　张	16.75
字　　数	420 千字
版　　次	2014 年 7 月第 1 版　2023 年 8 月第 4 次印刷
书　　号	ISBN　978-7-5641-5027-3
定　　价	45.00 元

***本社图书若有印装质量问题，请直接与营销部联系，电话：025—83791830。**

医疗器械类专业
基础技能实训

前言

2012年6月，教育部印发《国家教育事业发展第十二个五年规划》，特别提出"高等职业教育重点培养产业转型升级和企业技术创新需要的发展型、复合型和创新型的技术技能人才"。这就要求高职医疗电子工程专业根据职业能力需求培养人才，密切联系实际，通过项目导向、任务驱动的方式，将教学内容设计成技能型的训练项目，实施教、学、做、练一体化的项目化、模块化的教学，达到职业意识与职业技能的综合培养。

实践是工程最本质的属性。本实训指导书遵循这一原则，依据医疗电子工程专业人才培养所涉及的核心技能，将基础课程中的实训任务归纳在包括电路基础、模拟电路、数字电路、单片机、传感器等在内的十一个项目中，以便于开展模块化实训教学。

希望这本书能帮助医疗器械类高职学生系统掌握专业基础知识和基础技能，同时也帮助医疗器械维护维修人员更高效地开展工作。

限于水平，书中错误和疏漏之处在所难免，恳请读者指正，以利于我们进一步改进和完善。

编　者

2014年5月

目录

项目一　电子测量仪器实训

实训一　指针式万用表的结构及使用

实训目标

1. 知识目标

(1) 了解万用表测量的基本原理。

(2) 熟悉指针式万用表的基本结构。

2. 技能目标

(1) 掌握指针式万用表的使用方法。

(2) 学会用万用表测量各种物理量。

实训原理

万用表又称多用表，是用来测量直流电流、直流电压和交流电流、交流电压、电阻等参数的仪表，有的万用表还可以用来测量电容、电感以及晶体二极管、三极管的某些参数。常用的有指针式万用表和数字万用表。

指针式万用表的基本工作原理是利用一只灵敏的磁电式直流电流表(微安表)做表头。当微小电流通过表头时，就会有电流指示。但表头不能通过大电流，所以，必须在表头上并联或串联电阻进行分流或降压，从而测出电路中的电流、电压和电阻。图1-1-1所示分别为测直流电流、直流电压、交流电压及电阻的原理示意图。

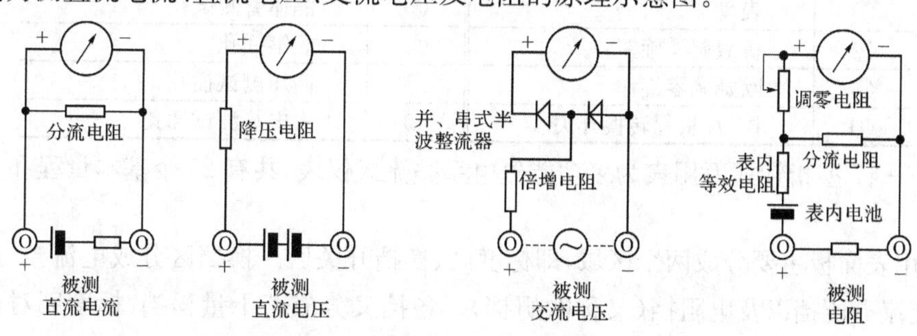

图1-1-1　指针式万用表测量原理示意图

基本使用方法：

(1) 测试前，首先把万用表置于水平状态，看其指针是否处于零点(指电流、电压刻度的零点)，若不在，则应调节表头下方的“机械调零旋钮”，使指针指向零点。

(2) 根据被测项，正确选择万用表上的测量项目及量程开关。

如已知被测量的数量级，则选择与其相对应的数量级量程。如不知被测量的数量级，则应从选择最大量程开始测量，当指针偏转角太小而无法精确读数时，再把量程减小。一般以指针偏转角不小于最大刻度的30%为合理量程。

实训器材

MF-47型万用表；电阻、电容、电感、二极管、三极管若干。

实训内容与步骤

1. 认识万用表

指针式万用表(又称为机械式万用表)是一种用途广泛的常用测量仪表，主要由表盘、转换开关、表笔和测量电路(内部)四个部分组成，其型号很多，但使用方法基本相同，下面以MF-47型万用表为例作介绍。

(1) 基本结构

MF-47型万用表的外观如图1-1-2、图1-1-3所示，其面板结构见表1-1-1。

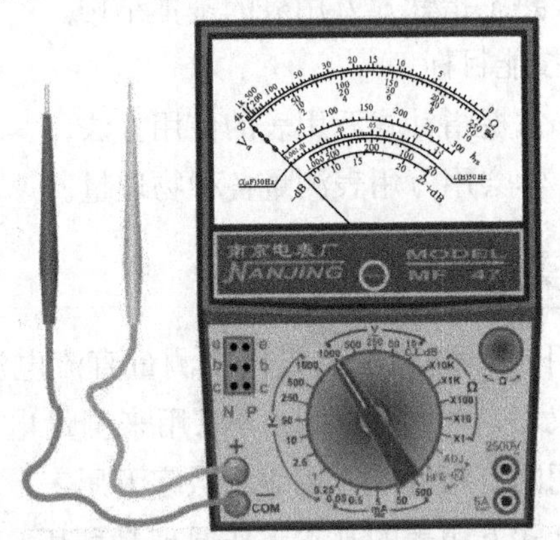

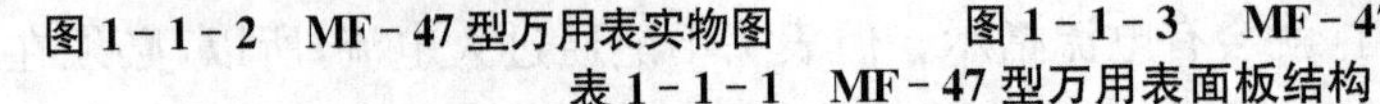

图1-1-2 MF-47型万用表实物图　　图1-1-3 MF-47型万用表外观示意图

表1-1-1 MF-47型万用表面板结构

标号	名称	标号	名称
①	表盘	⑤	晶体管测试孔
②	机械调零旋钮	⑥	表笔插孔
③	欧姆调零旋钮	⑦	高压测试插孔
④	挡位/量程转换开关	⑧	大电流测试插孔

MF-47型指针式万用表为多功能磁电系整流式仪表，共有25个基本量程和4个附加量程。

万用表面板主要分成两个区域，即标度区、换挡开关区。换挡区分成电流挡、直流电压挡、交流电压挡以及电阻挡(又称欧姆挡)。各挡又分成若干量程挡，标度区对应不同测量挡有不同的标度尺。如图1-1-4所示，表盘上共有6条标度尺。

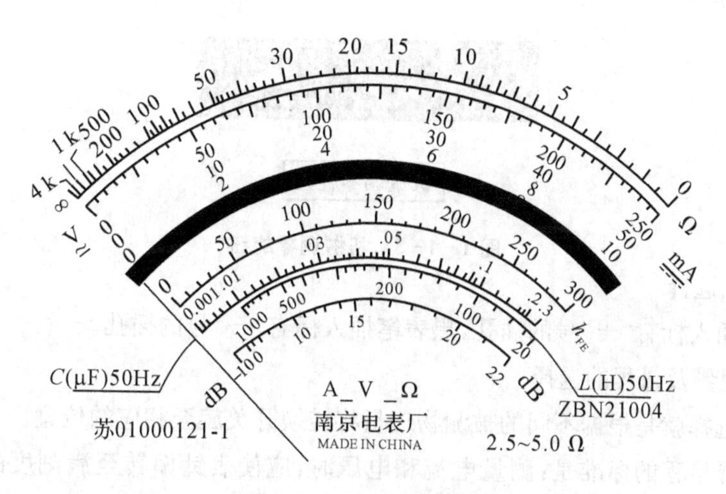

图 1-1-4　表盘标度尺

第一条标度尺：电阻标度尺（读数时从右向左读），用“Ω”表示。

第二条标度尺：交流电压、直流电压、电流共用标度尺（读数时从左向右读），用“$\underset{\simeq}{V}$”表示。

第三条标度尺：晶体管共发射极直流电流放大系数标度尺，用“h_{FE}”表示。

第四条标度尺：电容容量标度尺，用“C(μF)50 Hz”表示。

第五条标度尺：电感量标度尺，用“L(H)50 Hz”表示。

第六条标度尺：音频电平标度尺，用“dB”表示。

读数时，应尽量使视线与表面垂直（镜面的作用），以减小由于视线偏差引起的使用误差。

(2) 使用注意事项

①进行测量前，先检查红、黑表笔连接的位置是否正确。红色表笔接到红色接线柱或标有“＋”号的插孔内，黑色表笔接到黑色接线柱或标有“－”号的插孔内，不能接反，否则在测量直流电量时会因正负极的反接而使指针反转，损坏表头部件。

②在表笔连接被测电路之前，一定要查看所选挡位与测量对象是否相符，否则，误用挡位和量程，不仅得不到测量结果，而且还会损坏万用表。

在此提醒初学者，万用表损坏往往就是上述两种原因造成的。

③测量时，须用右手握住两支表笔，手指不要触及表笔的金属部分和被测元器件。

④测量中若需转换量程，必须在表笔离开电路后才能进行，否则选择开关转动产生的电弧易烧坏选择开关的触点，造成万用表接触不良的事故。

⑤在实际测量中，经常要测量多种电量，每一次测量前要注意根据每次测量任务把选择开关转换到相应的挡位和量程，这是初学者最容易忽略的环节。

2. 使用前的准备

(1) 机械调零

万用表在测量前，应注意水平放置时，用小改锥左右微调表盘上的机械调零旋钮（见图 1-1-5），使指针指准交、直流挡标尺的零刻度位置。否则读数会有较大的误差。

图 1-1-5　机械调零旋钮

(2) 插孔选择

红表笔插入标有“+”号的插孔，黑表笔插入标有“-”号的插孔。

(3) 物理量及量程的选择

物理量选择就是根据不同的被测物理量将转换开关旋至相应的位置。

合理选择量程的标准是：测量电流和电压时，应使表针偏转至满刻度的 1/2 或 2/3 以上；测量电阻时，应使表针偏转至中心刻度值的 1/10～10 倍，通俗地说就是测量时使指针停在表盘中间或靠近中间的位置。

3. 测量电阻

(1) 注意事项

①使用欧姆挡时不能带电测量。

②被测电阻不能有并联支路。

③每次读数前都需要进行欧姆调零。

(2) 测量步骤

①将转换开关旋至“Ω”挡。

②估计所测电阻阻值，如根据色环标识读出电阻的标称值。

③选择适当量程，预计使指针指示在中线附近。如果不能估测出被测电阻阻值，一般将开关拨在 $R\times100$ 或 $R\times1\text{ k}$ 的位置进行初测，然后看指针是否停在中线附近，如果是，说明量程合适。若指针太靠零，则要减小量程；若指针太靠近无穷大，则要增大量程。

④测量并读数：阻值＝刻度值×倍率。

在每次读数前，还需要进行欧姆调零。如图 1-1-6 所示，将红、黑两笔短接，观察指针是否指在零刻度位置，如果没有，则需调节欧姆调零旋钮，使指针指在第一条标度尺的零刻度位置，即零欧姆处。

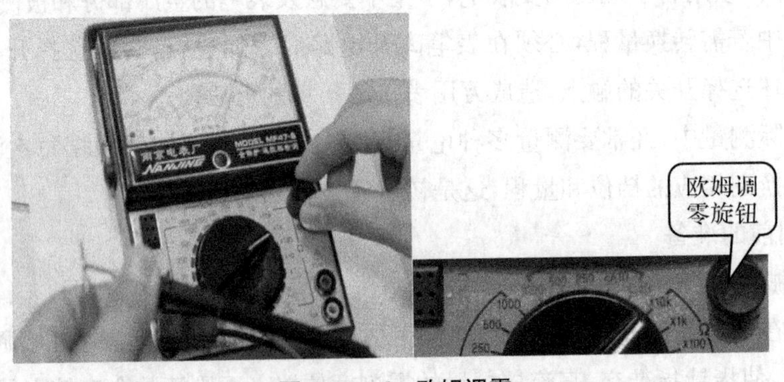

图 1-1-6　欧姆调零

注意:每换一次挡位,在正式测量之前都需重新进行欧姆调零,以减小测量误差。若调不到零点,多数原因是电池电量不足,此时应更换电池。

如图 1-1-7 所示,读出:阻值=24×10 k=240 kΩ

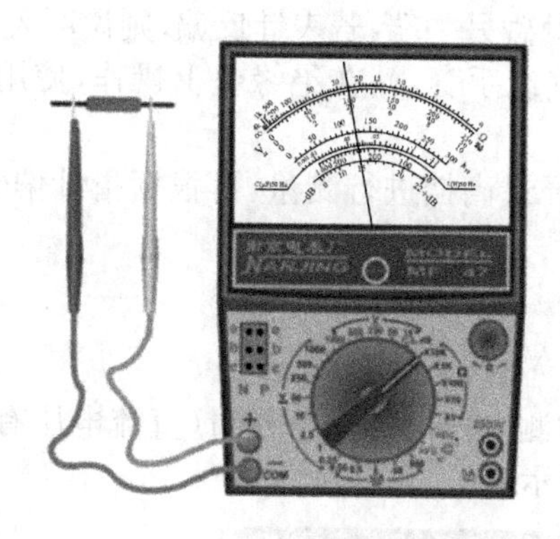

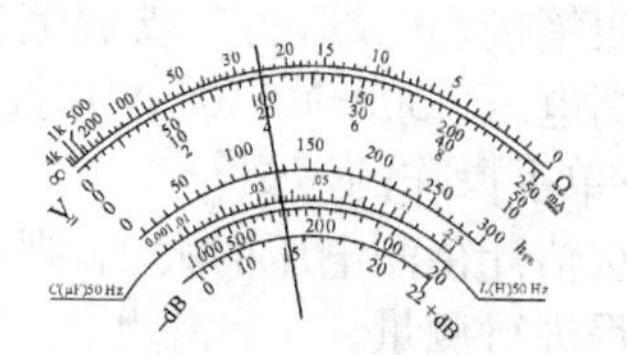

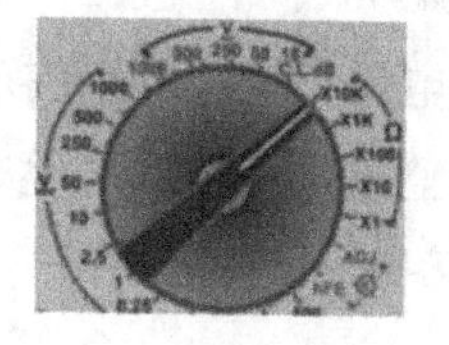

图 1-1-7　电阻测量

注意:图 1-1-8 所示为错误的测量方法。试分析并说明原因。

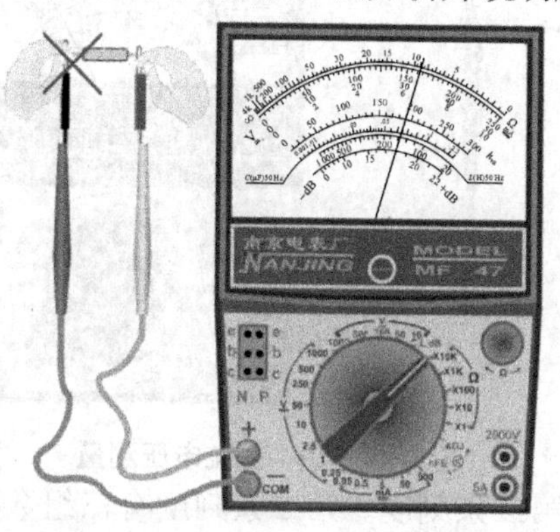

图 1-1-8　不正确的测量方法

⑤挡位复位:测量完毕,将转换开关调至 OFF 位置或调至交流电压 1 000 V 挡。

(3) 实训

如图 1-1-9 所示,所测电阻阻值为多少?

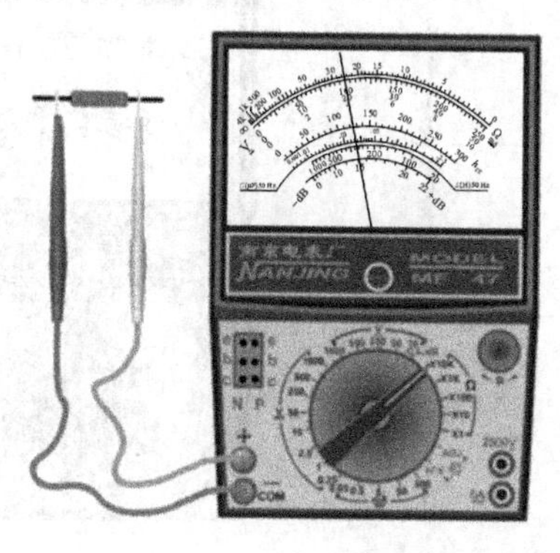

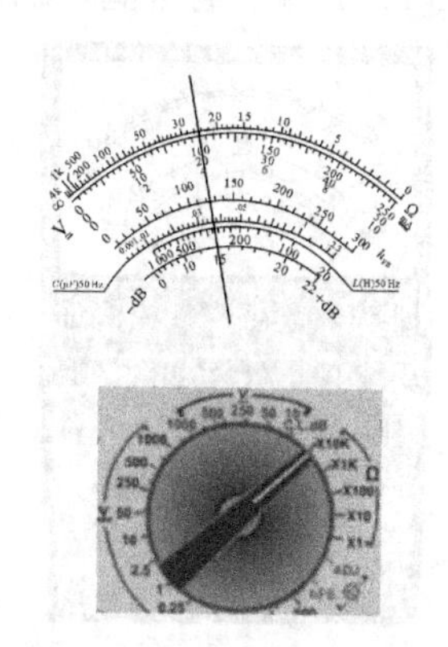

图 1-1-9　电阻测量实训

阻值=__________×__________=__________Ω。

4. 测量电压

(1) 注意事项

①将万用表与被测电路并联测量。

②测量直流电压时,应将红表笔接高电位,黑表笔接低电位。若无法区分高低电位,应先将一支表笔接稳一端,另一支表笔快速触碰另一端,若表针反偏,则说明表笔接反。

③测量高电压(500～2 500 V)时应戴绝缘手套,站在绝缘垫上操作,使用高压测试表笔,并养成单手操作的习惯。

④若无法估计待测电压的大小,则应选择最高挡进行测量,再根据指针偏转情况,选择合适的量程进行测量。

(2) 测量步骤

①根据所测电压类型,调整转换开关至"V̰"挡或"V̤"挡。

②测量并调整量程。将两表笔并接在被测电压两端进行测量(直流电压有正负极之分,交流电压不分正负极),如图 1-1-10 所示。

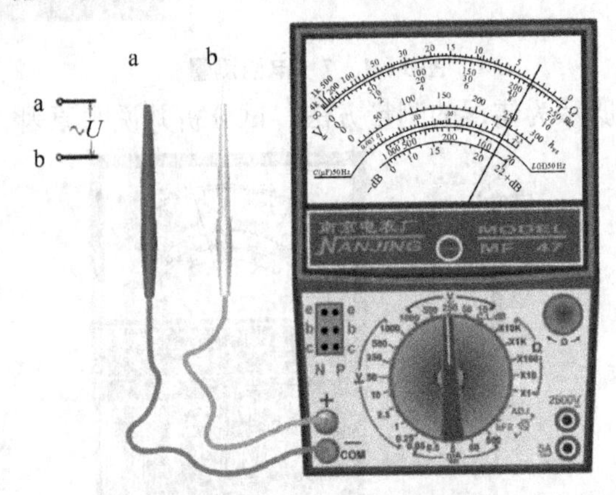

图 1-1-10　交流电压测量

③读数。读数时选择第二条刻度。第二条刻度有三组数字,要根据所选择的量程来选择刻度读数。如图 1-1-10 所示,读出此时电压值为交流 220 V(有效值)。

④挡位复位。将挡位开关打在 OFF 位置或打在交流电压 1 000 V 挡。

(3) 练习

读出图 1-1-11 中两个电压值 U_{ab} 和 U_{cd}。

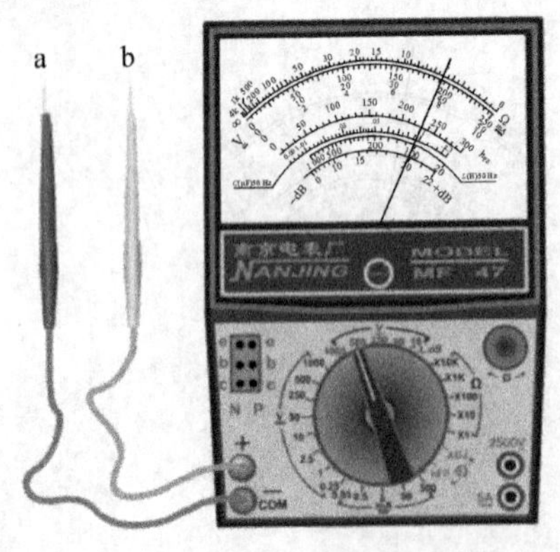

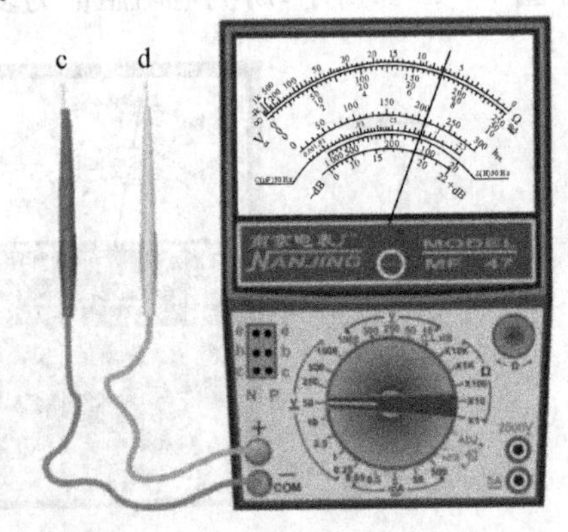

图 1-1-11　电压测量实训

U_{ab}:____________________;U_{cd}:____________________。

5. 测量电流

(1) 注意事项

①将万用表串联接入被测回路中。

②测量直流电流时，应使电流从红表笔流入、从黑表笔流出万用表。

③在测量时不允许带电换挡。

④在测量较大电流(500 mA～5 A)时，红表笔插入 5 A 专用插孔，量程选择开关置于 500 mA 挡，应断开电源后再撤去表笔。

(2) 测量步骤

①估计所测电流大小，选择量程。若不能估计电流大小，则应先用最高电流挡进行测量，以免指针偏转过度而损坏表头。注意，不允许带电换挡。

②测量并调整量程。将万用表串接在被测回路中进行测量，要注意电流方向，不可将表笔的正负极性接反。

③读数。

6. 其他功能

(1) 音频电平测量：该功能主要用于测量电信号的增益或衰减。测量方法与交流电压的测量方法相同，读数是表面最下边一条刻度尺，该刻度数值是量程选择开关在交流“10 V”挡时的直接读数值。当交流电压为“50 V”、“250 V”、“500 V”各挡时，测量结果应在表面读数值上分别加上＋14 dB、＋28 dB 和＋34 dB。

(2) 晶体管直流放大倍数 h_{FE} 的测量：先将转换开关旋至晶体管调节 ADJ 位置进行电气调零，使表针对准 $300h_{FE}$ 标度尺；然后将转换开关旋至 h_{FE} 位置，把被测晶体管插入专用插孔进行测量。N 型管孔插 NPN 型晶体管，P 型管孔插 PNP 型晶体管。

(3) 电感和电容的测量：将量程选择开关旋至交流 10 V 位置，将被测电容或电感串接于任一测试棒，而后跨接于 10 V 交流电压电路中进行测量。

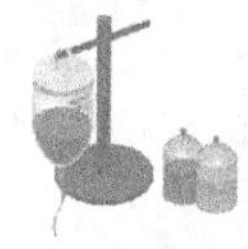

实训注意事项

万用表是比较精密的仪器，如果使用不当，不仅会造成测量不准确且极易损坏。使用万用表时应注意如下事项：

(1) 测量电流与电压时不能旋错挡位。如果误用电阻挡或电流挡去测电压，就极易烧坏电表。万用表不用时，最好将挡位旋至交流电压最高挡，避免因使用不当而损坏。

(2) 测量直流电压和直流电流时，应注意“＋”、“－”极性不要接错。如发现指针反偏，应立即调换表笔，以免损坏指针及表头。

(3) 如果不知道被测电压或电流的大小，应先用最高挡，而后再选用合适的挡位来测试，以免表针偏转过度而损坏表头。所选用的挡位愈靠近被测值，测量的数值就愈准确。

(4) 测量电阻时，不要用手触及元件的两端(或两支表笔的金属部分)，以免人体电阻

与被测电阻并联，导致测量结果不准确。

(5) 测量电阻时，如将两支表笔短接，"欧姆调零旋钮"旋至最大，指针仍然达不到零点，这种现象通常是由于表内电池电压不足造成的，应换上新电池方能准确测量。

(6) 万用表不用时，不要旋在电阻挡，因为内有电池，如不小心易使两根表笔相碰短路，不仅耗费电池，严重时甚至会损坏表头。

1. 使用指针式万用表可以测量哪些物理量?
2. 如何进行欧姆调零? 电阻可以带电测量吗? 为什么?
3. 测电流和测电压时，万用表接入电路的方式有何不同? 测量时有哪些注意事项?

(李小红)

实训二　数字万用表的结构及使用

实训目标

1. 知识目标

(1) 了解万用表测量的基本原理。

(2) 熟悉数字万用表的基本结构。

2. 技能目标

(1) 掌握数字万用表的使用方法。

(2) 学会用万用表测量各种物理量。

实训原理

数字万用表是目前最常用的一种数字仪表。其主要特点是准确度高、分辨率强、测试功能完善、测量速度快、显示直观、过滤能力强、省电、便于携带。

数字万用表的测量过程由转换电路将被测量转换成直流电压信号，再由模/数(A/D)转换器将电压模拟量转换成数字量，最后把测量结果用数字直接显示在显示屏上。

实训器材

VC－9802A 型万用表；电阻、电容、电感、二极管、三极管若干。

实训内容与步骤

1. 认识万用表

数字万用表是把连续的被测模拟电参量自动地变成断续的、用数字编码方式并以十进制数字自动显示测量结果的一种电测量仪表。下面以 VC－9802A 型万用表为例作介绍。

图 1－2－1 所示为 VC－9802A 型万用表。

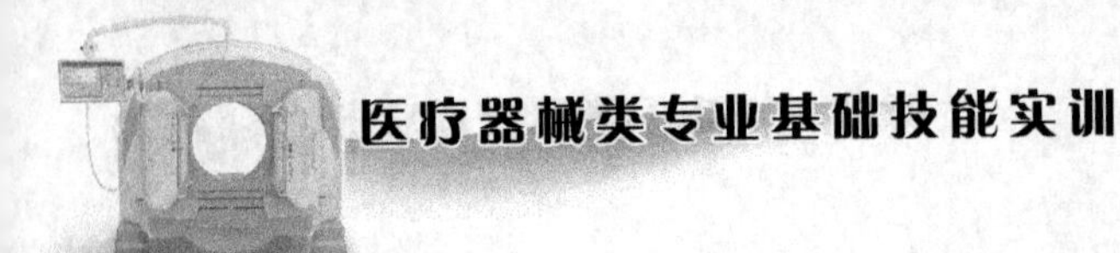

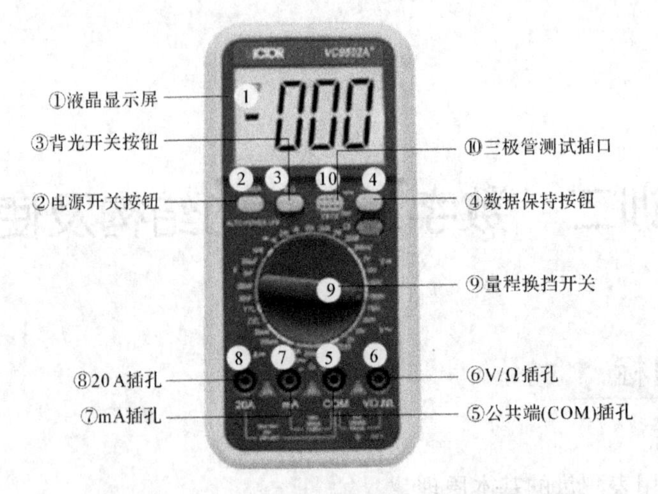

图 1-2-1 VC-9802A 型数字万用表面板结构

其主要特点是:采用 CMOS 集成电路,双积分原理 A/D 转换,自动校零,32 挡位,自动极性选择,超量程指示,液晶大屏幕显示,自动关机等功能。

下面,我们来认识数字万用表的面板:

(1) 按下电源开关②,显示屏①有显示。如果电池电量不足,则左上方会出现电池正负极符号。若电池电量不足需要及时更换电池。

(2) 若按下③,则显示屏背光打开。为节省电池,一般只要可以清楚地观察到有数据显示,就不需打开此开关。

(3) 按下④,保持屏幕已显示数据。当下一次测量时感觉数据不变化时,请留意此开关是否被误按,弹起即可进行下一次测量。

(4) 万用表有红、黑两根表笔,位置不能接反、接错,否则,会带来测试错误或判断失误。黑表笔始终接入 COM 插孔。测直流电压、交流电压、电阻、二极管和电路通断检测时,红表笔插入 V/Ω 插孔。测电流时,需要根据所测电流大小,选择将红表笔插入 mA(小电流)插孔或 20 A(大电流)插孔。

(5) 根据测试项目选择好表笔插孔后,一定不要忘记在测量前转换好挡位。测量电压时,当无法估计被测电压的大小时,应先选最高量程进行测量,然后再根据情况选择合适的量程。测量较高电压时,不论直流还是交流,都要严禁拨动量程开关,否则将会产生电火花,使万用表损坏。测量时,若万用表显示溢出符号"1",说明已发生过载,应更换高一级的量程再进行测量。记住,切不可用测电阻、电流挡测电压,如果用直流电流或电阻挡去误测交流 220 V 电源,则万用表会被立刻烧毁。

2. 电阻测量

(1) 注意事项

①使用欧姆挡时不能带电测量。

②被测电阻不能有并联支路。

③在使用各电阻挡、二极管挡时,红表笔接 V/Ω 插孔(带正电),黑表笔接 COM 插

孔。这与指针式万用表在各电阻挡上表笔的带电极性恰好相反，如图 1-2-2 所示，使用时应特别注意。

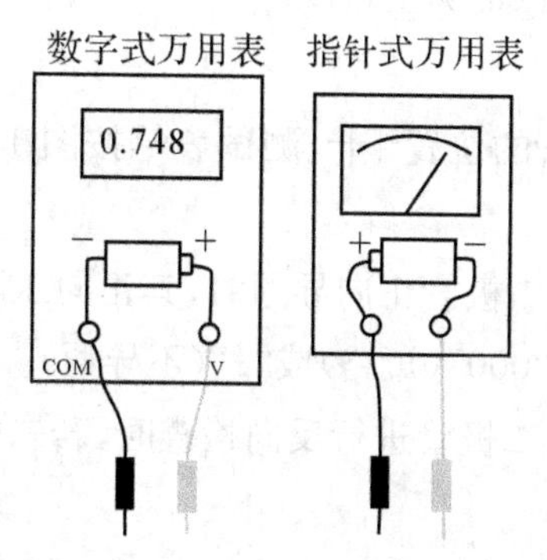

图 1-2-2 表笔带电极性区别

(2) 测量步骤

①将黑表笔插入 COM 插孔，红表笔插入 V/Ω 插孔。

②估计所测电阻阻值，选择适当量程(Ω 挡)。

③将红、黑表笔并接在被测电阻上。当输入开路时，会显示过量程状态“1”。如果被测电阻超过所用量程，则会显示溢出符号“1”，须更换至较高挡量程。

④测量并读数。当被测电阻在 1 MΩ 以上时，该表需数秒后方能稳定读数，对于高电阻测量，这是正常的。使用 200 MΩ 量程进行测量时须注意，在此量程，两表笔短接时读数为 1.0，这是正常现象，此读数是一个固定的偏移值。如被测电阻为 100 MΩ 时，读数为 101.0，正确的阻值是显示减去 1.0，即 101.0−1.0=100。

(3) 实训

读出图 1-2-3 中所测电阻阻值。

$R=$________ Ω。

图 1-2-3 电阻测量

3. 电压测量

(1) 注意事项

①测量直流电压时，最好把万用表的红表笔接被测电压的正极，黑表笔接被测电压的负极，这样可以减小测量误差。

②测量交流电压时，只能直接测量低频(40～400 Hz)正弦波信号。

(2) 测量步骤

①将黑表笔插入 COM 插孔，红表笔插入 V/Ω 插孔。

②测直流电压时，将换挡开关置于 DCV 量程范围；测交流电压时，则应置于 ACV 量程范围。如果不知被测电压范围，则首先将换挡开关置于最大量程后，视情况降至合适量程。

③将测试表笔连接到被测负载或信号源上，在显示电压读数的同时会指示出红表笔所接电源的极性。

4. 电流测量

注意事项：测量电流时，当被测电流大于 200 mA 时，应将红表笔接“20 A”插孔。测量大电流时，测量时间应尽可能短，一般以不超过 15 s 为宜。当被测电流小于 200 mA 时，红表笔应接“mA”插孔，以保证测量精度。

5. 二极管检测

量程开关旋至测量二极管的位置 ⊣▷⊢，测试表笔按图 1－2－4 所示方法接到二极管的两端。

如图 1－2－4(a)所示，当二极管正向导通时，其正向压降显示值应在 500～800 mV；若被测二极管已损坏，则显示“000”(短路)或“1”(不导通)。

如图 1－2－4(b)所示，对二极管进行反向检查时，若二极管为好的，则显示“1”，若已损坏，则显示“000”或其他值。

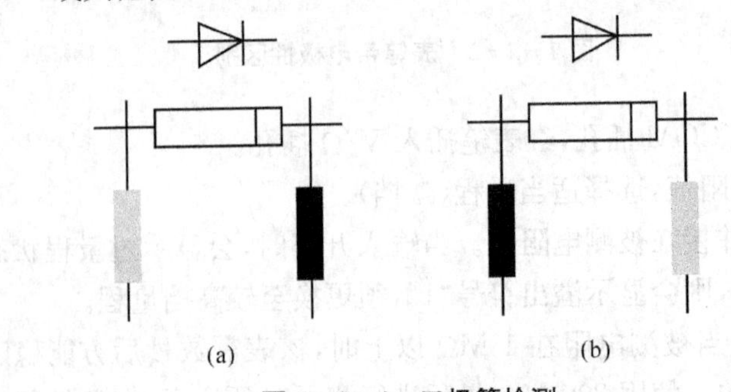

图 1－2－4　二极管检测

6. 短路检测

将量程开关转换到蜂鸣挡位置，两表笔分别连接测试点，若有短路，则蜂鸣器会响。用此方法可以检测电路线路的通断情况。

注意：蜂鸣器响并不一定表示两点间线路短路，若两点间电阻比较小(小于 20 Ω)也会响。

7. 三极管检测

测量三极管时，应先将量程开关旋至 h_{FE}。根据三极管的类型，将基极、集电极和发射极分别插入对应的“PNP”型或“NPN”型的“B”、“C”和“E”插槽中。通常 h_{FE} 值显示在 40～1 000 之间。测量晶体管 h_{FE} 值时，由于测试条件基极电流为 10 μA，V_{CE} 约 3 V，因此只能是一个近似值。

8. 电容检测

测量时先将红表笔接到电流端孔，黑表笔接到 COM 端孔，功能挡位选择电容挡位，再用红、黑表笔接已放电的电容两引脚(注意极性)，选取适当的量程后就可读取显示数据。200 μ 挡，宜于测量 20～200 μF 的电容；20 μ 挡，宜于测量 2～20 μF 的电容。测量电解电容器时，测量前必须先将电解电容器作放电处理后再进行测量，以免损坏万用表。

检测电容有专用的电容表来测量电容容量，如图 1－2－5 所示。

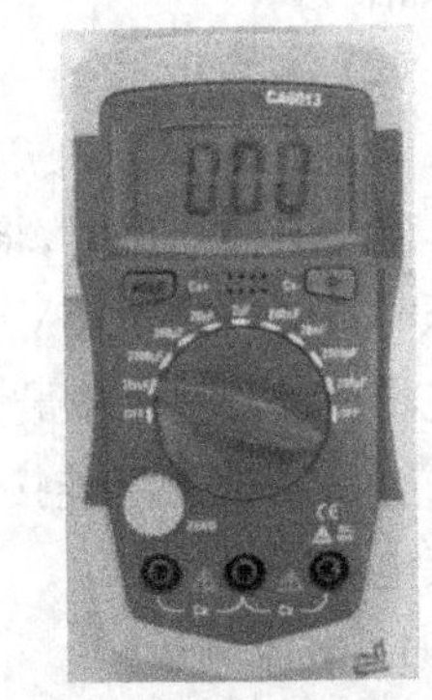

图 1－2－5　专用电容表

测量完毕，应立即关闭万用表电源 POWER。若长期不用，则应取出电池，以免电池漏液损坏万用表。

实训记录

表 1－2－1　电阻测量

序号	标称值	挡位	数显	测量值
R_1				
R_2				
R_3				
R_4				
R_5				

表 1－2－2　电压测量

序号	直流/交流	挡位	数显	测量值
U_1				
U_2				
U_3				
U_4				
U_5				

表 1－2－3　二极管检测

序号	型号与图示	测试项	挡位	数显	含义	质量判断
D_1						
D_2						
D_3						

表 1-2-4　三极管检测

序号	型号与图示	测试项	挡位	数显	含义	质量判断
VT_1						
		h_{FE}				
VT_2						
		h_{FE}				

（李小红）

实训三　双踪示波器的结构及使用

实训目标

1. 知识目标

(1) 了解示波器的结构和示波原理。

(2) 掌握示波器的使用方法。

2. 技能目标

(1) 学会用示波器测量直流、正弦交流信号电压。

(2) 观察李萨如图,学会测量正弦信号频率的方法。

实训原理

示波器是一种能观察各种电信号波形并可测量其电压、频率等的电子测量仪器。示波器还能对一些能转化成电信号的非电量进行观测,因而它还是一种应用非常广泛、通用的电子显示器。

1. 示波器的基本结构

示波器的型号很多,但其基本结构类似。示波器主要是由示波管、x 轴与 y 轴衰减器和放大器、锯齿波发生器、整步电路和电源等几部分组成。其结构图如图 1-3-1 所示。

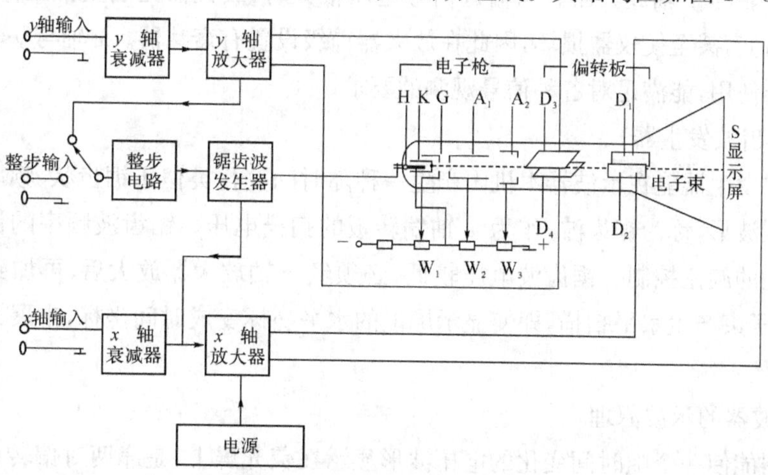

图 1-3-1　示波器原理框图

(1) 示波管

示波管由电子枪、偏转板、显示屏组成。

电子枪：由灯丝 H、阴极 K、控制栅极 G、第一阳极 A_1、第二阳极 A_2组成。灯丝通电发热，使阴极受热后发射大量电子并经栅极孔出射。这束发散的电子经圆筒状的第一阳极 A_1和第二阳极 A_2所产生的电场加速后会聚于荧光屏上一点，称为聚焦。A_1与 K 之间的电压通常为几百伏特，可用电位器 W_2调节，A_1与 K 之间的电压除有加速电子的作用外，主要是达到聚焦电子的目的，所以 A_1称为聚焦阳极。W_2即为示波器面板上的聚焦旋钮。A_2与 K 之间的电压为 1 千伏以上，可通过电位器 W_3调节，A_2与 K 之间的电压除了有聚焦电子的作用外，主要是达到加速电子的作用，因其对电子的加速作用比 A_1大得多，故称 A_2为加速阳极。

在有的示波器面板上设有 W_3，并称其为辅助聚焦旋钮。在栅极 G 与阴极 K 之间加了一负电压，即 $U_K > U_G$，调节电位器 W_1可改变它们之间的电势差。G、K 间的负电压的绝对值越小，通过 G 的电子就越多，电子束打到荧光屏上的光点就越亮，调节 W_1可调节光点的亮度。W_1在示波器面板上为“辉度”旋钮。

偏转板：水平(x 轴)偏转板由 D_1、D_2组成，垂直(y 轴)偏转板由 D_3、D_4组成。偏转板加上电压后可改变电子束的运动方向，从而可改变电子束在荧光屏上产生的亮点的位置。电子束偏转的距离与偏转板两极板间的电势差成正比。

显示屏：显示屏是在示波器底部玻璃内涂上一层荧光物质，高速电子打在上面就会发荧光，单位时间打在上面的电子越多，电子的速度越大，光点的辉度就越大。荧光屏上的发光能持续一段时间称为余辉时间。按余辉的长短，示波器分为长、中、短余辉三种。

(2) x 轴与 y 轴衰减器和放大器

示波管偏转板的灵敏度较低(为 0.1～1 mm/V)，当输入信号电压不大时，荧光屏上的光点偏移很小，无法观测。因而要对信号电压放大后再加到偏转板上，为此在示波器中设置了 x 轴与 y 轴放大器。当输入信号电压很大时，放大器无法正常工作，会使输入信号发生畸变，甚至使仪器损坏，因此在放大器前级设置有衰减器。x 轴与 y 轴衰减器和放大器配合使用，能满足对各种信号观测的要求。

(3) 锯齿波发生器

锯齿波发生器能在示波器本机内产生一种随时间变化类似于锯齿状、频率调节范围很宽的电压波形，称为锯齿波，作为 x 轴偏转板的扫描电压。锯齿波频率的调节可由示波器面板上的旋钮控制。锯齿波电压较低，必须经 x 轴放大器放大后，再加到 x 轴偏转板上，使电子束产生水平扫描，即使显示屏上的水平坐标变成时间坐标，来展开 y 轴输入的待测信号。

2. 示波器的示波原理

示波器能使一个随时间变化的电压波形显示在荧光屏上，是靠两对偏转板对电子束的控制作用来实现的。

如图 1-3-2(a) 所示，y 轴不加电压时，x 轴加一由本机产生的锯齿波电压 u_x，$u_x=0$ 时电子在 E 的作用下偏至 a 点，随着 u_x 线性增大，电子向 b 偏转，经一周期时间 T_x，u_x 达到最大值 u_{xm}，电子偏至 b 点。下一周期，电子将重复上述扫描，就会在荧光屏上形成一水平扫描线 ab。

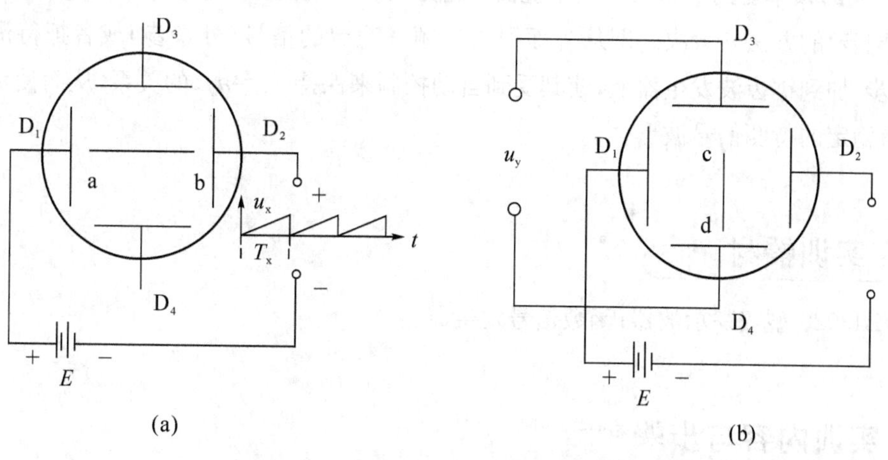

图 1-3-2 偏转板加电压时电子的偏转情况

如图 1-3-2(b)所示，y 轴加一正弦信号 u_y，x 轴不加锯齿波信号，则电子束产生的光点只作上下方向上的振动，电压频率较高时则形成一条竖直的亮线 cd。

如图 1-3-3 所示，y 轴加一正弦电压 u_y，x 轴加上锯齿波电压 u_x，且 $f_x=f_y$，这时光点的运动轨迹是 x 轴和 y 轴运动的合成。最终在荧光屏上显示出一完整周期的 u_y 波形。

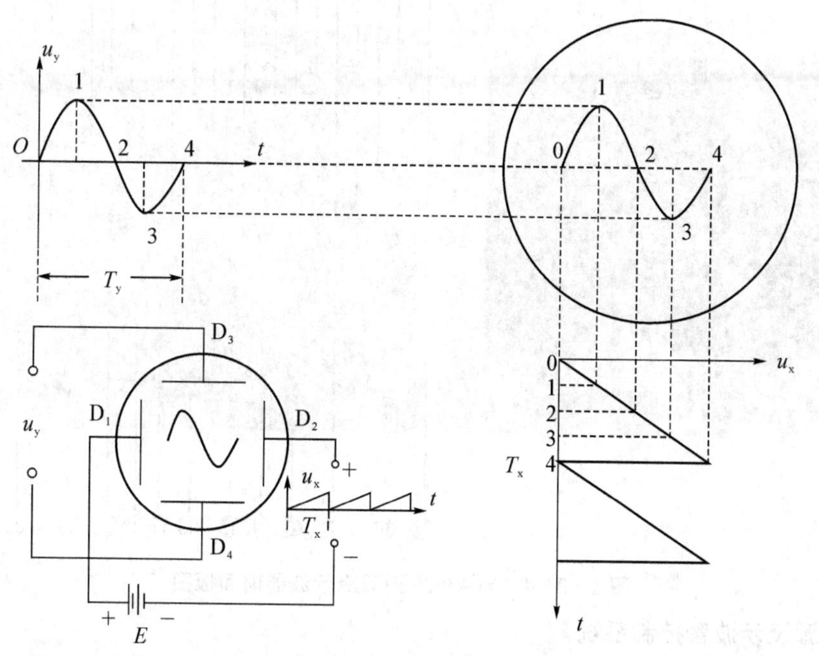

图 1-3-3 示波器的示波原理图解

从上述分析中可知，要在荧光屏上呈现稳定的电压波形，待测信号的频率 f_y 必须与

扫描信号频率 f_x 相等或是其整数倍，即 $f_y = nf_x$（或 $T_x = nT_y$），只有满足这样的条件时，扫描轨迹才是重合的，故形成稳定的波形。

通过改变示波器上的扫描频率旋钮，可以改变扫描频率 f_x，使 $f_y = nf_x$ 条件满足。但由于 f_x 的频率受到电路噪声的干扰而不稳定，$f_y = nf_x$ 的关系常被破坏，这就要用整步（或称同步）的办法来解决。即从外面引入一频率稳定的信号（外整步）或者把待测信号（内整步）加到锯齿波发生器上，使其受到自动控制来保持 $f_y = nf_x$ 的关系，从而使荧光屏上获得稳定的待测信号波形。

实训器材

YB43020 型双踪示波器；函数信号发生器。

实训内容与步骤

1. 认识双踪示波器的面板结构，了解各旋钮和开关的功能。

以 YB43020 型双踪示波器为例，介绍其使用方法。YB43020 型双踪示波器前面板如图 1-3-4 所示。

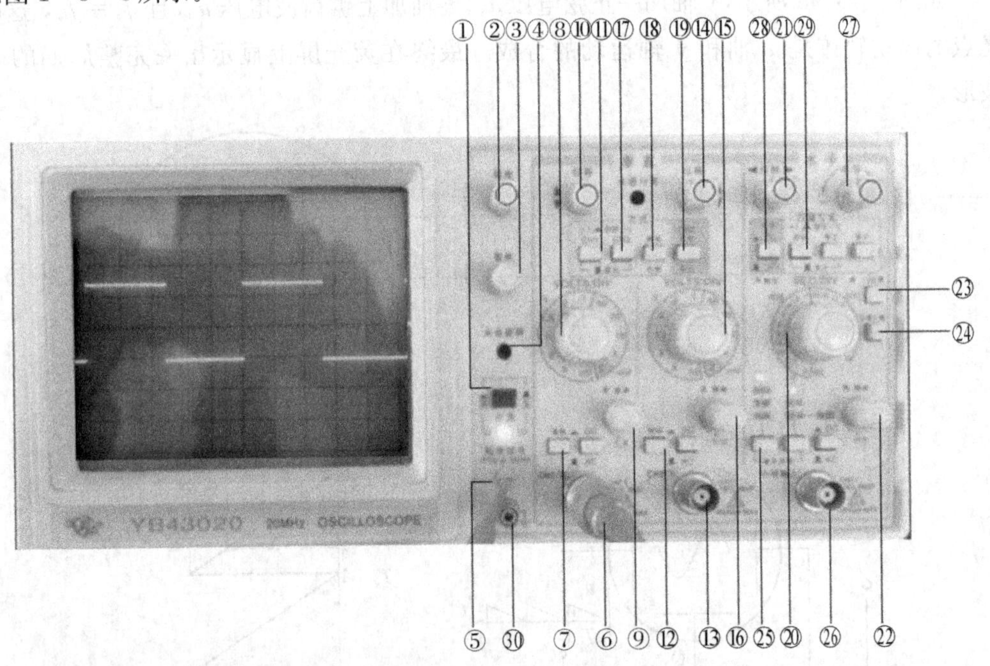

图 1-3-4　YB43020 型双踪示波器前面板图

【电源及示波管控制系统】

①电源开关：按键弹出即为“关”位置，按下为“开”位置。电源接通时，电源指示灯亮。

②辉度旋钮：顺时针方向旋转，亮度增强。

③聚焦旋钮：用来调节光迹及波形的清晰度。

④光迹旋转旋钮：用于调节光迹与水平刻度线平行。

⑤校准信号：电压幅度为 0.5V_{P-P}、频率为 1 kHz 的方波信号。

【垂直系统】

⑥通道 1 输入端[CH1(X)]：用于垂直方向输入。在 X－Y 方式时输入端的信号成为 X 信号。

⑬通道 2 输入端[CH2(Y)]：用于垂直方向输入。在 X－Y 方式时输入端的信号成为 Y 信号。

⑦、⑫交流—接地—直流耦合选择开关(AC—GND—DC)：选择垂直放大器的耦合方式。

交流(AC)：垂直输入端由电容器来耦合；

接地(GND)：放大器的输入端接地；

直流(DC)：垂直放大器输入端与信号直接耦合。

⑧、⑮衰减开关(VOLT/DIV)：用于选择垂直偏转灵敏度的调节。如果使用的是 10∶1 探头，计算时将幅度×10。

⑨、⑯垂直微调旋钮：用于连续改变电压偏转灵敏度。此旋钮在正常情况下，应位于逆时针方向旋到底的位置。

⑩、⑭垂直移位键(POSITION)：调节光迹在屏幕中的垂直位置。当工作在 X—Y 方式时，⑭键用于 Y 方向的移位。

垂直方向的工作方式选择：

⑪通道 1 选择(CH1)：屏幕上仅显示 CH1 的信号。

⑰通道 2 选择(CH2)：屏幕上仅显示 CH2 的信号。

双踪选择：同时按下 CH1 和 CH2 按钮，屏幕同时显示 CH1 和 CH2 的信号。

⑱断续或交替：CH1 和 CH2 双踪显示方式。

⑲CH2 极性开关：按此开关时 CH2 显示反相电压值。

【水平系统】

⑳扫描时间因数选择开关(TIME/DIV)：共 20 挡。在 0.1 μs/DIV～0.2 s/DIV 范围选择扫描速率。顺时针旋到底为选择 X－Y 工作方式，垂直偏转信号接入 CH2(Y) 输入端，水平偏转信号接入 CH1(X) 输入端。

㉑水平移位：用于调节轨迹在水平方向移动。

㉒扫描微调控制键：此旋钮以顺时针方向旋转到底时处于校准位置，扫描由 TIME/DIV 开关指示。正常工作时，该旋钮位于“校准”位置。

㉓×5 扩展控制键：按下去时，扫描因数×5 扩展。扫描时间是 TIME/DIV 开关指示数值的 1/5 或 1/10。例如，用×5 扩展时，100 μs/DIV 为 20 μs/DIV。

㉔交替扩展。

【触发】

㉕触发源选择开关:选择触发信号源。

CH1、CH2:CH1 或 CH2 上的输入信号是触发信号。

交替触发:在双踪交替显示时,触发信号交替来自于两个 Y 通道,此方式可用于同时观察两路不相关的信号。

电源触发:电源频率成为触发信号。

外接触发:触发信号是外接输入信号,用于特殊信号的触发。

㉖外触发输入插座:用于外部触发信号的输入。

㉗触发电平旋钮:用于调节被测信号在某一电平触发同步。

㉘触发极性按钮:触发极性选择。用于选择信号的上升沿和下降沿触发。

㉙扫描方式选择:自动,在自动扫描方式时,扫描电路自动进行扫描。在没有信号输入或输入信号没有被触发同步时,屏幕上仍然可以显示扫描基线。常态,有触发信号才能扫描,否则屏幕上无扫描线显示。当输入信号频率低于 20 Hz 时,用常态触发方式。

㉚接地柱⊥:接地端。

2. 调整示波器各开关、旋钮,使屏幕上出现一条清晰的水平扫描线。

熟悉 YB43020 型双踪示波器控制面板上各控制键的作用。

(1) 预置面板各开关、旋钮。

辉度置适中位置;

聚焦置适中位置;

垂直输入耦合置“AC”;

垂直电压量程选择置适当挡位(如“5 mV/DIV”);

垂直工作方式选择置“CH1”;

垂直灵敏度微调校正置“校准”;

垂直位置置中间;

扫描时间置适当挡位(如“0.5 ms/DIV”);

扫描时间微调置“校准”位置,水平位移置中间;

触发同步方式置“自动”;

触发耦合开关置“AC”;

触发源选择置“CH1”。

(2) 按下电源开关,电源指示灯亮。

(3) 调节亮度、聚焦等有关控制旋钮,可出现一条纤细明亮的扫描基线。然后调节“水平移位”和“垂直移位”旋钮,使扫描基线位于屏幕中间与水平坐标刻度基本重合。

(4) 调节光迹旋转旋钮使基线与水平坐标平行。

3. 显示信号:一般示波器均有 0.5 V_{p-p} 标准方波信号输出口,调妥基线后,即可将探头钩住校准信号钩子,此时屏幕应显示一串方波信号,调节衰减开关(VOLT/DIV)和扫描时间旋钮(TIME/DIV),方波的幅度和宽度应有变化,使示波器显示屏上显示出一个或数个周期稳定的方波波形。其幅值为 0.5 V,周期为 1 ms。至此说明该示波器基本调整完毕,可以投入使用。

4. 观察各种信号波形

将函数信号发生器的输出端接示波器的 CH1 或 CH2 输入端,观察正弦波、方波、三角波等的波形。调节示波器的有关旋钮,使荧光屏上出现稳定的波形。

5. 电压测量

(1) 电压的定量测量。将"VOLT /DIV"微调置于"校准"位置,就可以进行电压的定量测量。测量值可由下列公式计算后得到:

用探头"×1" 位置进行测量时,其电压值为:

V=VOLT/DIV 设定值×信号显示幅度(DIV)。

用探头"×10" 位置进行测量时,其电压值为:

U=VOLT/DIV 设定值×信号显示幅度(DIV)×10。

(2) 直流电压测量:将 Y 轴输入耦合选择开关置于"⊥","电平"置于"自动"。屏幕上形成一水平扫描基线,将"VOLT/DIV"与"TIME/DIV"置于适当的位置,且微调旋钮置于校准位置,调节 Y 轴位移,使水平扫描基线处于荧光屏上标的某一特定基准(0 V)。

①将"扫描方式"开关置于"自动"位置,选择"扫描速度"使扫描光迹不发生闪烁的现象。

②将"AC－GND－DC"开关置于"DC"位置,且将被测电压加到输入端。扫描线的垂直位移即为信号的电压幅度。如果扫描线上移,则被测电压相对大地电位为正;如果扫描线下移,则该电压相对大地电位为负。

电压值可用上面公式求出。

(3) 交流电压测量。调节"VOLT/DIV"切换开关到合适的位置,以获得一个易于读取的信号幅度。当测量叠加在直流电压上的交流电压时,将"AC－GND－DC"开关置于 DC 位置,可测出所包含直流分量的值。如果仅需测量交流分量,则将该开关置于"AC"位置。按这种方法测得的值为峰一峰值电压(V_{P-P})。

例如,将探头衰减比置于×1 的位置,垂直偏转因数(V/DIV)置于"5 V/DIV"位置,"微调"旋钮置于"校准"位置,所测得波形峰一峰值为 6 格(见图 1-3-5 所示)。

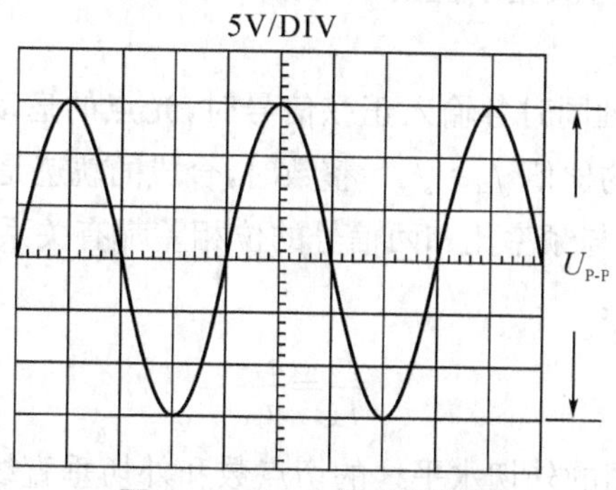

图 1-3-5　交流电压测量

则 U_{P-P}=5 V/DIV×6 DIV=30 V，有效值电压为：$U=\frac{30\ V}{2\sqrt{2}}=10.6\ V$。

6. 时间测量

信号波形两点间的时间间隔可按下列公式进行计算：

时间(s)=(TIME/DIV)设定值×对应于被测时间的长度(DIV)“×5 倍扩展”旋钮设定值的倒数。

上式中：置“TIME/DIV”微调旋钮于校准位置。读取“TIME/DIV”以及“×5 倍扩展”旋钮设定值。

“×5 倍扩展”旋钮设定值的倒数在扫描未扩展时为“1”，在扫描扩展时是“1/5”。

7. 脉冲宽度测量方法如下：

① 调节脉冲波形的垂直位置，使脉冲波形的顶部和底部距刻度水平线的距离相等，如图 1-3-6 所示。

②调节“TIME/DIV”开关到合适位置，使扫描信号光迹易于观测。

③读取上升沿和下降沿中点之间的距离，即脉冲沿与水平刻度线相交的两点之间的距离，然后用公式计算脉冲宽度。

例如图 1-3-6 中“TIME/DIV”设定在 10 μs/DIV 位置，则有脉冲宽度

$$t_a=10\ \mu s/DIV\times 2.5\ DIV=25\ \mu s$$

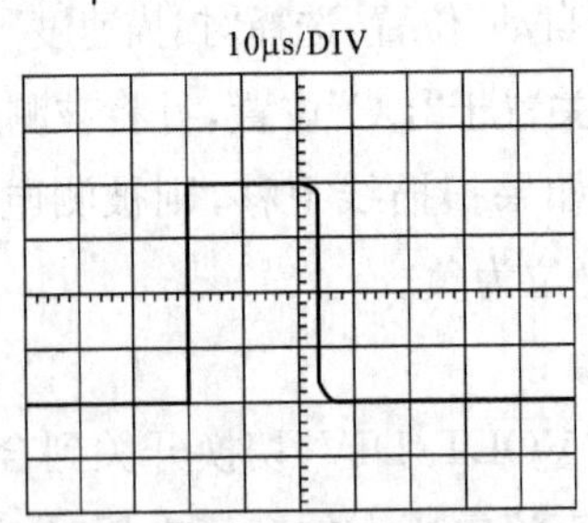

图 1-3-6　脉冲宽度测量

思考：如何进行频率测量和相位测量？

8. 观察李萨如图形

将按钮“X－Y”按下，此时由“CH1”端口输入的信号就为 X 轴信号，其偏转灵敏度仍按该通道的垂直偏转因数开关指示值读取，从“CH2”端口输入 Y 轴信号，这时示波器就工作在 X－Y 显示方式。

在示波器 X 轴和 Y 轴同时各输入正弦信号时，光点的运动是两个相互垂直谐振运动的合成，若它们的频率的比值 $f_x:f_y$=整数时，合成的轨迹是一个封闭的图形，称为李萨如图。李萨如图的图形与频率比和两信号的位相差都有关系，但李萨如图与两信号的频率比有如下简单的关系：

$$\frac{f_y}{f_x}=\frac{n_x}{n_y}$$

n_x、n_y分别为李萨如图的外切水平线的切点数和外切垂直线的切点数，如图 1-3-7 所示。

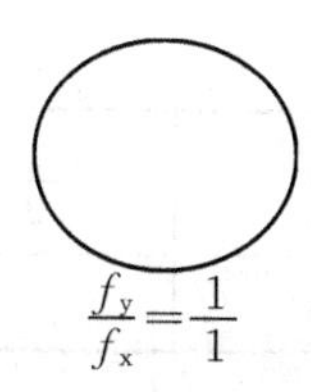

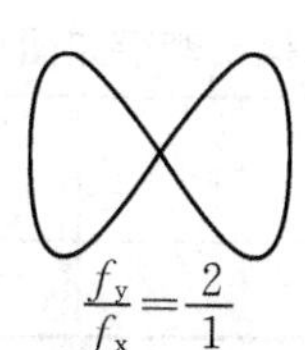

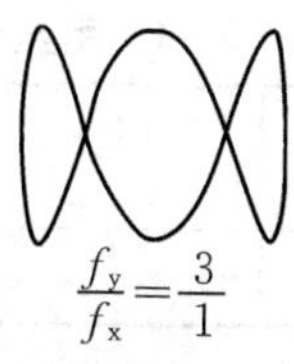

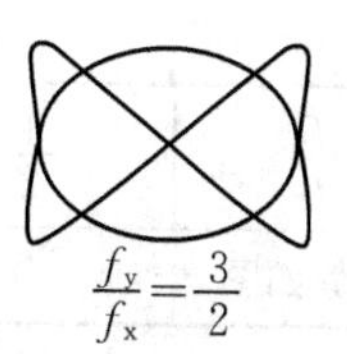

图 1－3－7　李萨如图形

因此，如 f_x、f_y 中有一个已知且观察它们形成的李萨如图，得到外切水平线和外切垂直线的切点数之比，即可测出另一个信号的频率。

练习：用信号发生器分别给示波器的 X 轴和 Y 轴同时输入正弦信号，调节两信号发生器的输出频率，观察 $\frac{f_x}{f_y}=\frac{1}{2}$、$\frac{1}{1}$、$\frac{2}{1}$、$\frac{3}{1}$、$\frac{3}{2}$ 5 种情况下的李萨如图形，并描绘出图形。

表 1－3－1　观测各种波形

测试波形	幅值			频率			
	VOLT/DIV	Y 格数	V_{P-P}	A TIME/DIV	X 格数	T	f
校正波							
正弦波							
方波							
三角波							

表 1－3－2　测直流电压数据

数据 物理量	1	2	3
V/DIV			
DIV			
U			
$\overline{U}$			

表 1－3－3　测交流电压数据（注：探头衰减置为"×1"）

数据 物理量	1	2	3
V/DIV			
DIV			
U_{p-p}			
U 有效值			
U（万用表测得值）			

表 1-3-4 用坐标纸描出李萨如图形

$\frac{f_x}{f_y}$	$\frac{1}{2}$	$\frac{1}{1}$	$\frac{2}{1}$	$\frac{3}{1}$	$\frac{3}{2}$
李萨如图					

实训注意事项

1. 示波器的辉度不要过亮。

2. 调节仪器旋钮时,动作不要过快、过猛。

3. 调节示波器时,要注意触发开关和电平调节旋钮的配合使用,以使显示的波形稳定。

4. 作定量测量时,"TIME/DIV"和"VOLT/DIV"的微调旋钮均应旋置"校准"位置。

5. 为防止外界干扰,信号发生器的接地端与示波器的接地端要相连(称共地)。

6. 实训前应认真阅读示波器和信号发生器的使用说明书。

思考题

1. 若示波器正常,观察波形时,如荧光屏上什么也看不到,会是哪些原因,实训中应怎样调出其波形?

2. 用示波器观察波形时,示波器上的波形移动不稳定,为什么?应调节哪几个旋钮使其稳定?

3. 直流电压测量时,当确定其水平扫描基线时,为什么 Y 轴输入耦合选择开关要置于"⊥"?

4. 假定在示波器的输入端输入一个正弦电压,所用水平扫描频率为 120Hz,在屏上出现了三个完整的正弦波周期,那么输入电压的频率为多少?

5. 某同学用示波器测量正弦交流电压,经与用万用电表测量值比较相差很大,是什么原因?

6. 观察李萨如图时,两相互垂直的正弦信号频率相同时,图上的波形还在不停地转动,这是什么原因?

7. 如何使用示波器测量两个频率相同的正弦信号的相位差?

附:信号波形

电路中需要处理、放大的电压、电流称为信号。信号的种类很多,不同电路中处理和放大的信号是不同的,在同一个电路中也会出现多种信号并存的现象。利用信号波形来理解电路的工作原理是一个好方法,它直观,容易记住。

使用示波器检修电路故障的过程中,需要了解信号的波形,如图 1-3-8 所示。

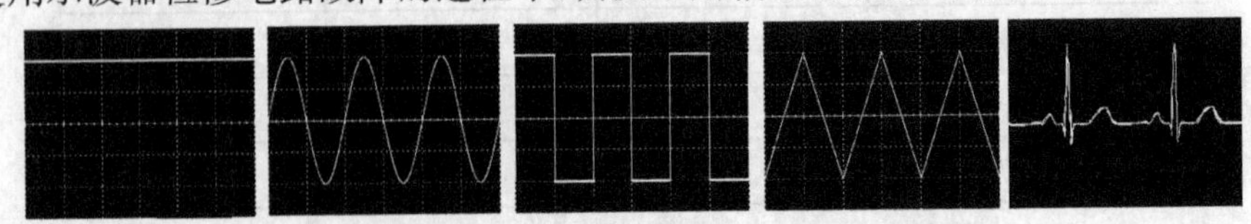

图 1-3-8 用示波器观察到的信号波形示意图

表 1－3－5 列出了几种常用的信号波形。

表 1－3－5　常用信号波形

名称	波形	说明
直流信号	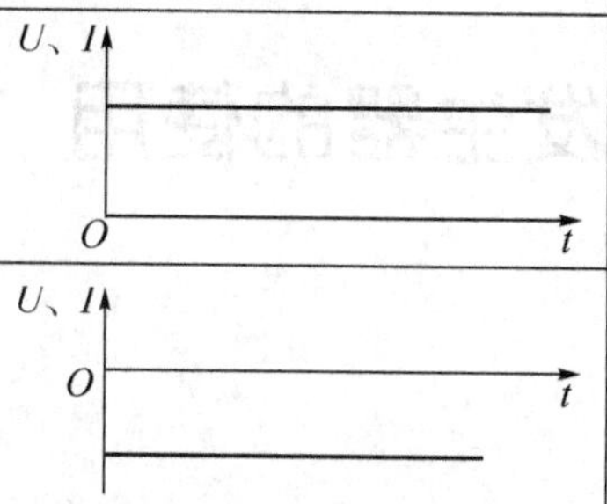	当时间轴在变化时，直流电压的大小不变，这是直流电压的特点。直流信号电流也与直流信号电压一样，在时间轴变化时直流电流大小不变。 正极性的直流信号电压波形其电压值为正，在横轴的上方；负极性的直流信号电压波形其电压值为负，在横轴的下方。正、负极性直流信号电压除极性不同外，其他特性相同。
正弦波信号	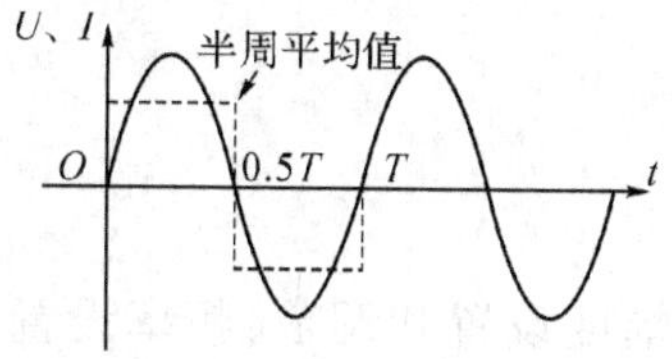	正弦信号波形是一种电子电路中十分常见的信号波形，电路分析时常用这种信号波形来理解电路工作原理。 其他各种信号波形都可以用正弦信号波形来等效。
矩形脉冲信号	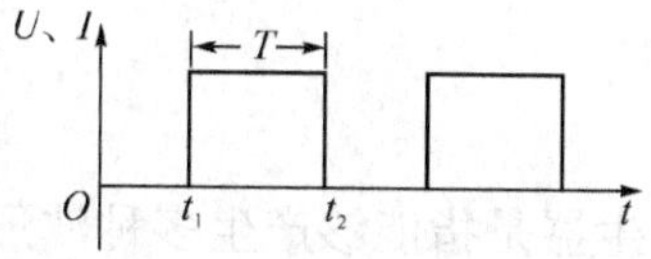	矩形脉冲信号波形的特点是：在 t_1 时刻前，信号电压为 0，在 t_1 这一时刻信号的幅度发生突变达到最大值，然后在 $t_1 \sim t_2$ 保持信号的幅值不变，在 t_2 这一时刻信号的幅度再度发生突变，t_2 时刻后信号的幅度为零且保持不变。这一脉冲信号也有周期，见图中所示。
锯齿波信号	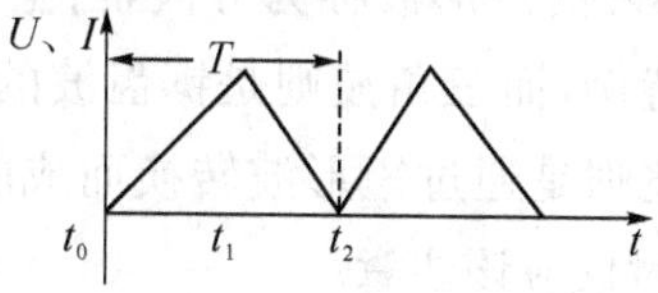	锯齿波信号波形的特征是：在 t_0 时刻信号电压为 0，然后在 $t_0 \sim t_1$ 时段内信号的幅度成线性增大，在 t_1 时信号的幅值达到最大，之后信号的幅度成线性减小，在 t_2 时刻信号的幅值又为 0。这一信号也是一个周期性信号，其周期 T 见图中所示。
心电信号	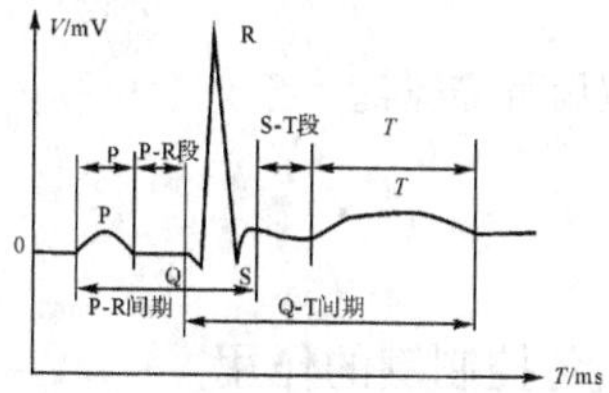	利用心电图机从体表记录心脏每一心动周期所产生的电活动变化图形

（李小红）

实训四　信号发生器的使用

实训目标

1. 知识目标

(1) 熟悉各种信号的波形及其适用场合。

(2) 了解信号的发生器的工作原理。

2. 技能目标

(1) 学会信号发生器的信号波形选择、幅度设置和调节、频率设置和调节等基本操作。

(2) 学会输出信号的连接方法，并能在示波器上观察到所需要的信号波形。

实训原理

信号发生器也称为信号源，而函数信号发生器是指能够产生多种波形的信号源。其实现方法是采用振荡器先产生一种波形，然后通过函数运算得到其他一系列波形，故称为函数信号源。一般函数信号源首先产生的是矩形波，然后通过积分电路产生锯齿波，再通过二极管网络产生正弦波。占空比为50%的矩形波称为方波，占空比为50%的锯齿波称为三角波，所以方波是矩形波的一种特例，而三角波则是锯齿波的一种特例。由于正弦波是通过锯齿波转换而成的，而锯齿波则是通过矩形波转换而成的，所以如果调节占空比，则正弦波会变形，这一点在使用的时候应该注意。

实训器材

YB3003 型函数信号发生器；YB43020 型双踪示波器。

实训内容与步骤

1. 熟悉 YB3003 型信号发生器控制面板上各控制键的作用

YB3003 型 DDS 合成函数信号发生器的面板按键名称如图 1-4-1 所示。

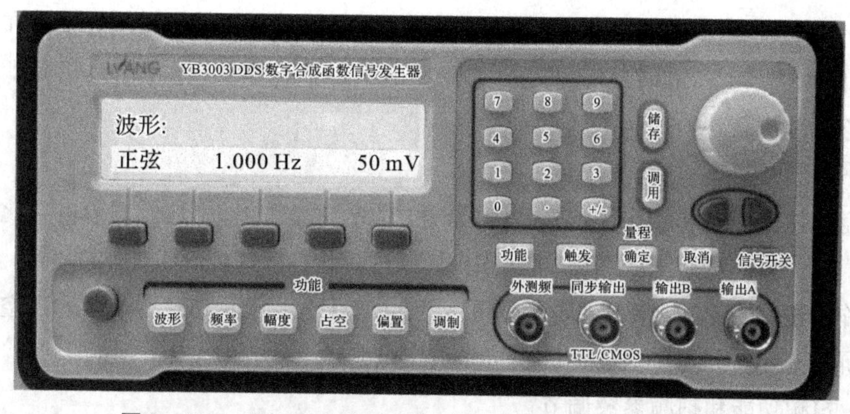

图 1-4-1　YB3003 型 DDS 合成函数信号发生器的面板结构

2. 波形参数的调节和指示

(1) 波形选择

操作方法:按下仪器左下方功能键组中的【波形】键即可设置输出波形,一旦按下该键,显示屏上方会显示"波形: 波形名称",并且显示中的波形名称(如正弦)会处于闪动状态(表示目前处于可调整状态),此时旋动面板上的手轮即可选择不同的波形,顺时针旋动时,波形依次为正弦、方波、三角波、升斜波、降斜波、随机噪声、SINX/X、升指数、降指数、脉冲波。

(2) 频率调节和指示

操作方法:按下仪器左下方功能键组中的【频率】键即可设置输出波形的频率。此时显示屏将显示"频率=1. 000 000 0 kHz",并且数值部分的某个数字会处于闪动状态,旋动手轮将会改变该数字的值,并且会自动进位和退位,按下方向键则可以选择其他的数位处于闪动状态,而且随着数值的改变会自动切换单位。

在按下【频率】键后,如果要改变单位(如将 Hz 改变成 kHz),则按下【确定/量程】键,此时频率数值中的数字不再闪动,但是显示的单位将处于闪动状态,旋转手轮即可选择单位,或者从数字键盘直接输入所需频率数字,然后按下【确定/量程】键。如果输入的数值过大,则仪器会自动转换量程,但是如果输入的数值超出了仪器的输出范围,则输入无效。

(3) 幅度调节和指示

操作方法:按下仪器左下方功能键组中的【幅度】键即可设置输出波形的幅度。此时显示屏将显示"幅度-100 mV",并且数值部分的某个数字会处于闪动状态,旋动手轮将会改变该数字的值,并且会自动进位和退位。按下方向键则可以选择其他的数位处于闪动状态,而且随着数值的改变会自动切换单位。

在按下【幅度】键后,如果要改变单位(如将 mV 改变成 V),则按下【确定/量程】键,此时幅度数值中的数字不再闪动,但是显示的单位将处于闪动状态,旋转手轮即可选择单位,也可以从数字键盘输入,方法同上。

(4) 直流偏置电平调节

操作方法:按下仪器左下方功能键组中的【偏置】键即可设置输出波形的直流偏置。

此时显示屏将显示“偏置比－0%”。偏置比的上限为100%，此时信号刚好全部在零电平以上；下限为－100%，此时信号刚好全部在零电平以下。显然，偏置比是相对于信号峰值的偏移百分比。

(5) 占空比调节

占空比调节只有当输出波形选择为“脉冲”时才会起作用，对其他波形占空比调节不起作用。YB3003型函数信号源的占空比调节范围相当宽，达到0.1%～99.9%。

操作方法：按下仪器左下方功能键组中的【占空】键即可设置输出波形的占空比。此时显示屏将显示“占空比－10%”。也可从数字键盘输入，方法同上。

(6) 扫频功能和扫频参数调节

一般函数信号源都具有扫频功能。所谓扫频信号是一种间歇性的波形，即信号源输出的正弦波信号的频率随时间在一定范围内反复扫描。扫频信号结合示波器可以测量被测电路的频率特性。

操作方法：按下仪器左下方功能键组中的【调制】键，出现显示界面。按下“线性”下方所对应的软键，出现初频、终频、脉宽、间隔等选项。按下其下方对应的软键即可进入参数设置界面。

3. 信号输入与输出

从图1-4-1可以看到，仪器右下方共有四个BNC插座，其作用如下。

(1) 输出A端口

右边第一个BNC插座是输出A端口，输出阻抗50 Ω。其上方的【信号开关】可以对其输出进行开关控制。这是最为常用的输出端口。

(2) 输出B端口

右边第二个BNC插座是输出B端口，该端口为音频信号输出端口，输出阻抗为600 Ω。

要设置该端口输出波形的参数，需要按下【功能】键，在所出现的选择界面中按下“通道B”软键即可进入通道B的参数设置界面，可设置的参数有波形、幅度、频率。

输出B是一个辅助的低频DDS信号发生器，可与输出A同时输入示波器，并且采用仪器中的“李萨如”功能(按下功能键组中的【调制】键，然后进入“外调制”菜单即可找到“李萨如”功能)，可与输出A联合，同时输出两路相位差可调的正弦波。

输出B可作为调制信号输出，然后连接到仪器后面板的外调制输入端口，实现对输出A波形的调制，从而形成各种已调波。

(3) 同步输出端口

用于输出矩形脉冲。该端口输出的矩形脉冲可以直接驱动数字电路。

当输出A端口输出连续信号时，该端口输出与之同步的TTL矩形脉冲；当输出A端口输出各种已调波的波形时(包括间歇性的扫频信号)，该端口则输出与调制信号同步的TTL矩形脉冲。

之所以配备同步输出端口，是因为一般已调波在示波器上显示时不容易稳定，此时可将同步输出端口输出的同步信号连接到示波器的外触发输入端，以稳定所显示的波形。

（4）外测频输入端口

一般函数信号源还可以作为频率计使用，该端口就是用来测量输入被测信号频率的。

按下【功能/显示】键进入"多功能菜单"，从中选择"测频"，仪器就会变成一个频率计，在频率测量界面上有"1 Hz～100 kHz"和"100 kHz～100 MHz"两挡，通过其下方的软键切换，外测频灵敏度：100 mV。

（5）外调制输入端口（后面板）

它是在外调制方式时，外部的调制信号输入端口。按下功能键组中的【调制】。外触发输入端口（后面板）是在外触发模式下，外部的 TTL 触发脉冲输入端。触发是针对各种已调波的（包括扫频波形）。对于扫频、FSK、PSK、ASK 和触发这些脉冲式的工作模式，除可由仪器控制进行连续内部触发工作外，还可以进行单次触发和外部触发。

4. 根据给定要求输出所需信号。

序号	波形	频率	幅度	占空比
1				
2				
3				
4				
5				
6				

1. YB3003 型 DDS 合成函数信号发生器有哪些输出波形？

2. 函数信号发生器输出端能否短接？如用屏蔽线作为输出引线，则屏蔽层一端应该接在哪个接线柱上？

实训五　晶体管毫伏表的使用

实训目标

1. 知识目标

(1) 了解毫伏表测量的基本原理。

(2) 熟悉 DA－16 型毫伏表的基本结构。

2. 技能目标

(1) 掌握 DA－16 型毫伏表的使用方法。

(2) 正确使用毫伏表测量交流信号。

实训原理

晶体管毫伏表是一种专门用来测量正弦交流电压有效值的交流电压表，因其量程的最小电压挡一般为 1 mV，故称为“毫伏表”。使用毫伏表和万用表都可以测量交流电压，但两者之间在性能上是有差异的，以 DA－16 型毫伏表和 MF－47F 型万用表为例，两种电表的比较如表 1－5－1 所示。

表 1－5－1　毫伏表与万用表测交流电压的比较

类型 / 参数	DA－16 型毫伏表	MF－47 型万用表
测试范围	100 μV～300 V	10 V～2 500V
输入阻抗	R_i＞ 2 MΩ	10 V 挡：R_i＝200 kΩ
工作频率范围	20 Hz～1 MHz	45 Hz～1 500 Hz

由表 1－5－1 可见，一般万用表虽有测交流电压的功能，但当被测电压数量级较小时(mV 级)，由于万用表灵敏度太低，不能使指针偏转或因偏转角度太小而无法读数。另外，若被测电路阻抗较大时(几百千欧以上)，由于普通万用表特别是指针型万用表内阻相对较低，在一定程度上对被测电路分流，从而影响了仪表的测量精度。

需要指出的是，在利用普通电压表测量放大电路的参数时，如果放大器工作频率高于电压表的工作频率范围，那么仪表的读数会产生较大测量误差；而晶体管毫伏表工作频率相对较宽，基本可以满足一般电子设备检修工作的需要。

实训器材

DA－16 型晶体管毫伏表；信号发生器；YB3003 型函数信号发生器；YB43020 型双踪示波器。

实训内容与步骤

以 DA－16 型晶体管毫伏表为例，介绍晶体管毫伏表及其使用方法。

1. 认识 DA－16 型晶体管毫伏表

DA－16 型晶体管毫伏表的外形如图 1－5－1 所示，主要由表头、刻度面板和量程选择开关等组成。它的输入连接线不用表笔而用同轴电缆，电缆的外层是地线，通常接黑色鳄鱼夹，其目的是为了减小外来感应电压的影响；电缆的芯线通常接红色鳄鱼夹。毫伏表的背面有 220V 工作电源引线。

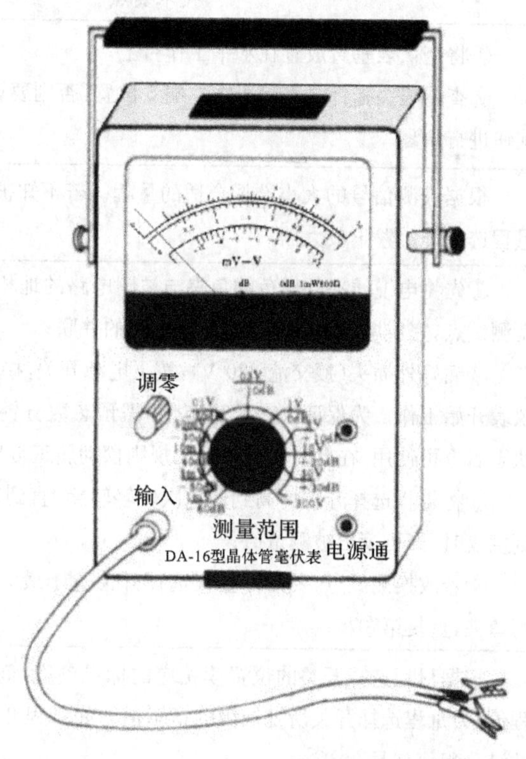

图 1－5－1　DA－16 型晶体管毫伏表外观

一般指针式表盘毫伏表有三条刻度线，如图 1－5－2 所示。其中第一条和第二条刻度线指示被测电压的有效值。当量程开关置于"1"打头的量程位置时（如 1 mV、10 mV、0.1 V、1 V、10 V），应该读取第一条刻度线；当量程开关置于"3"打头的量程位置时（如 3 mV、30 mV、0.3 V、3 V、30 V、300 V）应读取第二条刻度线。第三条刻度线用来表示测量电平的分贝值，它的读数与上述电压读数不同，是以表针指示的分贝读数与量程开关所指的分贝数的代数和来表示读数的，例如，量程开关置于＋10 dB(3 V)，表针指在

−2 dB 处，则被测电平的分贝值为＋10 dB＋(−2 dB)＝8 dB。

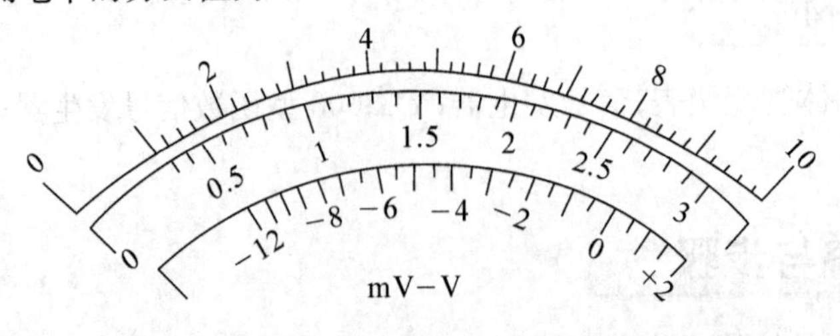

图 1－5－2　毫伏表的刻度面板

2. 测量步骤

如表 1－5－2 所示。

表 1－5－2　DA－16 型晶体管毫伏表的测量步骤

步骤	内容	技术要点
1	机械调零	①将毫伏表垂直放置在水平工作台上； ②查看表头指针是否静止在左端 0 位置，否则要调节表头上的机械调零旋钮进行调零
2	选择量程	根据被测信号的大小选择合适的量程。若不知被测电压值大小，应先将量程选择开关置于最大挡
3	测量过程	①先将电缆线夹的黑色鳄鱼夹与被测电路的地相接，再将红色鳄鱼夹接至测试点，完成电缆线夹与被测电路两端的并联； ②插好外插头(接交流 220 V)，按下电源开关，接通电源，电源指示灯亮，仪表开始工作。为保证仪表的稳定性，需预热数分钟，待仪表达到稳定工作状态后方可使用，在此时间内指针无规则摆动属正常现象； ③将量程选择开关由高到低依次轻轻转换，直到表针指示在 2/3 以上满刻度盘时，即可读出被测量值； ④若改换测试点，要先将量程选择开关置于最大挡，再移动并接好红色鳄鱼夹，重复第③步
4	数值读取	根据量程选择开关的位置读相应的标尺刻度，刻度盘的最大值(即满量程值)为量程选择开关所处挡级的指示值。如量程开关置于 30 V，则刻度盘的满量程值就是 30 V。 ①量程选择开关置于 1 mV、10 mV、0.1 V、1 V、10 V、100 V 等挡时，从满刻度为 10 的刻度盘上读数，即从上往下数的第一条刻度线； ②量程选择开关置于 3m V、30 mV、0.3 V、3 V、30 V、300 V 等挡时，从满刻度为 3 的刻度盘上读数，即从上往下数的第二条刻度线； ③测量电平时，测试点的实际测量值＝指针指示值＋量程选择开关所选量程挡的分贝值。例：量程选择开关置于＋10 dB (3 V)，表针指在−2 dB 处，则所测电平值＝(＋10 dB)＋(−2 dB)＝8 dB

续表 1-5-2

5	结束测量	①测量完毕，将量程选择开关置于最大挡； ②先拆下红色鳄鱼夹，后拆下黑色鳄鱼夹； ③关闭电源

实训注意事项

1. 毫伏表使用前应垂直放置，因为测量精度以表面垂直放置为准。在未接通电源的情况下先进行机械调零。方法是用螺丝刀调节表头上的机械零位螺丝，使表针指准零位。再将两个输入接线端(鳄鱼夹)短路连接后，接通 220 V 工作电源。预热数分钟，使仪表达到稳定工作状态。然后进行电气调零，即将量程转换开关置于所需测量的范围，调节靠左面中间的“调零”旋钮，使表针指向零位。这时，可将两个输入接线端断开，接入被测电路，便可进行测量。在使用中，每当变换量程后应重新进行电气调零。

2. 在测量时，选择适当的量程很重要。特别是使用较高灵敏度挡位(mV 挡)。不注意的话，容易使表头指针打坏。如果不知道被测电压所在量程范围时，则应选择最大量程(300 V)进行试测，再逐渐下降到适合的量程挡，测量的读数刻度一般使表针偏转至满刻度的 2/3 为好。

3. 由于毫伏表的灵敏度很高，因此接地点必须良好。毫伏表的地线应与被测电路的地线接在一起，以免引入干扰电压，影响测量精度。接线时，先将黑色夹子接地，再将红色夹子接测试点。测量完毕拆线时要相反，先拆红色夹子，再拆黑色夹子。这样可避免当人手触及红色夹子时，交流电通过仪表与人体构成回路，形成数十伏的感应电压，打坏表针。

4. 晶体管毫伏表具有较高的输入阻抗，容易受到外界电磁干扰的影响。特别在低电压量程下，当输入端悬空，可能造成指针大幅度摆动，甚至指针持续满偏。这样很容易造成指针损坏。因此，在长期不使用晶体管毫伏表时，应将电源关闭，在短期不使用时，应将量程置于较高电压挡。

5. 所测交流电压中的直流分量不得大于 300 V。

6. 测 220V 市电时，相线接输入端，零线接地线端，不得接反。

思考题

1. 晶体管毫伏表能用来测量直流电压吗？

2. 正弦信号出现了失真，此时还能用毫伏表进行测量吗？

实训六　常用电子仪器的综合使用

实训目标

1. 学会电子电路实训中常用的电子仪器——示波器、函数信号发生器、直流稳压电源、交流毫伏表、频率计等的使用方法。

2. 熟练掌握用双踪示波器观察正弦信号波形和读取波形参数的方法。

实训原理

在模拟电路实训中，经常使用的电子仪器有示波器、函数信号发生器、直流稳压电源、交流毫伏表及频率计等。它们和万用电表一起，可以完成对模拟电子电路的静态和动态工作情况的测试。

实训中要对各种电子仪器进行综合使用，可按照信号流向，以连线简捷、调节顺手、观察与读数方便等原则进行合理布局，各仪器与被测实训装置之间的布局与连接如图1－6－1所示。接线时应注意，为防止外界干扰，各仪器的公共接地端应连接在一起，称"共地"。信号源和交流毫伏表的引线通常用屏蔽线或专用电缆线，示波器接线使用专用电缆线，直流电源的接线用普通导线。

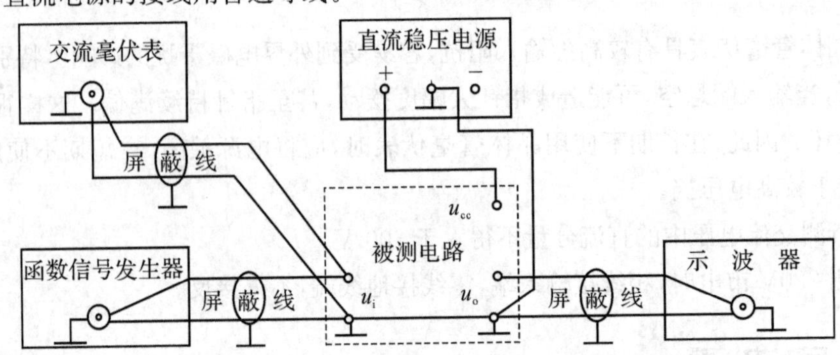

图1－6－1　模拟电路中常用电子仪器布局图

实训器材

函数信号发生器；双踪示波器；交流毫伏表。

实训内容与步骤

1. 用机内校正信号对示波器进行自检。

(1) 扫描基线调节

将示波器的显示方式开关置于"单踪"显示(Y_1 或 Y_2),输入耦合方式开关置"GND",触发方式开关置于"自动"。开启电源开关后,调节"辉度"、"聚焦"、"辅助聚焦"等旋钮,使荧光屏上显示一条细而且亮度适中的扫描基线。然后调节"X 轴位移"(⇆)和"Y 轴位移"(↑↓)旋钮,使扫描线位于屏幕中央,并且能上下左右移动自如。

(2) 测试"校正信号"波形的幅度、频率

将示波器的"校正信号"通过专用电缆线引入选定的 Y 通道(Y_1 或 Y_2),将 Y 轴输入耦合方式开关置于"AC"或"DC",触发源选择开关置"内",内触发源选择开关置"Y_1"或"Y_2"。调节 X 轴"扫描速率"开关(t/DIV)和 Y 轴"输入灵敏度"开关(V/DIV),使示波器显示屏上显示出一个或数个周期稳定的方波波形。

①校准"校正信号"幅度

将"Y 轴灵敏度微调"旋钮置"校准"位置,"Y 轴灵敏度"开关置适当位置,读取校正信号幅度,记入表 1-6-1。

表 1-6-1　校准信号测量

	标准值	实测值
幅度 U_{p-p}(V)		
频率 f(kHz)		
上升沿时间(μs)		
下降沿时间(μs)		

注:不同型号示波器标准值有所不同,请按所使用示波器将标准值填入表格中。

②校准"校正信号"频率

将"扫速微调"旋钮置"校准"位置,"扫速"开关置适当位置,读取校正信号周期,记入表 1-6-2。

③测量"校正信号"的上升时间和下降时间

调节"Y 轴灵敏度"开关及微调旋钮,并移动波形,使方波波形在垂直方向上正好占据中心轴,且上、下对称,便于阅读。通过扫速开关逐级提高扫描速度,使波形在 X 轴方向扩展(必要时可以利用"扫速扩展"开关将波形再扩展 10 倍),并同时调节触发电平旋钮,从显示屏上清楚地读出上升时间和下降时间,记入表 1-6-1。

2. 用示波器和交流毫伏表测量信号参数

调节函数信号发生器有关旋钮,使正弦波信号的输出频率分别为 100 Hz、1 kHz、10 kHz、100 kHz,有效值均为 1 V(交流毫伏表测量值)。

改变示波器"扫速"开关及"Y 轴灵敏度"开关的位置,测量信号源输出电压频率及峰-峰值,记入表 1-6-2。

表 1-6-2　信号参数测量

电压信号频率	示波器测量值		信号电压毫伏表读数(V)	示波器测量值	
	周期(ms)	频率(Hz)		峰-峰值(V)	有效值(V)
100 Hz					
1 kHz					
10 kHz					
100 kHz					

3. 测量两波形间相位差

(1) 观察双踪显示波形"交替"与"断续"两种显示方式的特点

Y_1、Y_2 均不加输入信号，输入耦合方式置"GND"，扫速开关置扫速较低挡位（如 0.5 s/DIV挡）和扫速较高挡位（如 5 μs/DIV 挡），把显示方式开关分别置"交替"和"断续"位置，观察两条扫描基线的显示特点，记录之。

(2) 用双踪显示测量两波形间相位差

①按图 1-6-2 连接实训电路，将函数信号发生器的输出电压调至频率为 1 kHz，幅值为2 V的正弦波，经 RC 移相网络获得频率相同但相位不同的两路信号 u_i 和 u_R，分别加到双踪示波器的 Y_1 和 Y_2 输入端。

为便于稳定波形，比较两波形相位差，应使内触发信号取自被设定为测量基准的一路信号。

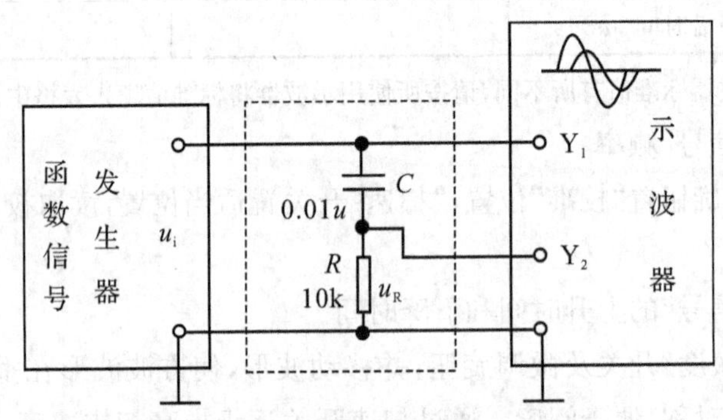

图 1-6-2　两波形间相位差测量电路

② 把显示方式开关置于"交替"挡位，将 Y_1 和 Y_2 输入耦合方式开关置于"⊥"挡位，调节垂直移位旋钮，使两条扫描基线重合。

③将 Y_1、Y_2输入耦合方式开关置于"AC"挡位，调节触发电平、扫速开关及 Y_1、Y_2灵敏度开关位置，使在荧屏上显示出易于观察的两个相位不同的正弦波形 u_i 及 u_R，如图 1-6-3 所示。根据两波形在水平方向的差距 X 及信号周期 X_T，则可求得两波形相位差。

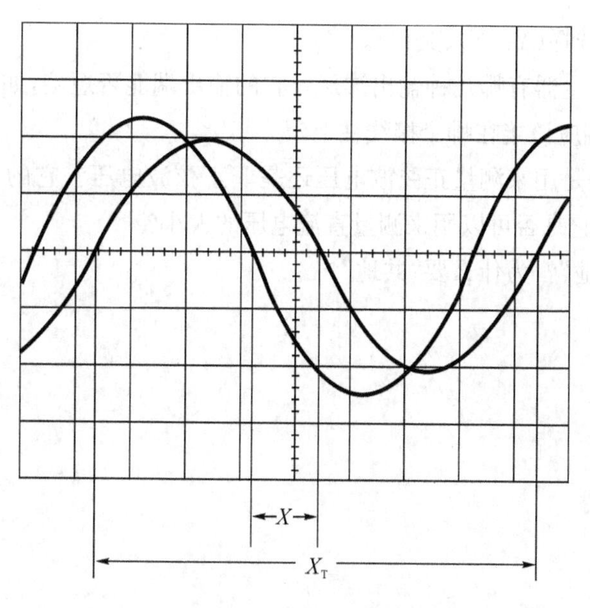

图 1-6-3 双踪示波器显示两相位不同的正弦波

$$\theta=\frac{X(\mathrm{DIV})}{X_T(\mathrm{DIV})}\times 360^{\circ}$$

式中：X_T——一周期所占格数；

X——两波形在 X 轴方向差距格数。

记录两波形相位差于表 1-6-3。

表 1-6-3 正弦波测量

一周期格数	两波形 X 轴差距格数	相位差	
		实测值	计算值
$X_T=$	$X=$	$\theta=$	$\theta=$

为读数和计算方便，可适当调节扫速开关及微调旋钮，使波形一周期占整数格。

4. 整理实训数据，并进行分析。

实训注意事项

1. 如何操纵示波器有关旋钮，以便从示波器显示屏上观察到稳定、清晰的波形？

2. 用双踪显示波形，并要求比较相位时，为在显示屏上得到稳定波形，应怎样选择下列开关的位置：

(1) 显示方式选择（Y_1、Y_2、Y_1+Y_2、交替、断续）；

(2) 触发方式（常态、自动）；

(3) 触发源选择（内、外）；

(4) 内触发源选择(Y_1、Y_2、交替)。

3. 函数信号发生器有哪几种输出波形？它的输出端能否短接，如用屏蔽线作为输出引线，则屏蔽层一端应该接在哪个接线柱上？

4. 交流毫伏表是用来测量正弦波电压还是非正弦波电压？它的表头指示值是被测信号的什么数值？它是否可以用来测量直流电压的大小？

5. 什么是“共地”？为什么要“共地”？

(李小红)

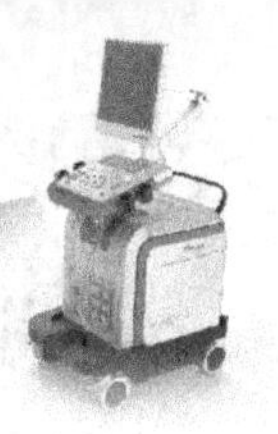

项目二 手工焊接技术

实训 手工焊接

实训目标

1. 知识目标

(1) 了解焊接工艺。

(2) 了解手工焊接工艺的质量标准。

2. 技能目标

(1) 掌握手工焊接基本操作技能。

(2) 掌握手工拆焊的方法。

实训原理

1. 焊接

焊接是使金属连接的一种方法。它利用加热手段,在两种金属的接触面,通过焊接材料的原子或分子的相互扩散作用,使两种金属间形成一种永久的牢固结合。利用焊接的方法进行连接而形成的接点叫焊点,图 2-1 为一合格焊点示意图。

所用的焊料为易熔金属,手工焊接所使用的焊料具有熔点低、机械强度高、表面张力小和抗氧化能力强等优点。同时辅以焊剂助焊或阻焊。

我们常用的焊锡丝则是将焊料与焊剂结合为一体,方便使用。

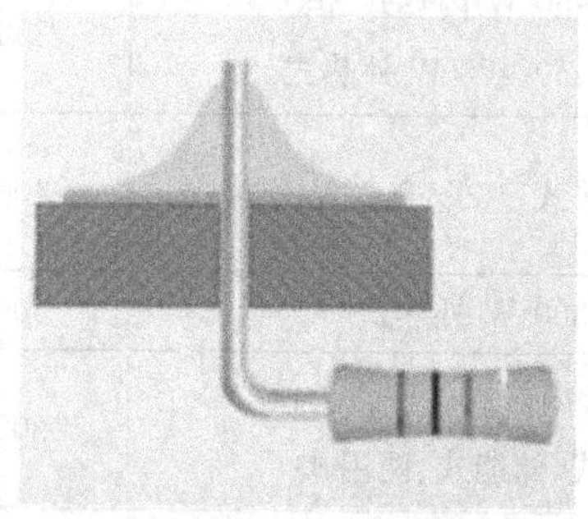

图 2-1 焊点

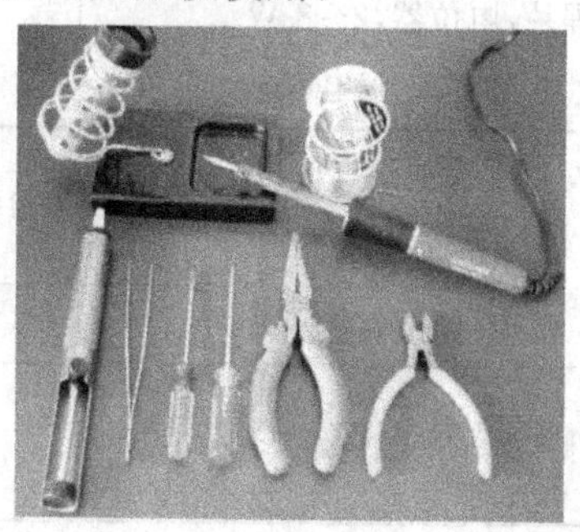

图 2-2 手工焊接工具

2. 手工焊接工具

图 2-2 中所示为一些常用的手工焊接工具，介绍如下：

(1) 电烙铁

电烙铁是电子制作和电器维修的必备工具，主要用途是焊接元件及导线。按机械结构可分为内热式电烙铁和外热式电烙铁。按功能可分为焊接用电烙铁和吸锡用电烙铁，根据用途不同又分为大功率电烙铁和小功率电烙铁。如表 2-1 所列是两种常用的电烙铁。

表 2-1 常用电烙铁

实物图	说明
	这是内热式的电烙铁。 一般电子电器均采用晶体管元器件，焊接温度不宜太高，否则容易烫坏元器件，所以要买 20 W 内热式的电烙铁，它具有预热时间快、体积小巧、效率高、重量轻、使用寿命长等优点
	这是外热式的电烙铁。 这种电烙铁的特点是体积大、功率大，在电子电路的焊接中一般情况下使用这种电烙铁，主要用于焊接电池夹等一些配件

①选择电烙铁的功率和类型

一般是根据焊件大小与性质而定。表 2-2 列出了电烙铁的功率与工作性质。

表 2-2 电烙铁功率选择一览表

焊件及工作性质	选用电烙铁	烙铁头温度(℃)
一般印制电路板，安装导线	20 W 内热式 30 W 外热式、恒温式	300～400
集成电路	20 W 内热式、恒温式、储能式	
焊片，电位器，2～8 W 电阻，大电解电容	35～50 W 内热式、恒温式、50～70 W 外热式	350～450
8 W 以上大电阻，Ø2 以上导线等较大元器件	100 W 内热式、150～200 W 外热式	400～550
汇流排、金属板等	300 W 外热式	500～630
维修、调试一般电子产品	20 W 内热式、恒温式、感应式、储能式、两用式	300～400

②烙铁头的选择

烙铁头用于贮存热量和传导热量。烙铁的温度与烙铁头的体积、形状、长短等都有一定的关系，如图 2-3 所示。

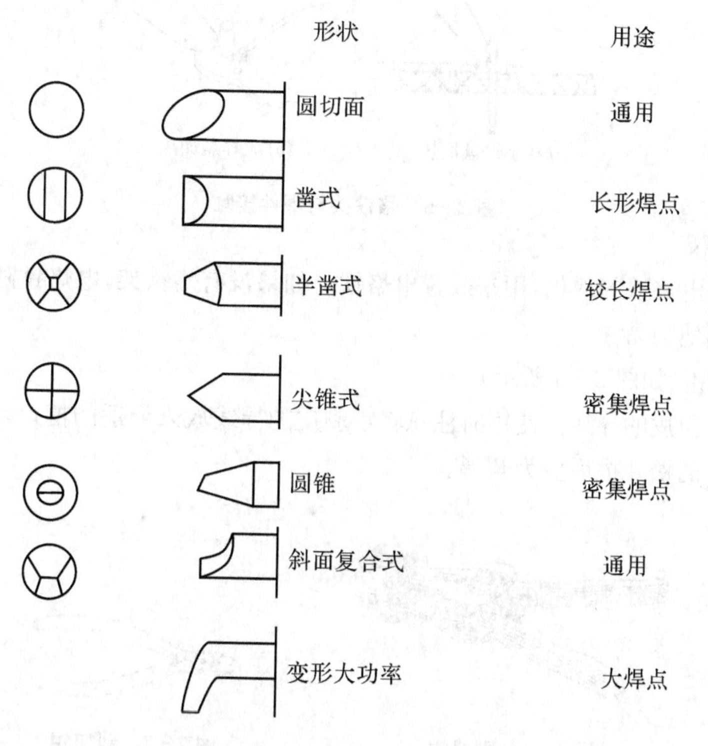

图 2-3　烙铁头的形状与用途

③烙铁头温度

烙铁头的温度可以通过插入烙铁芯的深度来调节。烙铁头插入烙铁芯的深度越深，其温度越高。通常情况下，我们用目测法判断烙铁头的温度。

如图 2-4 所示，根据助焊剂的发烟状态判别：在烙铁头上熔化一点松香芯焊料，根据助焊剂的烟量大小判断其温度是否合适。温度低时，发烟量小，持续时间长；温度高时，烟气量大，消散快。在中等发烟状态，约 6～8 s 消散时，温度约为 300 ℃，这是焊接的合适温度。

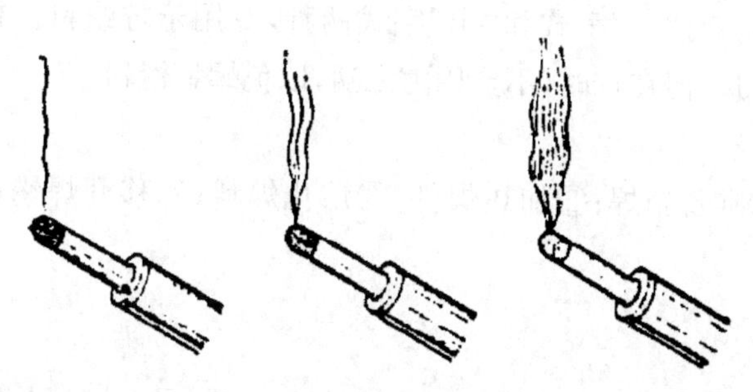

图 2-4　烙铁头温度判断

④电烙铁的接触方法

用电烙铁加热被焊工件时，烙铁头上一定要粘有适量的焊锡，为使电烙铁传热迅速，要用烙铁的侧平面接触被焊工件表面，如图 2-5 所示。同时应尽量使烙铁头同时接触印制板上焊盘和元器件引线。

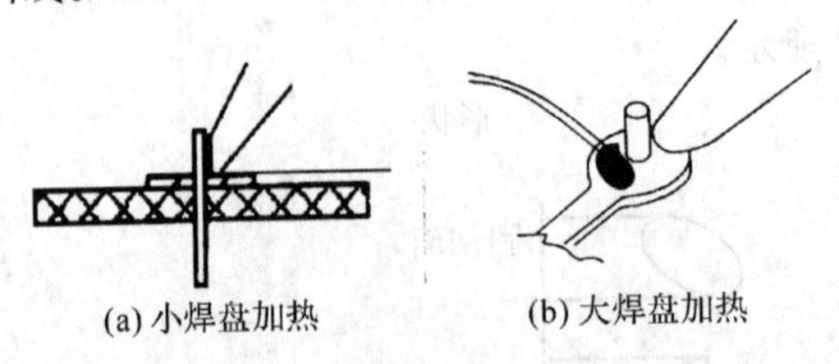

图 2-5　烙铁头与焊件接触

(2) 烙铁架

烙铁架是电烙铁的伴侣，用来放置电烙铁。如果没有烙铁架，电烙铁随意乱放，容易烫坏桌上的其他物品。

(3) 剥线钳(如图 2-6 所示)

用于剥有包皮的导线。使用时注意将需剥皮的导线放入合适的槽口，剥皮时不能剪断导线。剪口的槽并拢后应为圆形。

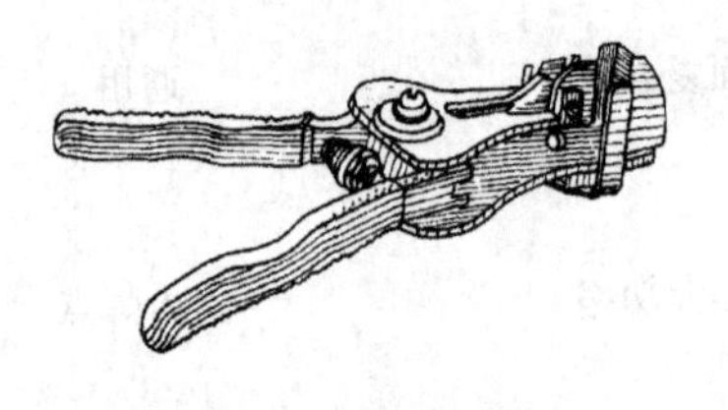

图 2-6　剥线钳

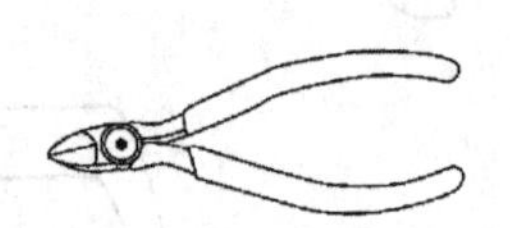

图 2-7　斜口钳

(4) 斜口钳(如图 2-7 所示)

用于剪切细小的导线及焊后的线头，也可与尖嘴钳合用剥导线的绝缘皮。

(5) 镊子

有尖嘴镊子和圆嘴镊子两种。尖嘴镊子用于夹持较细的导线，以便于装配焊接。圆嘴镊子用于弯曲元器件引线和夹持元器件焊接等，用镊子夹持元器件焊接还起散热作用。

(6) 螺丝刀

又称起子、改锥。有“一”字式和“十”字式两种，专用于拧螺钉。根据螺钉大小可选用不同规格的螺丝刀。但在拧时，不要用力太猛，以免螺钉滑口。

3. 手工焊接工艺

五步焊接法：①准备施焊；②加热焊件；③熔化焊料；④移开焊锡；⑤移开烙铁(参看图 2-8)。

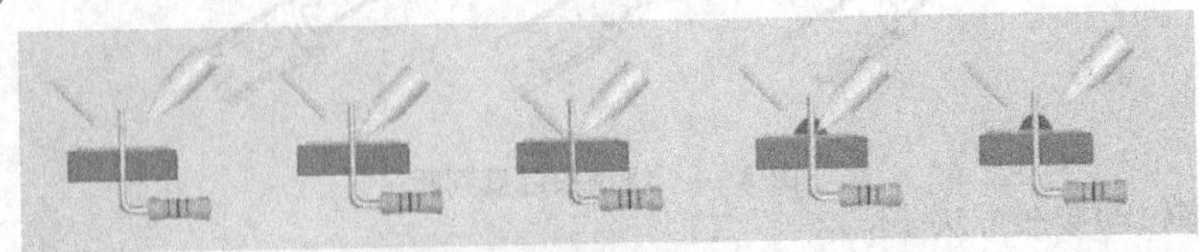

图 2-8　五步焊接法

（1）准备施焊：准备好焊锡丝和烙铁，右手持电烙铁。左手用尖嘴钳或镊子夹持元件或导线。此时特别强调的是烙铁头部要保持干净，即不可以沾上焊锡（俗称吃锡）。

（2）加热焊件：将烙铁接触焊接点，注意首先要保持烙铁加热焊件各部分，例如要使印制板上的引线和焊盘都受热，其次要注意让烙铁头的扁平部分（较大部分）接触热容量较大的焊件，烙铁头的侧面或边缘部分接触热容量较小的焊件，以保持焊件均匀受热。

（3）熔化焊料：当焊件加热到能熔化焊料的温度后将焊丝置于焊点，焊料开始熔化并润湿焊点。

（4）移开焊锡：当熔化一定量的焊锡后将焊锡丝移开。

（5）移开烙铁：当焊锡完全润湿焊点后移开烙铁，注意移开烙铁的方向应该是大致45°的方向。烙铁头在焊点处停留的时间控制在2～3 s。

注意：移走烙铁后，待焊点处的锡冷却凝固后再松手。

焊接完成后，可用偏口钳剪去多余的引线。

4. 元器件安装

元器件由于外形不尽相同，有的引脚均在元器件的一侧，比如功能开关、晶体三极管等，有的引脚却在元器件的两侧，比如电阻器、晶体二极管等。安装时可以根据需要采用不同的安装方式。如图2-9为常用元器件安装效果图。

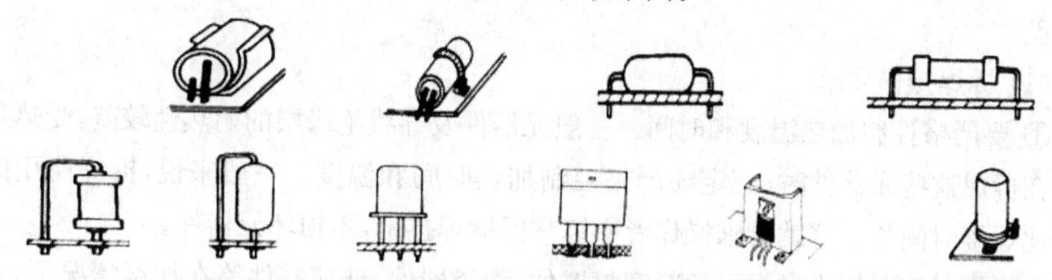

图2-9　元器件安装效果

通常情况下，元器件的安装方式分为立式安装和卧式安装两种，这里以电阻器为例，介绍元器件的安装工艺。

（1）电阻器立式安装方法

如表2-3所示是电阻器立式安装方法。

表2-3　电阻器立式安装方法

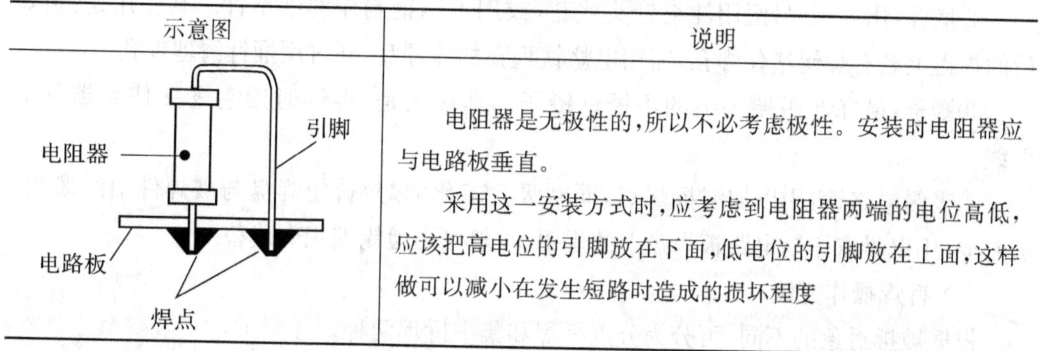

示意图	说明
	电阻器是无极性的，所以不必考虑极性。安装时电阻器应与电路板垂直。 采用这一安装方式时，应考虑到电阻器两端的电位高低，应该把高电位的引脚放在下面，低电位的引脚放在上面，这样做可以减小在发生短路时造成的损坏程度

注意：引脚的折弯是元件整形中最重要的因素。在元件引脚上一些剧烈的来回折弯

很可能使它损坏或开裂。折弯点离元件封装太近会给元件插入孔带来过大的应力并使封装开裂。

(2) 电阻器卧式安装方法

如表 2-4 所示是电阻器卧式安装方法。

表 2-4　电阻器卧式安装方法

示意图	说明
电阻器 引脚 电路板 焊点	电阻器是无极性的,所以不必考虑极性。安装时电阻器可以紧贴于电路板上。 采用这一安装方式时,应考虑到,如果安装的电阻器上因为有较大电流流过而发热,这时应将电阻器离开电路板一段距离,以便电阻器散热

5. 手工拆焊技术

拆焊是焊接的反操作。在调试、维修过程中需要更换元器件时,拆焊是必需的。拆焊时首先要将焊点熔化解开,移走焊接点上的焊锡,再卸下元器件。拆焊的技术要求比焊接高,若拆卸得当,元器件、焊盘可反复使用;若拆卸不当,很容易损坏元器件和印制板的焊盘。

(1) 拆焊操作要求

① 要严格控制加热温度和时间。一般元器件及导线绝缘层的耐热性较差,受热易损坏。在拆焊这些元器件时,一定要严格控制加热时间和温度。一般来说,拆焊所用的时间要比焊接时间长。这就要求操作者熟练掌握拆焊技术,不损坏元器件。

②拆焊时不要用力过大。塑料密封器件、陶瓷器件、玻璃器件等在加温情况下,强度都会有所降低,拆焊时用力过大会使器件与引线脱离。

(2) 拆焊常用工具

为了拆焊顺利进行,在拆焊过程中要使用一些专用的拆焊工具,如吸锡器、捅针和钩形镊子等工具。集成电路引脚端多,需要专门的拆焊工具。

①吸锡器:用来吸取电路板焊盘的焊锡,一般与电烙铁配合使用。

②捅针:用 6～9 号医用注射针头代替,或用不锈钢制作的细钢针。其作用是:拆焊后的焊盘上若有焊锡堵住焊孔,需用电烙铁重新加热焊盘,同时用捅针清理焊孔。

③镊子:最好选用端头尖的不锈钢镊子。其作用是:拆焊时用它来夹住元器件的引线。

④吸锡电烙铁:用以加温拆焊点,同时吸去熔化的焊料,使焊盘与被焊件引线脱离。吸锡绳,用以吸取印制电路板焊盘上的焊锡,一般可用镀锡编织套代替。

(3) 拆焊操作方法

根据被拆对象的不同,可分为分点拆焊和集中拆焊两种。

①分点拆焊

适用范围：焊点间距较大；虽属同一元器件的焊脚，但允许依次拆焊(阻容元件)。

常见：印刷电路板上水平安装的阻容元件。操作步骤见图 2－10。

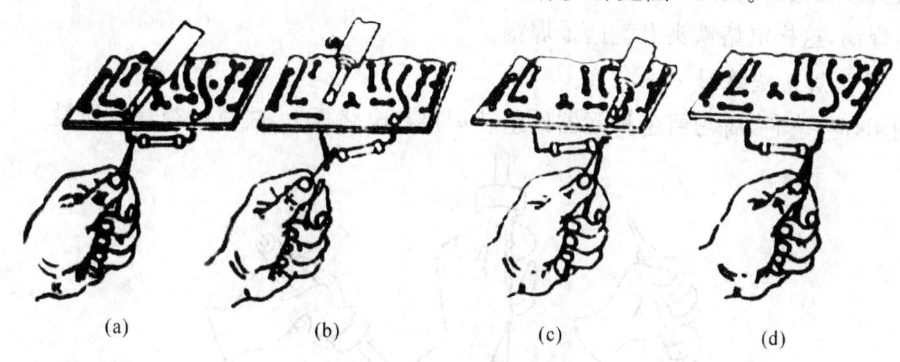

图 2－10　分点拆焊步骤

②集中拆焊

适用范围：焊点间距很小、同一元器件上的焊脚不允许依次拆焊(三极管、集成电路等)。

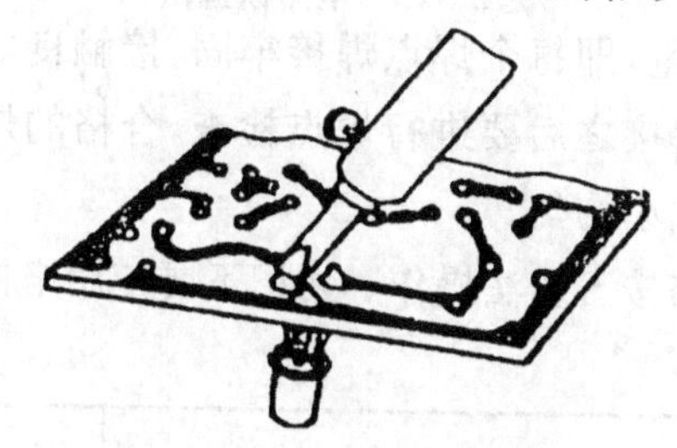

图 2－11　集中拆焊

实训器材

手工焊接工具箱、练习套件等。

实训内容与步骤

1. 安全检查

新买来的电烙铁要进行电气安全检查，具体方法是：万用表置于 R×10 k 挡，分别测量插头两根引线与电烙铁头(外壳)之间的绝缘电阻，如图 2－12 所示是接线示意图，应该为开路，如果测量有电阻，说明这一电烙铁存在漏电故障。

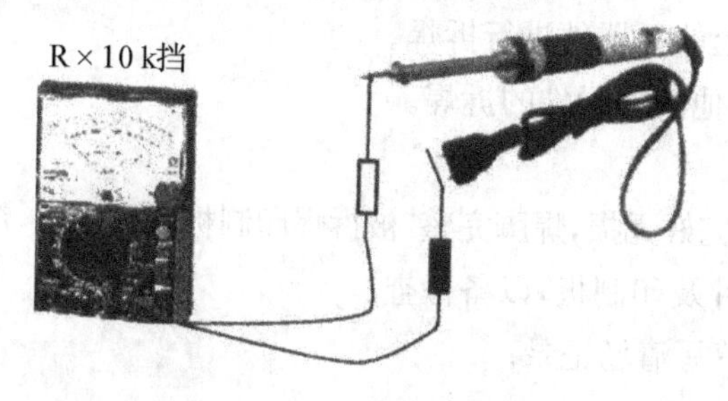

图 2－12　电烙铁安全检查

2. 新电烙铁搪锡方法

通电前,用锉刀将电烙铁头锉一下,使之露出紫色铜心,然后通电,待电烙铁刚热时,将烙铁头接触松香,使之含些松香,待电烙铁全热后,用烙铁头刃面接触焊锡丝给烙铁头“吃”些焊锡,这样电烙铁头上就搪了焊锡。

3. 五步焊接法练习

利用焊接套件,练习将各种元器件组装焊接在电路板上,注意检查焊点质量。

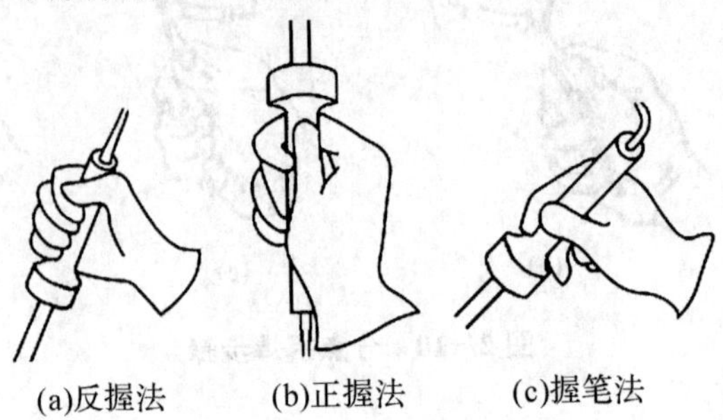

(a)反握法　(b)正握法　(c)握笔法

图 2－13　电烙铁握法

焊接时,要保证焊接质量,即每个焊点焊接牢固、接触良好,不应有虚焊和假焊或与周围元器件连焊的现象。焊接之后要进行焊点检查,合格的焊点表面光洁度好,圆滑而无毛刺,没有气孔,各焊点大小均匀。

注意:初次训练,要严格按五步法操作。切记不要使用烙铁头作为运送焊锡的工具!

4. 多股导线焊接练习

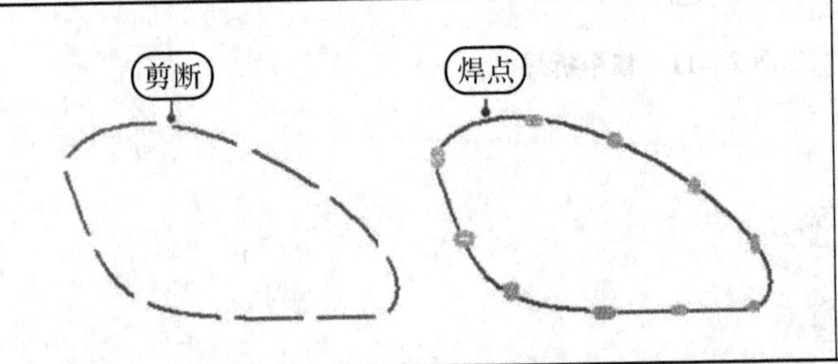

取一根细的多股导线,将它剪成十段,再将它们焊成一个圆圈。然后,在多股细导线中抽出一股来,也将它们剪成十段,焊成一个圈。

图 2－14　多股导线焊接

要求:对单股线不应伤及导线,屏蔽线、多股导线不断线;对多股导线剥除绝缘层时注意将线芯拧成螺旋状;要套上相应的热缩套管。

5. 拆焊操作

对一块旧电路板上的元器件进行拆焊。

①阻、容元件及其他两脚元件的拆焊。

②三极管的拆焊。

要求:被拆焊元件完好无损,焊脚完整,被拆焊印制板焊盘完好,焊盘孔通畅,质量完好。

拆完后交已拆元件及印制板,以备检查。

6. 整理工作台,填写清场记录。

实训注意事项

1. 最好将电烙铁电源线换成防火、防烫的花线。注意引线接头不能碰到电烙铁的外壳。

2. 使用前,要进行安全检查。应认真检查电源插头、电源线有无损坏,并检查烙铁头是否松动。

3. 电烙铁使用中,不能用力敲击。要防止电烙铁滑落。烙铁头上焊锡过多时,可用布擦掉。不可乱甩,以防烫伤他人。

4. 焊接过程中,烙铁不能到处乱放。不焊时,应放在烙铁架上。注意电源线不可搭在烙铁头上,以防烫坏绝缘层而发生事故。

5. 使用完毕后,应及时切断电源,拔下电源插头。冷却后,再将电烙铁收回工具箱。

思 考 题

1. 手工焊接“五步法”的流程是什么?
2. 合格焊点的标准是什么?
3. 手工焊接中需要注意的事项有哪些?

(李小红)

项目三 常见半导体元器件识别与检测

实训一 二极管识别与检测

实训目标

1. 知识目标

(1) 了解二极管的分类与标识方法。

(2) 进一步掌握二极管的结构与特点。

2. 技能目标

(1) 学会识别和检测晶体二极管。

(2) 熟悉指针式/数字万用表的使用方法。

实训原理

1. 二极管的种类

晶体二极管(简称二极管)就是由一个PN结构成的最简单的半导体器件。只要在一个PN结的P区和N区各接出一条引线,然后再封装在管壳内,就制成一只晶体二极管。P区引出端叫正极(或阳极),N区引出端叫负极(或阴极),如图3-1-1(a)所示。二极管的文字符号为“V”,图形符号见图3-1-1(b)。带箭头的一边代表正极,竖线一边代表负极,箭头所指方向是PN结正向电流方向,它表示二极管具有单向导电性。

图3-1-1 晶体二极管结构与符号

根据不同的制造工艺,二极管的内部结构大致分为点接触型、面接触型和平面型三种。

由于功能和用途的不同,二极管大小不同,外形和封装各异。图3-1-2中,从左到右是由小功率到大功率的几种常见二极管的外形。从二极管使用的封装材料来看，小电流的二极管常用玻璃壳或塑料壳封装；电流较大的二极管，工作时 PN 结温度较高，常用金属外壳封装，外壳就是一个电极并制成螺栓形，以便与散热器连接成一体。随着新材料、新工艺的应用，二极管采用环氧树脂、硅酮塑料或微晶玻璃封装也比较常见。

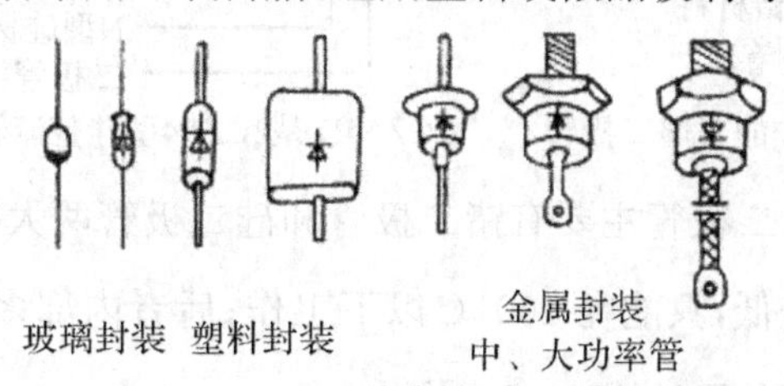

图 3－1－2　几种晶体二极管外形

二极管外壳上一般印有符号表示极性，正、负极的引线与符号一致。如图 3－1－3 所示。有的在外壳一端印有色圈表示负极；有的在外壳一端制成圆角形来表示负极；但也有的在正极端打印标记或用红点来表示正极。这一点在使用时要特别注意。

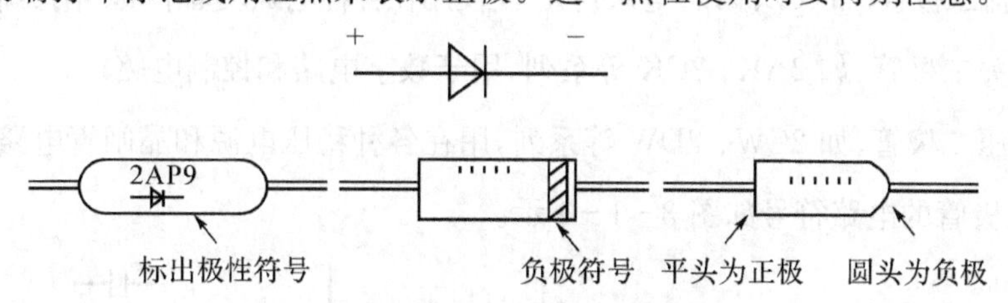

图 3－1－3　极性符号

二极管品种很多，特性不一，为便于区别和选用，每种二极管都有一个型号。按照国家标准 GB249—74 的规定，国产二极管的型号由五个部分组成，见表 3－1－1。需要注意，第四部分数字是表示某系列二极管的序号，序号不同的二极管其特性不同。第五部分字母表示规格号，系列序号相同，规格号不同的二极管，特性差不多，只是某个或某几个参数不同。某些二极管型号没有第五部分。

表 3－1－1　国产二极管的型号

第一部分		第二部分		第三部分		第四部分		第五部分	
用数字表示器件的电极数目		用拼音字母表示器件的材料和极性		用汉语拼音字母表示器件的类型				用数字表示器件的序号	用汉语拼音字母表示规格号
符号	意义	符号	意义	符号	意义	符号	意义		
2	二极管	A	N型锗材料	P	普通管	C	参量管		
		B	P型锗材料	Z	整流管	U	光电器件		
		C	N型硅材料	W	稳压管	N	阻尼管		
		D	P型硅材料	K	开关管	B	半导体		
		E	化合物	L	整流堆	I	特殊器件		

例 3-1

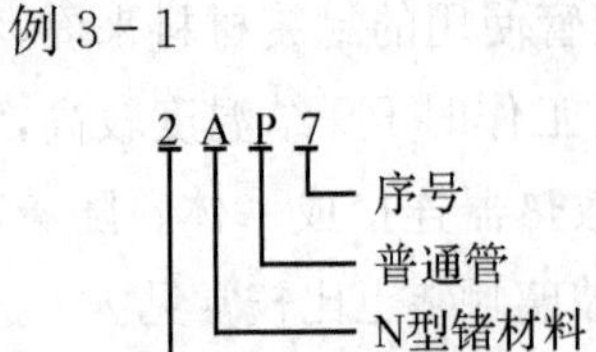

例 3-2

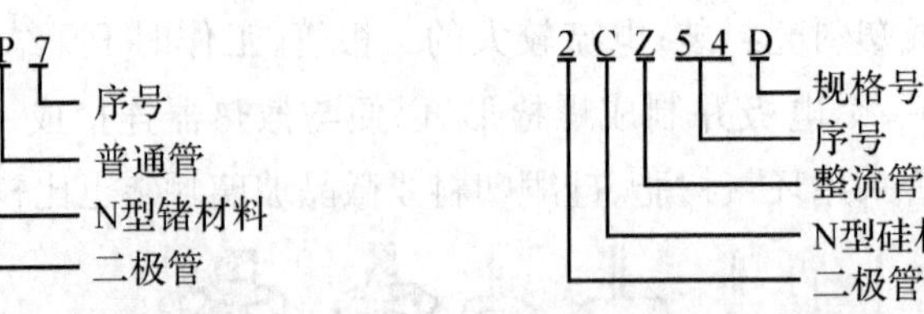

2AP7 是N型锗材料制作的普通二极管　　2CZ54D 是2CZ54型硅整流管的D挡

依据制作材料分类，二极管主要有锗二极管和硅二极管两大类。前者内部多为点接触型，允许的工作温度较低，只能在 100 ℃以下工作；后者内部多为面接触型或平面型，允许的工作温度较高，有的可达 150～200 ℃。

依据用途分类，电子设备中较常用的二极管有四类：

(1) 普通二极管，如 2AP 等系列，用于信号检测、取样、小电流整流等。

(2) 整流二极管，如 2CZ、2DZ 等系列，广泛使用在各种电源设备中做不同功率的整流。

(3) 开关二极管，如 2AK、2CK 等系列，用于数字电路和控制电路。

(4) 稳压二极管，如 2CW、2DW 等系列，用在各种稳压电源和晶闸管电路中。

这些二极管的电路符号如图 3-1-4 示。

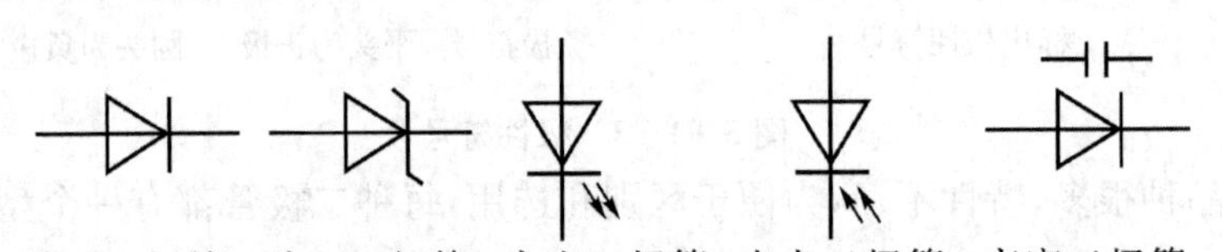

图 3-1-4　不同二极管的电路符号

2. 二极管的检测

在使用二极管前，通常先要判别极性，还要检查它的好坏，否则电路不仅不能正常工作，甚至可能烧毁二极管和其他元件。前面介绍的一些二极管封装上的符号或极性标记，我们可以作为依据。当封装上的符号或极性标记看不清或者没有手册可查时，也可以根据二极管的单向导电性来判断它的好坏和极性。

常用万用表的电阻挡测量极间电阻来判断。万用表有两个接线端，正接线端接红表笔，负接线端接黑表笔。必须注意，使用指针式万用表的电阻挡时，表内接入电池，万用表的红表笔接表内电池负极，输出负电压；黑表笔接电池正极，输出正电压。测试前要选好挡位，两表笔短接后调零位。对于耐压较低，电流较小的二极管如用 R×1 挡，流过二极管的电流太大，用 R×10 k 挡，表内电池电压太高，都可能会使二极管损坏。通常用 R×100或 R×1 k 挡来测量，具体方法和说明如表 3-1-2 和表 3-1-3 所示。

表 3-1-2　晶体二极管检测方法

测试项目	测试方法	正常数据		极性判断
		硅管	锗管	
正向电阻	测硅管时 测锗管时 红笔 黑笔	表针指示在中间偏右一点	表针偏右靠近满度，而又不到满度	万用表黑笔连接的一端为二极管的正极（或阳极）
		（几百欧～几千欧）		
反向电阻	测硅管时 测锗管时 红笔 黑笔	表针一般不动	表针将偏转一点	万用表黑笔连接的一端为二极管的负极（或阴极）
		（大于几百千欧）		

表 3-1-3　晶体二极管质量检测

正向电阻	反向电阻	管子好坏
较小	较大	好
0	0	短路损坏
∞	∞	开路损坏
正反向电阻接近		质量不佳

要注意的是：使用不同的万用表测同一只二极管，获得的阻值可能不同，这是由于万用表本身特性不一样；使用万用表不同的电阻挡测二极管时，获得的阻值也是不同的。例如用 R×100 挡测某一只 2CZ83D，正向电阻约500 Ω，反向电阻约320 kΩ，而改用R×1 k挡，测得正向电阻约4 kΩ，反向时表针几乎不动。这是因为二极管是非线性器件，PN 结的阻值是随外加电压变化的，而用万用表测电阻时，各挡的表笔端电压不一样，所以用不同的电阻挡测同一只二极管，测得的阻值读数就不一样。

【发光二极管检测】

对于 LED 管，由于正向压降在 1.5 V 至 2.7 V 之间，所以测量时应选用万用表电阻挡 R×10 k 挡测量，将两表笔分别接发光二极管两引脚，交换表笔再测，阻值小的一次，黑表笔所接为正极，红表笔所接为负极；阻值较大一次，黑表笔所接为负极，红表笔所接为正极。

对于红外发光管，用万用表 R×1 k 挡测量其正向电阻在 30 kΩ 左右，反向电阻在 200 kΩ 以上者是好的。

【光敏二极管检测】

①极性判别：用万用表电阻挡 R×1 k 挡测量，用两表笔分别接光电二极管两引脚，然后交换表笔再测，阻值较小一次，黑表笔所接为正极，红表笔所接为负极；阻值较大一次，黑表笔所接为负极，红表笔所接为正极。

②质量判别：用万用表电阻挡 R×1 k 挡或 R×10 k 挡测量光电二极管反向电阻，黑

表笔接光电二极管负极，红表笔接正极。在无光照时，光电二极管的反向电阻很大；当受光照时，反向电阻变小，并且光照强度越大，反向电阻越小。否则，说明光电二极管损坏。

实训器材

二极管若干、指针式万用表、数字万用表。

实训内容与步骤

1. 二极管识别

外观识别，学会区分不同类型二极管的标识，初步判断管子的类型和正负极。填写表 3-1-4。

表 3-1-4　二极管的类型与符号

类型	电路符号	实物图	类型	电路符号	实物图
整流二极管			开关二极管		
检波二极管			变容二极管		
稳压二极管			双向触发二极管		
发光二极管			光敏二极管		

2. 二极管检测

分别利用指针式万用表和数字万用表相应挡位完成对各二极管的性能检测，判断管子材料与性能好坏。

序号	正向电阻	反向电阻	性能
1			
2			
3			
4			
5			
6			

3. 提交检测报告。

实训注意事项

使用数字万用表的二极管挡和欧姆挡时，表内接入电池，万用表的红表笔接表内电池正极，输出正电压；黑表笔接电池极负，输出负电压。记住这点与指针式万用表正相反。

实训二　三极管识别与检测

实训目标

1. 知识目标

(1) 了解三极管的分类与标识方法。

(2) 进一步掌握三极管的结构与工作原理。

2. 技能目标

(1) 学会识别和检测晶体三极管。

(2) 熟悉指针式/数字万用表的使用方法。

实训原理

晶体三极管(简称三极管)是按一定的工艺,将两个 PN 结结合在一起的半导体器件,由于两个 PN 结之间的相互影响,使晶体三极管表现出不同于晶体二极管的特性。在一块极薄的硅或锗基片上制作两个 PN 结就构成三层半导体,从三层半导体上各自接出一根导线,就是三极管的三个电极,再封装在管壳里就制成了晶体三极管。依据基区材料是 P 型还是 N 型半导体,三极管有 NPN 型和 PNP 型两种组合型式。

1. 结构和符号

三极管的文字符号为"V",图形符号如图 3-2-1(a)和(b)所示。两种符号的区别在于发射极箭头的方向不同,箭头方向表示发射结加正向电压时的电流方向。

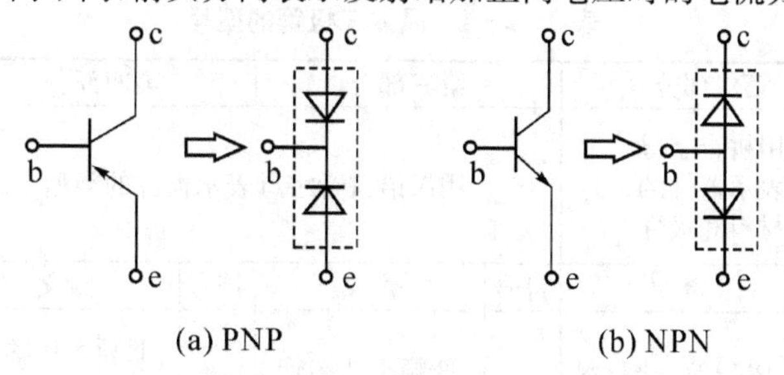

图 3-2-1　晶体三极管的结构和符号

图 3-2-2 是常见的几种国产三极管的封装和外形。功率不同的三极管有着不同的体积和封装形式,在晶体管手册中有具体说明。

图 3-2-2　几种晶体三极管的外形和封装

早期生产的三极管有的采用玻璃封装；有些超小型三极管采用陶瓷环氧封装；绝大多数大、中、小型三极管采用金属外壳封装；大功率晶体三极管管壳是集电极，通常做成扁平形状并有安装螺钉孔，有的大功率三极管的集电极制成螺栓形状，这样能使三极管和散热器连成一体，便于散热。近年来越来越多的中、小功率三极管采用硅酮塑料封装。

2. 分类

各种三极管都有自己的型号，按照国家标准 GB249－74 的规定，国产三极管的型号也是由五个部分组成。表 3-2-1 中第二、第三部分所列的是三极管常见类型，对其含意需搞清楚。

通常按以下几个方面进行分类：

(1) 依据制造材料的不同，三极管分为锗管与硅管两类。它们的特性大同小异。硅管受温度影响较小，工作较稳定，因此在电子设备上常用硅管。

(2) 依据三极管内部基本结构，分为 NPN 型和 PNP 型两类。目前我国生产的硅管多数是 NPN 型(也有少量 PNP 型)，一般采用平面工艺制造。锗管多数是 PNP 型(也有少量 NPN 型)，一般采用合金工艺制造。

(3) 依据工作频率不同，可分为高频管(工作频率等于或大于3 MHz)和低频管(工作频率低于3 MHz)。

(4) 依据用途的不同，分为普通放大三极管和开关三极管。

(5) 依据功率不同，分为小功率管(耗散功率<1 W)和大功率管(耗散功率≥1 W)。

表 3-2-1　晶体三极管的型号

第一部分		第二部分		第三部分		第四部分		第五部分
用数字来表示器件电极数目		用拼音字母表示器件的材料和极性		用汉语拼音字母表示器件的类型				
符号	意义	符号	意义	符号	意义	符号	意义	
3	三极管	A B C D K CS	PNP 型，锗材料 NPN 型，锗材料 PNP 型，硅材料 NPN 型，硅材料 开关管 场效应器件	X G	低频小功率管 $f_a<3$MHz $P_c<1$W 高频小功率管 $f_a\geq3$MHz $P_c<1$W	D A U	低频大功率管 $f_a<3$MHz $P_c\geq1$W 高频大功率管 $f_a\geq3$MHz $P_c\geq1$W 光电器件	用数字表示器件的序号	用汉语拼音字母表示规格号

如 3DG130C 代表 NPN 型硅高频小功率三极管 C 挡型号，3AX52B 代表 PNP 型锗低频小功率三极管 B 挡型号。

3. 三极管的识别和检测方法

各种三极管的参数虽然可以在晶体管手册中查到，但由于三极管制造时的种种原因，即使同型号之间，参数也不是完全一致的。因此，使用前需进行检测。三极管的测试，最好应用晶体管特性图示仪，它可以在接近实际工作的条件下，方便而直观地显示三极管的特性曲线和有关参数。除了这种方法以外，在医疗器械维修实践中，也常使用万用表来简单估测三极管的极性、好坏和放大系数等。

用万用表测小功率三极管时，不宜用 R×1 挡，万用表的这挡内阻较小，流过三极管的电流较大；也不宜用 R×10k 挡，这挡电压较高，可能会损坏一些低反压小功率三极管。测大功率三极管可选用 R×10 挡。此外，仅用万用表只能大致定性估计三极管一些参数的情况。

(1) 三极管管脚识别

根据管脚排列识别使用三极管，首先要弄清它的管脚极性。目前三极管种类较多，封装形式不一，管脚也有多种排列方式。表 3-2-2 所列是常见的三极管管脚排列，多数金属封装的小功率管的管脚是等腰三角形排列。顶点是基极，左边为发射极，右边为集电极。此外，也有少量的三极管的管脚是一字形排列，中间是基极，集电极管脚较短，或用集电极与其他电极距离最远来区别；有的高频三极管有四根引出电极，为了屏蔽高频电磁场干扰，其中 d 为接地极。大功率三极管一般直接用金属外壳作集电极。

表 3-2-2　常见三极管管脚排列

大功率三极管(金属封装)
小功率三极管(金属封装)

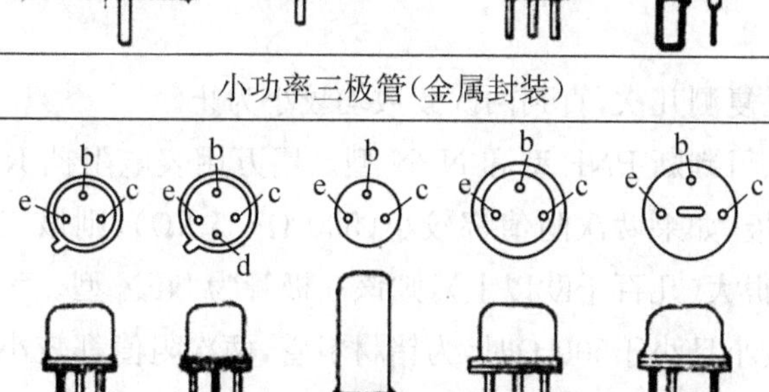

续表 3-2-2

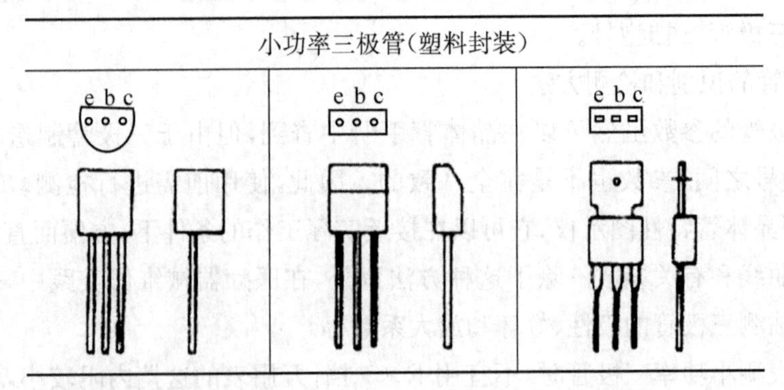

(2) 用万用表判别管脚与型号

使用指针式万用表识别管脚和极性的方法见表 3-2-3。

表 3-2-3　判断三极管管脚和极性的方法(R×100 或 R×1k)

<table>
<tr><td rowspan="2">内容</td><td colspan="2">第一步　判断基极</td><td colspan="2">第二步　判断集电极</td></tr>
<tr><td>PNP 型</td><td>NPN 型</td><td>PNP 型</td><td>NPN 型</td></tr>
<tr><td>方法</td><td>黑笔
红笔 b</td><td>b</td><td>c
100k
b</td><td>100k c
b</td></tr>
<tr><td>读数</td><td>两次读数阻值均较小</td><td>两次读数阻值均较小</td><td rowspan="2">红笔接基极,黑笔连同电阻(可以用手指皮肤电阻替代)分别按图示方法测试。当指针偏转角度较大时,黑笔所接的管脚为集电极</td><td rowspan="2">黑笔接基极,红笔连同电阻(可以用手指皮肤电阻替代)分别按图示方法测试。当指针偏转角度较大时,红笔所接的管脚为集电极</td></tr>
<tr><td>管脚识别</td><td>以红笔为基准,黑笔分别测另两个管脚,当测得两个阻值均较小时,红笔所接管脚为基极</td><td>以黑笔为基准,红笔分别测另两个管脚,当测得两个阻值均较小时,黑笔所接管脚为基极</td></tr>
</table>

注:

①判断基极要反复测几次,直到两次读数均较小为止。

②根据上述方法可判断 PNP 型和 NPN 型。用万用表电阻挡 R×1 k 挡,红表笔接基极,黑表笔接另两极,如果两次阻值都较小(500 Ω～5 kΩ),则该三极管为 PNP 型;相反,如果两次阻值都很大(几百千欧以上),则该三极管为 NPN 型。

③当两次阻值较小且小于500 Ω时,为锗材料管,两次阻值都较小且小于 5 kΩ 时,则是硅材料管。

④判断集电极的测试方法,其原理如图 3-2-3 所示。

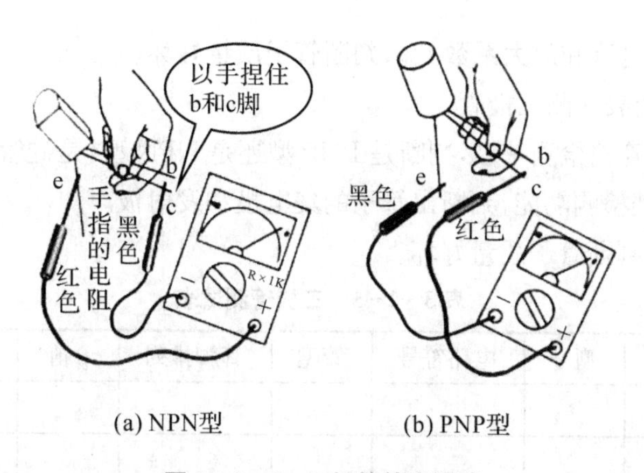

(a) NPN型　　(b) PNP型

图 3-2-3　三极管管脚测试

(3) 三极管好坏的大致判别

根据 PN 结的单向导电性，我们可以检查三极管内各极间 PN 结的正反向电阻，如果相差较大，说明三极管基本上是好的。如果正反向电阻都很大，说明三极管内部有断路或 PN 结性能不好；如果正反向电阻都很小，说明三极管极间短路或击穿了。

(4) 穿透电流和放大系数的估计

用万用表检查三极管的穿透电流 I_{CEO}，是通过测量集电极与发射极之间的反向阻值来估计的，如表 3-2-4 所示，如果穿透电流大，阻值就较小。按照测量三极管穿透电流的方法，还可以估计三极管的放大系数。此外，可以利用万用表的 h_{FE} 挡功能估测小功率管的 h_{FE} 值。

表 3-2-4　估测三极管穿透电流

内容	方法	挡位	说明
穿透电流 I_{CEO}	NPN 红笔 黑笔 e b c	小功率管 R×100 或 R×1k 大功率管 R×10	测集电极-发射极间反向电阻，阻值越大，则 I_{CEO} 越小。 再用手捏住管壳，如表针摇摆不定或阻值迅速减小，则管子热稳定性差

实训器材

三极管若干；指针式万用表；数字万用表。

实训内容与步骤

1. 三极管外观识别，初步判断出三个管脚的排列顺序。

2. 用指针式万用表检测三极管。

(1) 检测出基极，判断是 PNP 型还是 NPN 型。

(2) 检测出集电极、发射极。

(3) 估测穿透电流和放大系数 h_{FE}，判断管子质量好坏。

3. 用数字万用表检测三极管

(1) 利用二极管挡检测基极，判断是 PNP 型还是 NPN 型，是硅管还是锗管。

(2) 利用 h_{FE}挡检测功能，判断出管子的集电极和发射极。

(3) 估测 h_{FE}，判断管子质量好坏。

表 3-2-5　三极管测试表

序号	型号	电路符号	管型	管脚排列	β值	质量
①						
②						
③						
④						
⑤						

4. 提交检测报告。

实训注意事项

使用数字万用表的二极管挡和欧姆挡时，表内接入电池，万用表的红表笔接表内电池正极，输出正电压；黑表笔接电池极负，输出负电压。记住这点与指针式万用表正相反。

实训三　晶闸管识别与检测

实训目标

1. 知识目标

(1) 了解晶闸管的分类与标识方法。

(2) 进一步掌握晶闸管的结构与工作原理。

2. 技能目标

(1) 学会识别和检测晶闸管。

(2) 熟悉指针式/数字万用表的使用方法。

实训原理

晶闸管又称可控硅。它是一个可控的单(双)向导电开关,能以低电压、小电流控制高电压、大电流,具有控制性好、效率高等优点。晶闸管广泛用于无触点开关电路和可控整流、变频、自控等电路。

可控硅主要有两种:单向可控硅和双向可控硅。

1. 单向可控硅

(1) 结构与电路符号

单向可控硅的电路符号、等效图如图 3-3-1(a)所示。常见的管脚排列和外形结构如图3-3-1(b)、(c)所示。

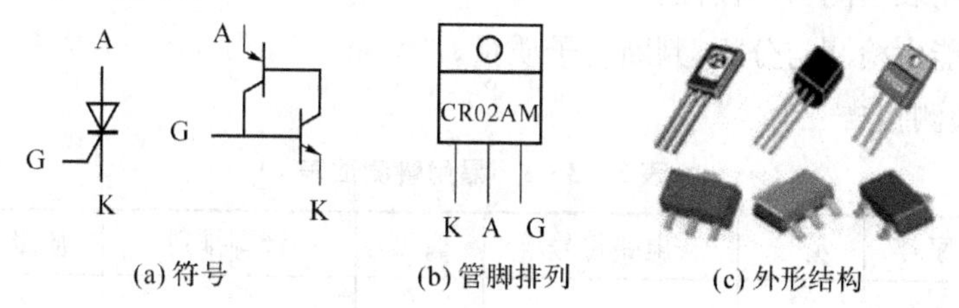

图 3-3-1　单向可控硅的电路符号与外形结构

(2) 检测方法

用万用表电阻挡 R×100 或 R×1 k 挡测量,两表笔分别接任两个电极,测任两个电极之间的正、反向电阻,如果测得某两个电极间的电阻较大(约 80 kΩ 以上),对调两表笔再测,如果阻值较小(约 2 kΩ),这时黑表笔所接电极为控制极 G,红表笔所接电极为阴极 K,余下的就是阳极 A。

2. 双向可控硅

(1) 结构与电路符号

双向可控硅的电路符号、管脚排列与外形结构如图 3-3-2 所示。

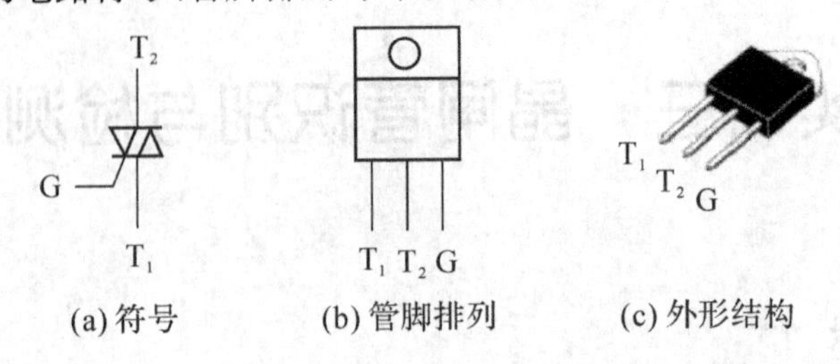

(a) 符号　(b) 管脚排列　(c) 外形结构

图 3-3-2　双向可控硅的电路符号与外形结构

(2) 检测方法

用万用表电阻挡 R×100 挡测量，测任两个电极之间的正、反向电阻，如果其中两个电极之间的正、反向电阻都很小(约 100 Ω)，即为 T_1 极和 G 极，阻值较小者，黑表笔接 T_1、红表笔接控制极 G，余者为 T_2 极。

实训器材

晶闸管若干；指针式万用表；数字万用表。

实训内容与步骤

1. 单向晶闸管检测

(1) 外观和引脚排序识别。

(2) 用万用表检测引脚极性。

(3) 触发能力检测与分析，判断管子质量。

2. 双向晶闸管检测

(1) 外观和引脚排序识别。

(2) 用万用表检测引脚极性。

(3) 触发能力检测与分析，判断管子质量。

3. 提交检测报告

表 3-3-1　晶闸管测试表

序号	型号	电路符号	管型	管脚排列	质量
①					
②					
③					
④					
⑤					

实训四　场效应管识别与检测

实训目标

1. 知识目标

(1) 了解场效应管的分类与标识方法。

(2) 进一步掌握场效应管的结构与工作原理。

2. 技能目标

(1) 学会识别和检测场效应管。

(2) 熟悉指针式/数字万用表的使用方法。

实训原理

场效应晶体管,简称场效应管。它的型号用 3DJ、3DO、CS 等后加序号和规格号表示。它的外形与普通三极管相似(如图 3-4-1),并兼有普通三极管体积小、耗电省等特点,但两者的控制特性却截然不同。普通三极管是通过控制基极电流来控制集电极电流的一种电流控制型器件,输入阻抗较低。而场效应管是利用输入电压产生的电场效应来控制输出电流的一种电压控制型器件。图 3-4-1 为几种场效应管的外形。场效应管具有输入阻抗高、热稳定性好、便于集成化等优点,得到广泛应用。

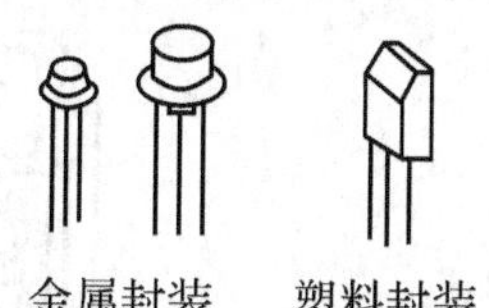

图 3-4-1　场效应管的外形

场效应管按导电机构不同,分结型场效应管和绝缘栅场效应管两种。

1. 结型场效应管

我们知道 N 型半导体里的电子在外加电压作用下形成电流。如果采用某种方法来控制半导体导电区域的大小,从而使它的电阻发生改变,就能控制 N 型半导体中的电流。PN 结内大多是不能移动的杂质离子,载流子很少,电阻率很高,当它加上反向电压时,PN 结就会变宽。如果在 N 型半导体两侧制造两个 PN 结,改变反向电压的大小,就可改变 PN 结宽度,控制电子流通区域的大小,从而控制 N 型半导体中电流的强弱。结型场效应管正是根据这一基本导电原理制成的。

2. 绝缘栅场效应管

绝缘栅场效应管是指栅极和漏极、源极完全绝缘的场效应管,它的输入阻抗更高。目前应用最广泛的绝缘栅场效应管是金属－氧化物－半导体场效应管,简称 MOS 管,它也有 N 沟道和 P 沟道两类(分别叫做 NMOS 和 PMOS),其中每一类又可分为增强型和耗尽型两种。

3. 场效应管的使用及注意事项

(1) 场效应管在使用中,要注意电压极性,以及电压和电流数值不能超过最大允许值。

(2) 为了防止栅极击穿,要求一切测试仪器、电烙铁都必须有外接地线。焊接时,用小功率烙铁迅速焊接,或切断电源后利用余热焊接,焊接时应先焊源极,后焊栅极。

(3) 绝缘栅场效应管输入阻抗极高,故不能在开路状态下保存。即使不使用,也应将三个电极短路,以防感应电势将栅极击穿。结型场效应管则可在开路状态下保存。

(4) 场效应管(包括结型和绝缘栅型)的漏极与源极通常制成对称的,漏极与源极可互换使用。有的绝缘栅场效应管在制造时将源极与衬底连接在一起,此时源极与漏极不能对调。有的产品将衬底引出(有四个管脚),一般情况 P 衬底接低电位,N 衬底接高电位。

4. 场效应管的管脚识别与简易检测

部分场效应管的管脚排列如图 3-4-2 所示。此外,我们可利用万用表 R×1 k 挡判别结型场效应管的电极,黑表笔碰触一个电极,红表笔依次碰触另外两个电极,若两次测出的阻值都很大,则是 P 沟道且黑表笔接的是栅极。反之,两次阻值均很小,则是 N 沟道,黑表笔接的也是栅极,但此法不能用于测绝缘栅场效应管。

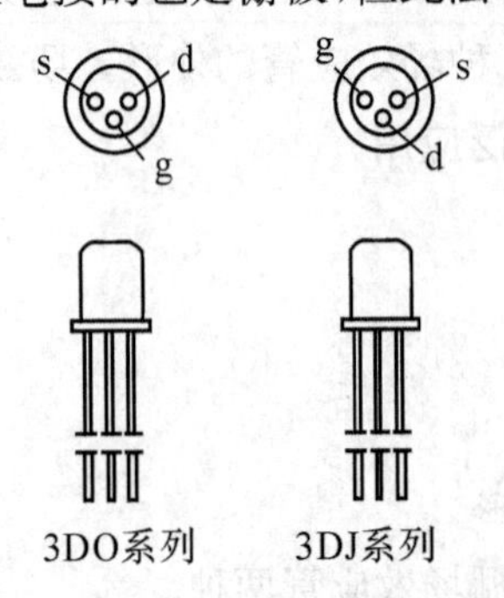

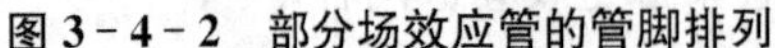

图 3-4-2　部分场效应管的管脚排列

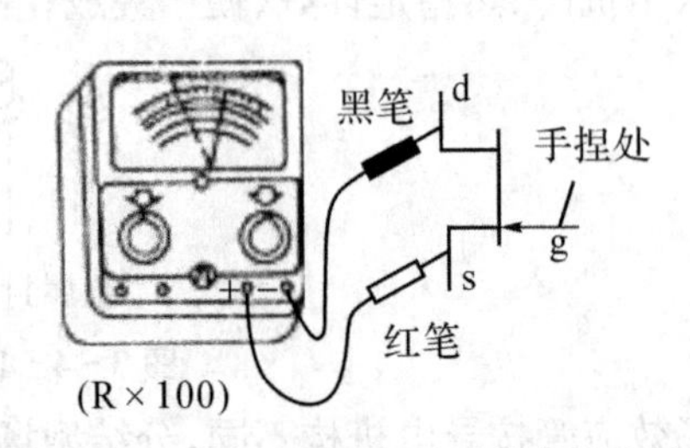

图 3-4-3　估测结型场效应管的放大能力

另外,还可用万用表估测结型场效应管的放大能力,如图 3-4-3 所示。用手捏住栅极后,表针会向左摆动(或向右),但只要有明显摆动说明此管有放大能力,摆动小,放大能力弱。由于测量使 g-s 结电容上充有少量电荷,每次测量后要将 g-s 间短路一下,否则再次测时可能表针不动。

实训器材

场效应管若干、指针式万用表、数字万用表。

实训内容与步骤

1. 场效应管引脚极性识别(万用表 R×1k 挡)。
2. 判别管子类型。
3. 场效应管放大能力检测。
4. 分析并判断场效应管的质量。
5. 提交检测报告。

表 3-4-1　场效应管测试表

序号	型号	电路符号	管型	管脚排列	质量
①					
②					
③					
④					
⑤					

(李小红)

项目四 识读电路图

实训 识读电路图

实训目标

1. 知识目标

(1) 掌握电子电路识图基本方法；

(2) 进一步掌握直流分析法和交流分析法。

2. 技能目标

(1) 熟悉常用电路图形符号和文字符号；

(2) 能读懂简单的电子电路图。

实训原理

1. 电路图分类及电路图形符号

电子电路图是一种设计类技术文件，它可以帮助我们尽快弄清设备的工作原理，熟悉设备的结构，了解各种元器件、仪表的连接和安装等。识图是学习和检修电路的基本要求。

电子电路图一般有电路原理图、装配图、接线图和方框图等。

(1) 方框图

方框图用来反映成套设备或整机的各个组成部分以及它们在电气性能方面所起的基本作用的原理和顺序。

厂家提供的电路原理图一般没有方框，各部分是紧密地连接在一起的。而我们读图的第一步则是要化零为整，明确各部分电路的功能，建立方框的概念，这样就掌握了被分析电路的基本结构。

图 4 - 1 所示为超外差式调幅收音机的整机电路原理框图。

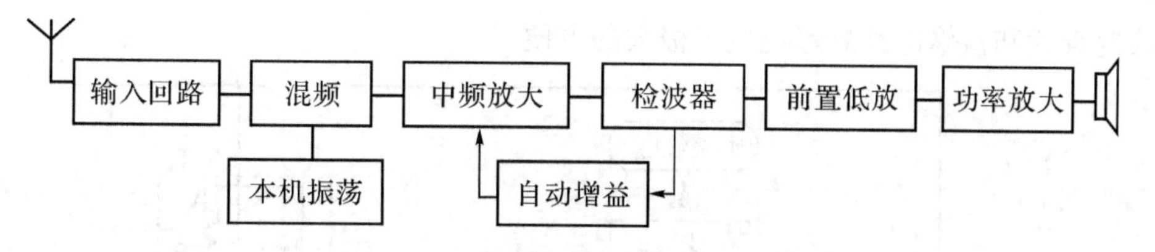

图 4-1　超外差式调幅收音机原理框图

按照调幅收音机的方框图，将收音机的电路分为输入电路、变频电路、中频放大电路、检波器、音频放大电路、自动增益控制及电源电路等几部分。

又如图 4-2 为示波器的基本原理框图。

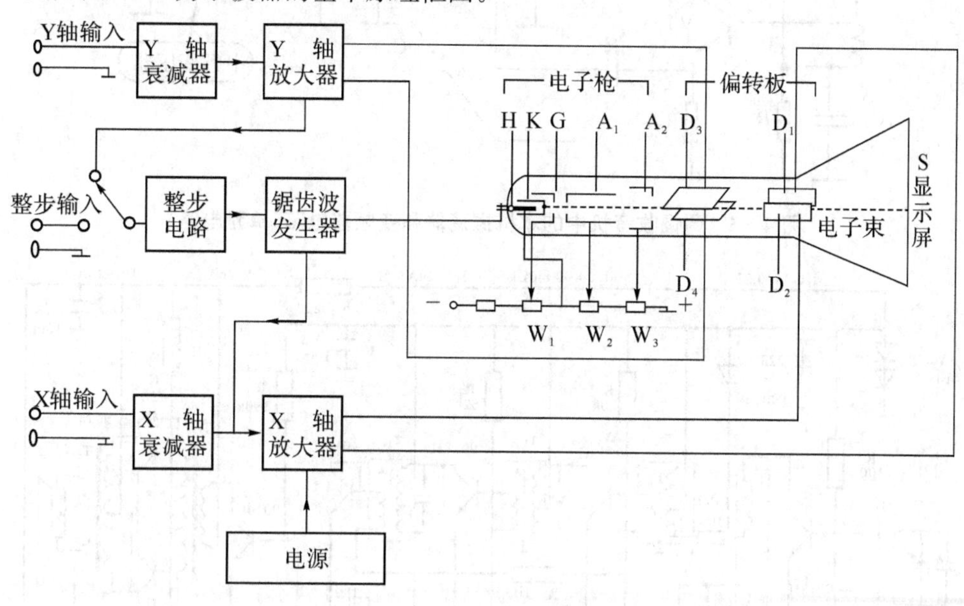

图 4-2　示波器基本原理框图

可以看出，虽然示波器的型号很多，但其基本结构类似，主要是由示波管、X 轴衰减器和放大器、Y 轴衰减器和放大器、锯齿波发生器、整步电路和电源等几部分组成。

在大概确定了各部分功能之后，就要进一步理清各功能块之间的关系，对于功能方框内部再进行明确分工。方法是：先找出输入、输出电路，从前向后，逐级理清。如超外差式收音机电路应从输入回路进行分析。也可以输出端负载为起点，由末级向前级逐级进行分析。也可以从扬声器开始，再逐级向前，明确各级的功能。超外差式收音机扬声器向前分析应该接功放电路。

(2) 电路原理图

电路原理图是按国家标准规定的图形符号和文字符号(见附录)绘制的表示设备电气工作原理的图样，包括整机电路原理图和单元电路原理图两种。

电路原理图反映了设备的电路结构、各元件或单元电路之间的相互关系和连接方式，并在图上给出了每个元件的基本参数和若干工作点的电压、电流值等数据，既是产品设计和性能分析的原始资料，也是绘制装配图和接线图的依据，同时还为检测和更换元

件、快速查找和检修电路故障提供了极大的方便。

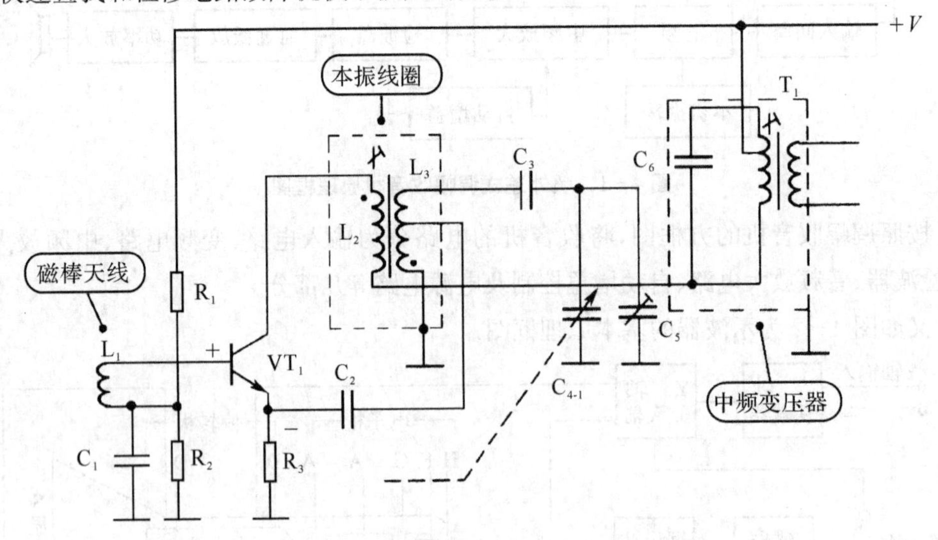

图 4-3　调幅收音机中的本机振荡器和变频器电路(单元电路)

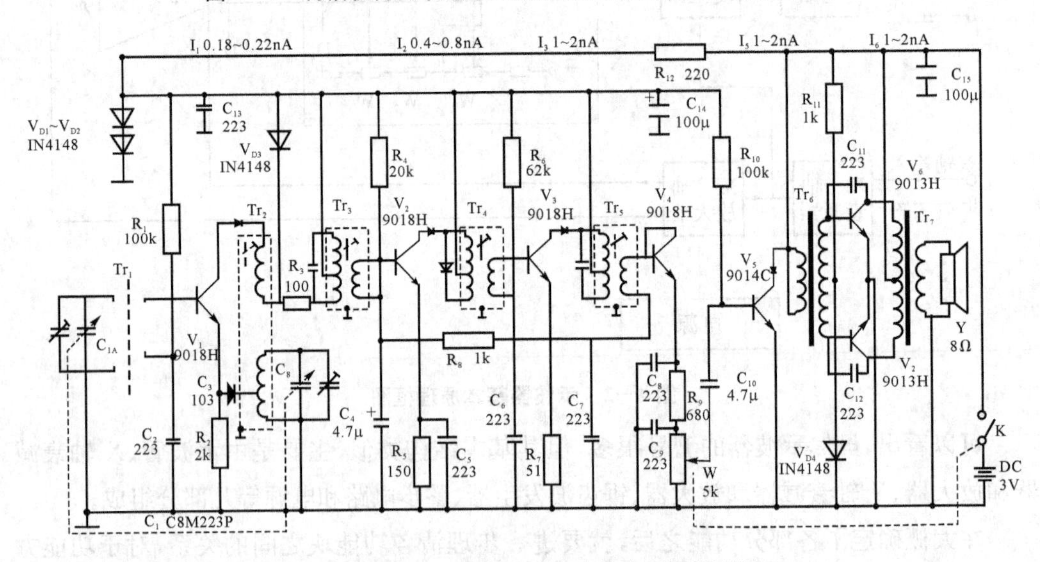

图 4-4　某六管中波段袖珍收音机电原理图(整机)

(3) 装配图

装配图是按产品装配结构绘制的表示各零部件实际安装、布置和相互关系的图样，要求完整、清楚地表示出产品的组成部分及其结构总形状。

装配图分为总装配图、结构装配图及印制电路板装配图等。

有些电子产品的元器件都是安装在印制电路板上的，印制电路板组件配上外壳即可构成整机，因此只需印制电路板装配图即可。

印制电路板装配图有两类：一类是将印制导线按实绘出，并在相应位置上画出元器件；另一类则是不画出印制导线，只是将元件作为正面，画出元器件外形及位置，指导装配焊接。

由于印刷线路图的排列没有什么规律，因而读起来不太方便。一般应以集成电路、晶体管、开关件等元器件编号为读图开端，这些元件标注较少，而且比较醒目。另外还可根据印刷图上功能电路的标注或一些单元电路的特点来找元器件。

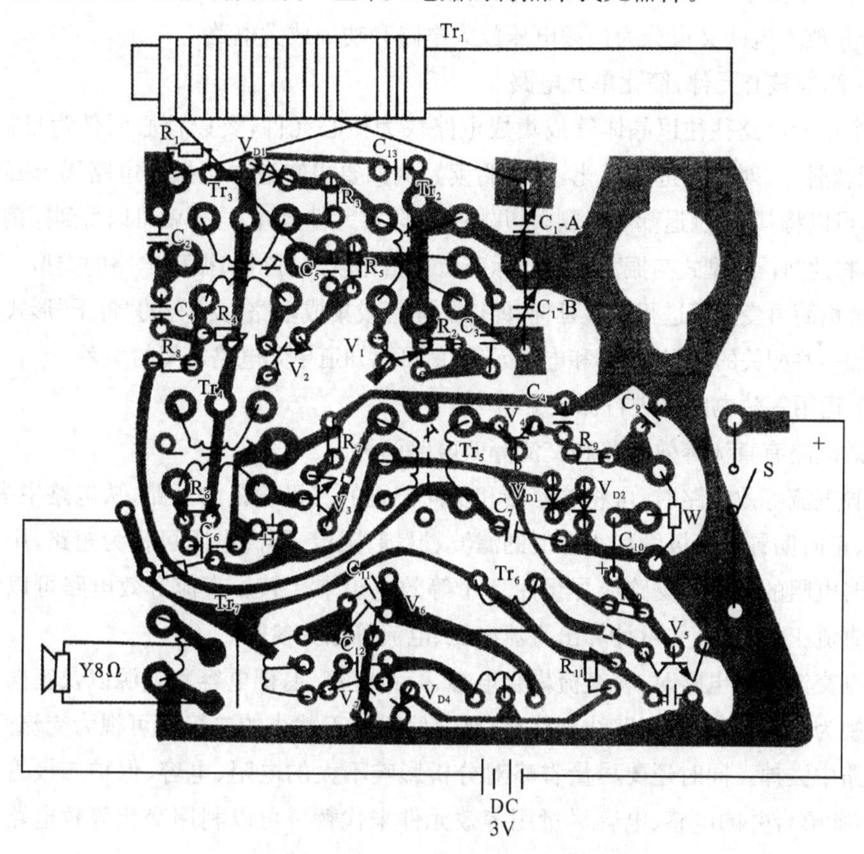

图 4-5　某超外差式调幅收音机装配图

(4) 接线图

接线图是按照产品中元器件和接线点的实际位置关系而绘制的一种反映各部件、整件内部连线情况的略图，主要用于产品的接线、线路检查和线路维修。接线图中，一般需要标出项目的相对位置和代号、端子号、导线号、导线类型等内容。

在收音机随机提供的图纸中，常将印制电路板装配图和接线图合并绘制成一张安装图，供装配和检修使用。

2. 电路原理图的识读方法

任何一个电子电路都是由若干个基本环节和典型电路组成的。为了快速而正确地阅读电原理图，应掌握基本的识读方法。

(1) 找输入和输出

对于一张电路原理图，首先要找出电路的“入”和“出”，在此基础上“割整为零”，弄清结构。所谓的“入”和“出”是指整机电路的输入和输出部分。比如收音机电路的“入”是天线，一般画在电路原理图的左侧，而它的“尾”则是功率放大器及扬声器，通常在图的最右侧。

信号的流向是从“入”到“出”。在分清“入”、“出”的基础上，结合基本框图，理清其大致结构，比如收音机电路可以分为高频电路、中频电路和音频电路三大块。在每大块中又可分为若干更小的单元电路，比如中频电路又分为一中放、二中放和三中放三级放大电路，音频放大电路又可分为低频电压放大电路和功率放大电路。

(2) 瞄准核心元件，简化单元电路

每个单元电路往往以晶体管或集成电路块为核心元件，要以核心元件为目标，去掉枝叶，保留骨干，对电路进行简化，以利阅读。例如要想知道本机振荡电路属于哪种类型的电路，可以将其滤波、退耦电路删去，并将某些阻容元件合并，这样就可以得到振荡电路的“骨干”，将此“骨干”型式与振荡电路的标准型式相比较即可得知振荡电路的类型。有时我们还需要由简再变到繁进行扩展延伸，即以晶体管或集成电路为核心的“骨干”形式的基础上再增加一些相关的电阻、电容和电感元件，就可以知道单元电路之间的关系。

(3) 运用等效电路法进行深入分析

等效电路有直流等效电路和交流等效电路两种。

在画直流等效电路时，可将电容器和反向偏置的二极管视为开路，从电路中去掉；而电感器、正向偏置的二极管和小量值的滤波、退耦、限流、隔离电阻可视为短路，用导线代替。同时电阻的串并联支路应尽量用一个等效电阻来代替。直流等效电路可以帮助读者掌握直流工作状态，并可计算出直流电压、电流等相关参数。

绘制交流等效电路时，将交流耦合电容、旁路电容、退耦电容和电源以及正向导通的二极管视为交流短路，用短路线来代替；反向偏置处于截止的二极管可视为交流开路，将其从电路中去掉。同时还要尽量省略对分析影响不大的电阻、电容、保护二极管等附属性元件，能够合并的电感、电容尽量用等效元件来代替。可以利用交流等效电路来分析电路的某些动态特性。

实训内容与步骤

1. 根据给定的电路图，区分原理图、方框图和装配图。

2. 根据给定电路原理图(图 4-4、图 4-6)，分组讨论，分析电路工作原理并分别画出其方框图。

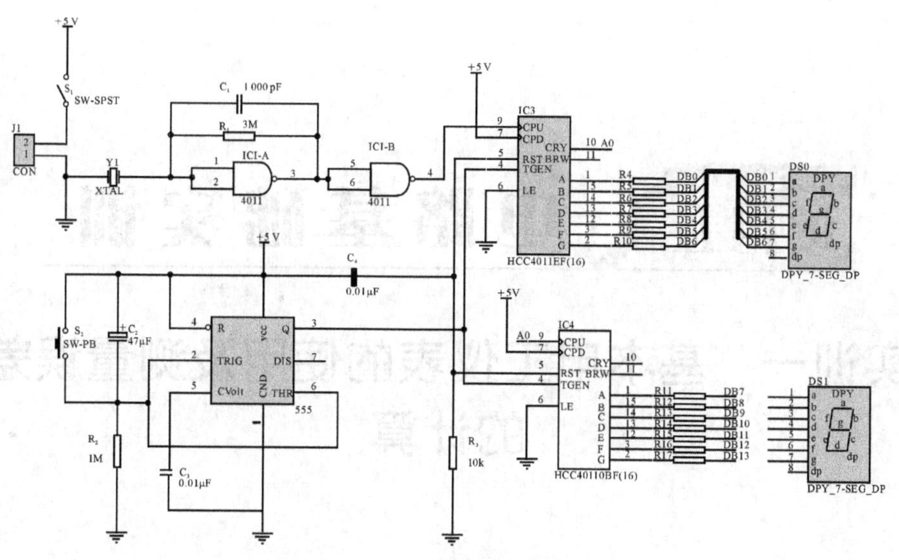

图 4－6　数字脉搏计电原理图

3. 运用等效电路法深入分析图 4－4 中各单元电路(变频级、中放级、低放级、功放级)的工作原理,画出其交直流通路。

实训注意事项

提高读图能力,还需对理论知识作系统的学习,通过学习使生疏的电路变为熟悉。但随着科学技术的进步,又会出现新的生疏电路,只有不断学习,才能具备独立分析电路的能力,只有这样,自己的识读图能力才会不断提高,进而具备识别各种电路的能力。

(李小红)

项目五　电路基础实训

实训一　基本电工仪表的使用及测量误差的计算

实训目标

1. 知识目标

(1) 熟悉电工实验装置上各类电源及各类测量仪表的布局和使用方法。

(2) 了解电工仪表测量误差的计算方法。

2. 技能目标

(1) 学会电压源和电流源的使用。

(2) 掌握直流电压表、电流表内阻的测量方法。

实训原理

(1) 用"分流法"测量电流表的内阻

如图 5-1-1 所示，A 为被测内阻(R_A)的直流电流表。测量时先断开开关 S，调节电流源的输出电流 I，使 A 表指针满偏转。然后合上开关 S，并保持 I 值不变，调节电阻箱 R_B 的阻值，使电流表的指针指在 1/2 满偏转位置，此时有

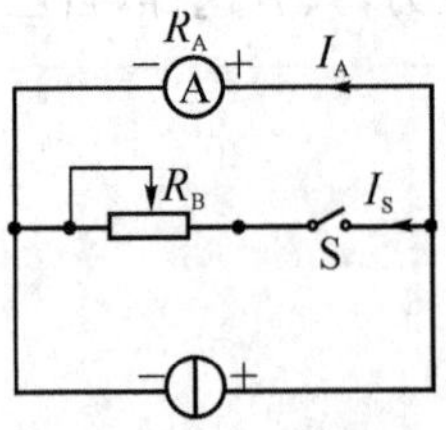

$I_A = I_S = I/2$

$\therefore R_A = R_B$

图 5-1-1　电流表内阻测量电路

(2) 用分压法测量电压表的内阻。

如图 5-1-2 所示，V 为被测内阻(R_V)的电压表。测量时先将开关 S 闭合，调节直流稳压电源的输出电压，使电压表 V 的指针为满偏转。然后断开开关 S，调节 R_B 使电压表 V 的指示值减半。

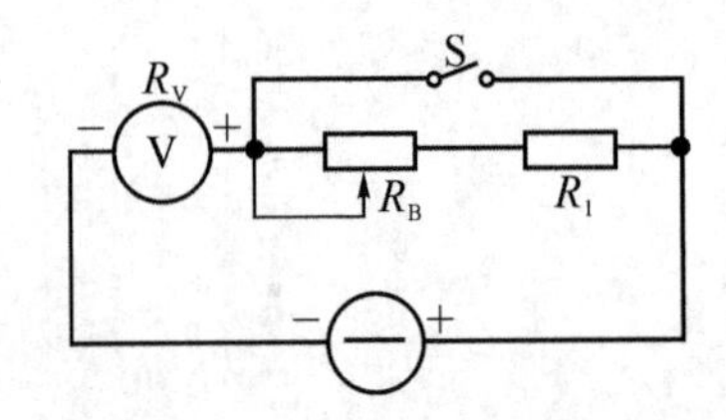

图 5-1-2　电压表内阻测量电路

此时有：$R_V = R_B + R_1$

电压表的灵敏度为：$S = R_V/U$ (Ω/V)。式中 U 为电压表满偏时的电压值。

实训器材

可调直流稳压电源、可调恒流源、可调电阻箱、电阻器、直流电压表、直流毫安表。

实训内容与步骤

（一）实训步骤

1. 根据“分流法”原理测定直流毫安表在直流电流 5 mA 和 10 mA 两挡量限的内阻。线路如图 5－1－1 所示。线路所需器材如图 5－1－3 所示，接好线路检测为正确后再开启电源开关，在开启电源开关前应将两路电压源的输出调节旋钮调至最小（逆时针旋到底），并将恒流源的输出细调旋钮调至最小。接通电源后，再根据需要缓慢调节。电阻尽量取小值；电流源放 20 mA 挡，注意正负；直流毫安表取 20 mA 挡，电流表应与被测电路串接，并且都要注意正、负极性。

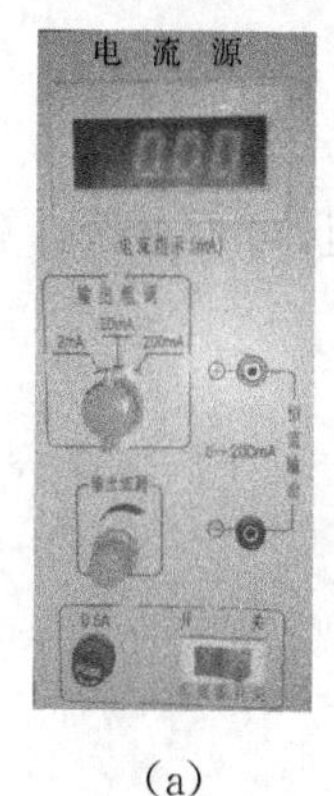

(a)

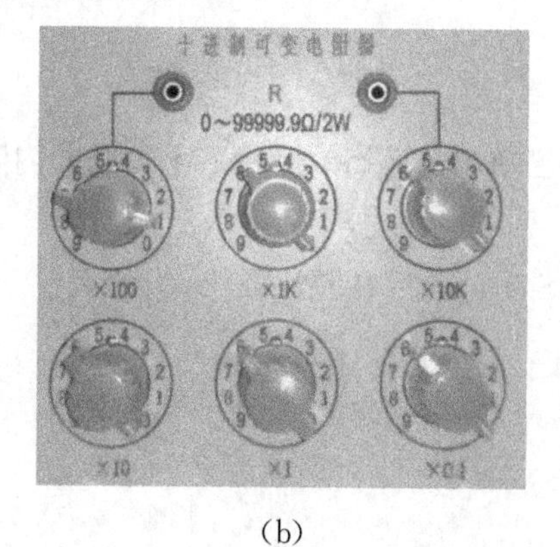

(b)

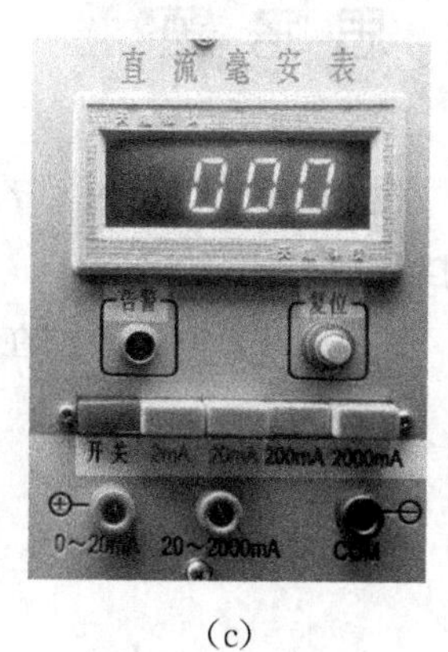

(c)

图 5－1－3　分流法所需器材

2. 根据“分压法”原理按图 5－1－2 接线，测定直流电压表在 2.5 V 和 10 V 两挡量限的内阻。线路所需器材如图 5－1－4 所示，电压源取 A 组，注意正负，注意指示切换按钮的放置；电阻尽量取大值；直流电压表量程设置为 20 V，电压表应与被测电路并接，并且要注意正、负极性。

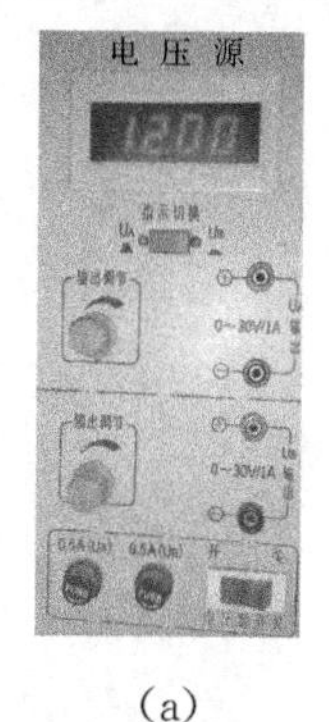

(a)

(b)

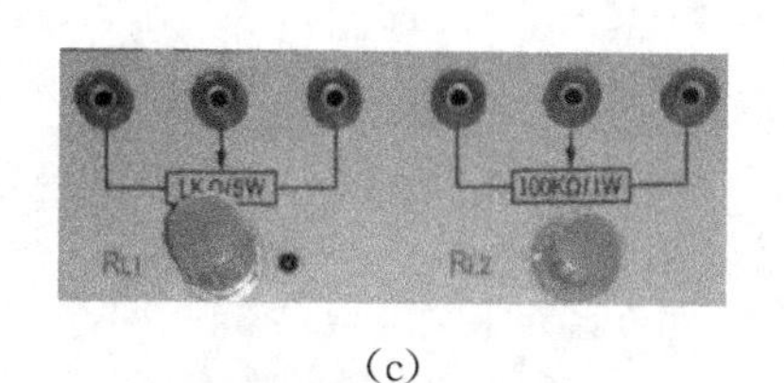

(c)

(d)

图 5－1－4　分压流所需器材

（二）实训记录与结果

表 5-1-1　直流毫安表内阻测量值

被测电压表量限	S闭合时表读数(V)	S断开时表读数(V)	R_B(kΩ)	R_1(kΩ)	计算内阻 R_V(kΩ)
2.5V					
10V					

表 5-1-2　直流电压表内阻测量值

被测电流表量限	S断开时的表读数(mA)	S闭合时的表读数(mA)	R_B(Ω)	计算内阻 R_A(Ω)
5 mA				
10 mA				

1. 根据实验内容1和2，若已求出0.5 mA挡和2.5 V挡的内阻，可否直接计算得出5 mA挡和10 V挡的内阻？

2. 表5-1-2中的数据在S闭合前后相差比较小，为什么？

实训二　验证基尔霍夫定律

实训目标

1. 知识目标

验证基尔霍夫定律的正确性，加深对基尔霍夫定律的理解。

2. 技能目标

学会用电流插头、插座测量各支路电流的方法。

实训原理

基尔霍夫定律是电路的基本定律。测量某电路的各支路的电流及每个元件两端的电压，应能分别满足基尔霍夫电流定律和电压定律。即对电路中的任一个节点而言，应有$\sum I=0$；对任何一个闭合回路而言，应有$\sum U=0$。

运用上述定律时必须先设定各支路或闭合回路中的电流的参考方向及各段电压的参考方向。

实训器材

可调直流稳压电源；直流电压表；直流毫安表；电流插头；基尔霍夫电路实验模块。

实训内容与步骤

（一）实训步骤

1. 实验前先任意设定三条支路和三个闭合回路的电流正方向，如图 5－2－1 中的I_1、I_2、I_3 的方向已设定。三个闭合回路的电流正方向设为 ADEFA、BADCB 和 FBCEF。图中开关 K_1 拨向左，K_2 拨向右，K_3 向上拨，三个故障按键均不得按下。

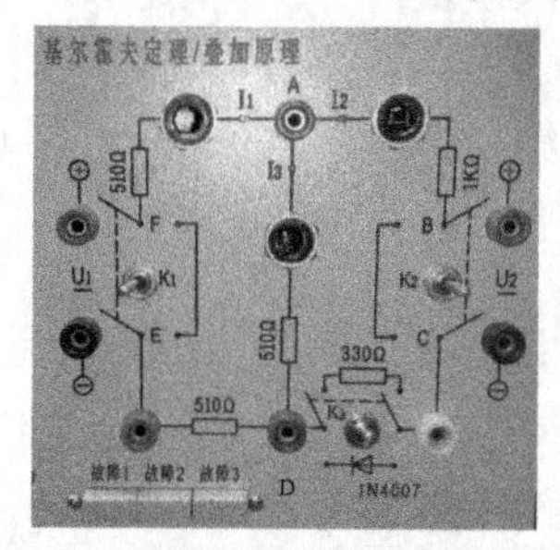

图 5－2－1　基尔霍夫定律实验模块

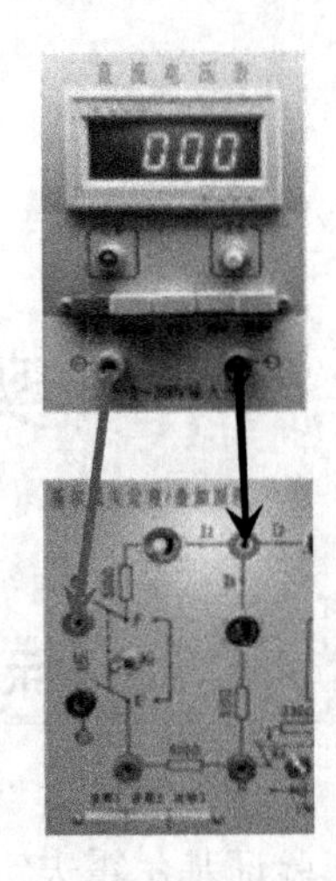

图 5-2-2

2. 分别将两路直流稳压源接入电路，令 $U_1=6$ V，$U_2=12$ V。所有需要测量的电压值，均以电压表测量的读数为准，U_1、U_2 也需测量，不应取电源本身的显示值，直流电压表的量程设置为 20 V。

3. 熟悉电源插头的结构，将电流插头的两端接至直流毫安表的“+、-”两端，毫安表的量程设置为 20 mA，注意正极接在红色插口。

4. 将电流插头分别插入三条支路的三个电流插座中，读出并记录电流值。所读得的电压或电流值的正、负号应如实记录。

5. 用直流电压表测量电路中各段电压值，注意其参考方向，如要求测量 U_{FA}，即表明电压表的红色插头应接在 F 端，黑色插头应接到 A 端，如图 5-2-2 所示。

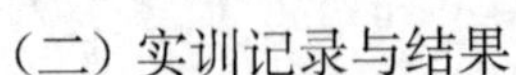

（二）实训记录与结果

表 5-2-1　实验相关数据

被测量	I_1(mA)	I_2(mA)	I_3(mA)	U_1(V)	U_2(V)	U_{FA}(V)	U_{AB}(V)	U_{AD}(V)	V_{CD}(V)	V_{DE}(V)
测量值										

1. 根据表 5-2-1 测量得出的实验数据，选定节点 A，验证 KCL 的正确性。

2. 根据表 5-2-1 测量得出的实验数据，选定所有闭合回路，分别验证 KVL 的正确性。

3. 回答问题：测量出的电压或电流值为什么有负值？

实训三　叠加原理验证

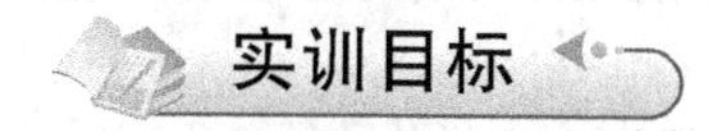

实训目标

1. 知识目标

(1) 验证线性电路叠加原理的正确性。

(2) 加深对线性电路的叠加性的认识和理解。

2. 技能目标

仪表量程的及时、正确更换。

实训原理

叠加原理指出:在有多个独立源共同作用下的线性电路中,通过每一个元件的电流或其两端的电压,可以看成是由每一个独立源单独作用时在该元件上所产生的电流或电压的代数和。

实训器材

可调直流稳压电源;直流电压表;直流毫安表;电流插头;叠加原理实验模块。

实训内容与步骤

(一) 实训步骤

1. 将两路直流稳压源的输出分别调节为 $U_1=12$ V,$U_2=6$ V,接入到叠加原理的实验模块中,如图 5-3-1 所示。

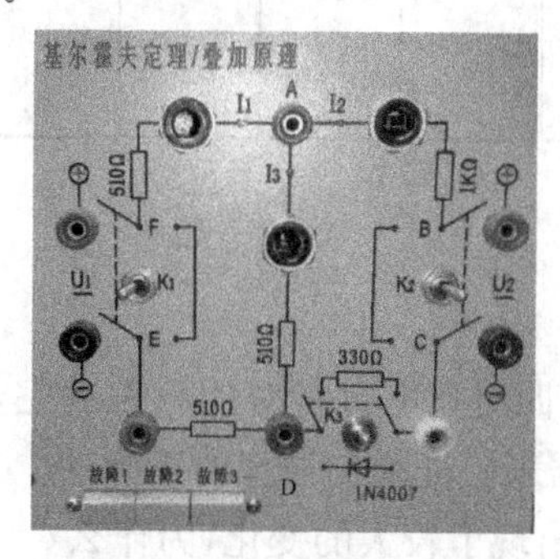

图 5-3-1　叠加原理电路图

2. 令 U_1 源单独作用,将开关 K_1 投向 U_1 侧,开关 K_2 投向短路侧,K_3 拨向上,三个故障按键均不得按下。用直流电压表和毫安表(接电流插头)测量各支路电流及各电阻元件两端的电压，数据记入到表 5－3－1 中。（注意 U_{AB} 的测量，此时电压表的负极应接入到电路中黄色插口处，为什么？）

3. 令 U_2 源单独作用，将开关 K_1 和 K_2 都往右拨，K_3 拨向上，三个故障按键均不得按下。用直流电压表和毫安表（接电流插头）测量各支路电流及各电阻元件两端的电压，数据记入到表格 5－3－1 中。（注意 U_{FA} 的测量，此时电压表的正极应接入到电路中绿色插口处，为什么？）

4. 令 U_1 和 U_2 共同作用，K_1、K_2 往两边拨，K_3 拨向上，三个故障按键均不得按下。用直流电压表和毫安表（接电流插头）测量各支路电流及各电阻元件两端的电压，数据记入到表 5－3－1 中。

5. 将开关 K_3 拨向二极管方向，重复操作步骤 2、3、4，数据记入表格 5－3－2 中。

（二）实训记录与结果

表 5－3－1　线性电路中的各项数据

测量项目 / 实验内容	E_1 (V)	E_2 (V)	I_1 (mA)	I_2 (mA)	I_3 (mA)	U_{AB} (V)	U_{CD} (V)	U_{AD} (V)	U_{DE} (V)	U_{FA} (V)
U_1 单独作用										
U_2 单独作用										
U_1、U_2 共同作用										
U_1 单独作用＋U_2 单独作用										

表 5－3－2　非线性电路中的各项数据

测量项目 / 实验内容	E_1 (V)	E_2 (V)	I_1 (mA)	I_2 (mA)	I_3 (mA)	U_{AB} (V)	U_{CD} (V)	U_{AD} (V)	U_{DE} (V)	U_{FA} (V)
U_1 单独作用										
U_2 单独作用										
U_1、U_2 共同作用										
U_1 单独作用＋U_2 单独作用										

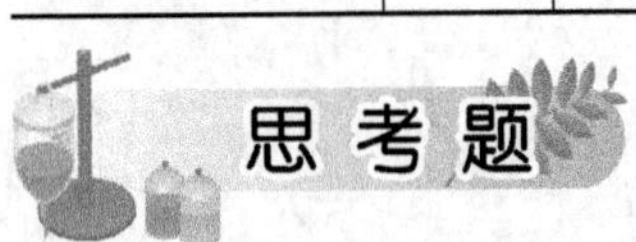

思考题

1. 表 5－3－1 中的第三、四行数据进行对比后发现完全相同（或是基本相同），为什么？也即要求根据此两行数据来验证叠加原理的正确性。

2. 表 5－3－2 中的数据出现了较大的变化，为什么？

实训四　戴维宁定理的验证

实训目标

1. 知识目标

验证戴维宁定理的正确性，加深对该定理的理解。

2. 技能目标

熟练掌握电路图的实际连接方法。

实训原理

任何一个线性含源网络，如果仅研究其中一条支路的电压和电流，则可将电路的其余部分看做是一个有源二端网络(或称为含源一端口网络)。

戴维宁定理指出：任何一个线性有源网络，总可以用一个电压源与一个电阻的串联来等效代替，此电压源的电动势 U_s 等于这个有源二端网络的开路电压 U_{oc}，其等效内阻 R_0 等于该网络中所有独立源均置零(理想电压源视为短接，理想电流源视为开路)时的等效电阻。

实训器材

可调直流稳压电源、直流电压表、直流毫安表、电流插头、戴维宁电路实验模块、可调电阻箱、电位器。

实训内容与步骤

(一) 实训步骤

1. 用开路电压，短路电流法测定戴维宁等效电路的 U_{oc}、R_0。按图 5-4-1 接入稳压电源 $U_s=12$ V 和恒流源 $I_s=10$ mA，注意正负极的正确连接；不接入 R_L。在有源二端网络输出端开路时，用电压表直接测其输出端的开路电压 U_{oc}，然后再将其输出端短接，用电流表测其短路电流 I_{sc}，则等效内阻为 $R_0=\dfrac{U_{oc}}{I_{sc}}$。将测得的数据填入表 5-4-1 中。

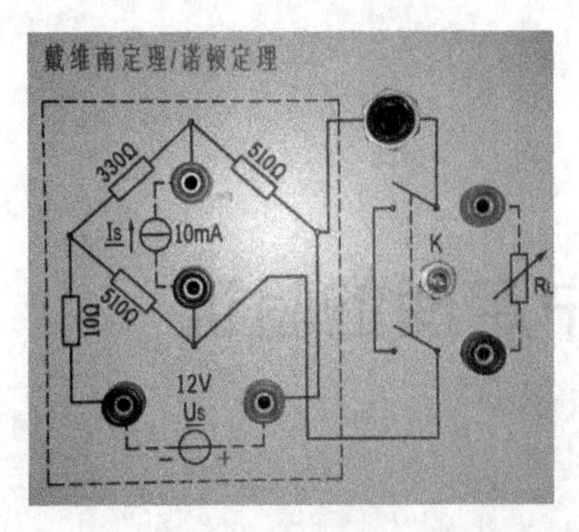

图 5-4-1　戴维宁实验模块(有源二端网络)

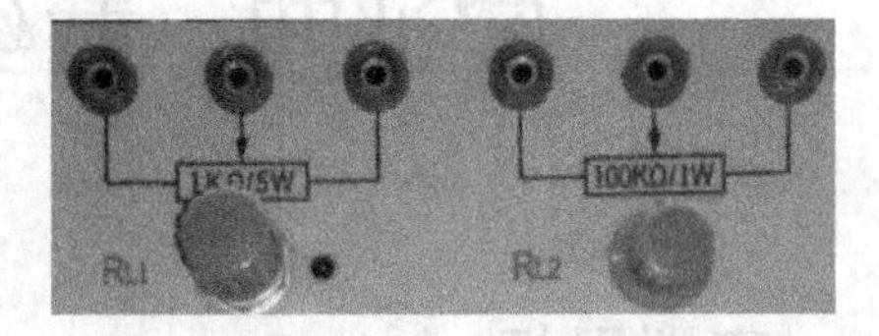

图 5-4-2　电位器

2. 将图 5-4-2 所示电位器(任选一组)接入到图 5-4-1 中开关 K 右边的 R_L 处，旋转电位器旋钮改变 R_L 的阻值，将量程为 20 V 的直流电压表接到 R_L 两端，电流插头量程设置为 200 mA 后接入图 5-4-1 所示的电流插孔中，将测得的数据填入表 5-4-2 中。将电工装置停止按钮按下，停止工作后，将所有导线拔出，所有电源旋钮调至最小。

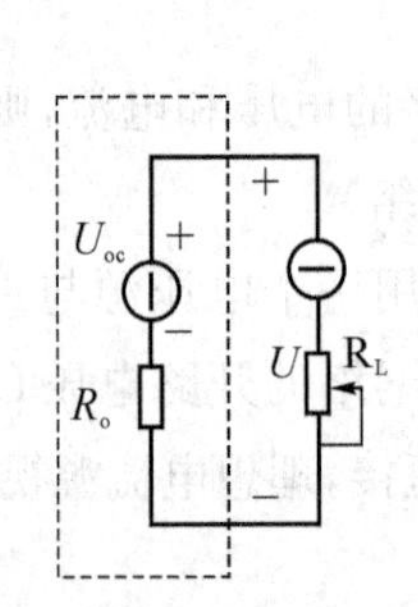

图 5-4-3　戴维宁等效电路

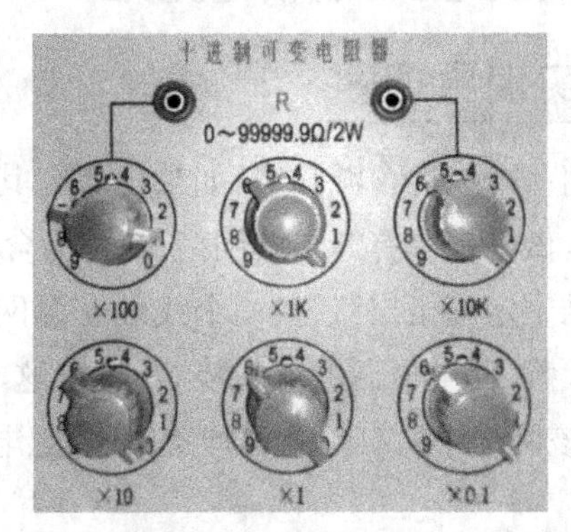

图 5-4-4　可变电阻

3. 重新接线，连接成如图 5-4-3 所示的维宁等效电路，其中调节可变电阻(如图 5-4-4)，使其值等于步骤"1"所得的等效电阻 R_0 之值，然后调节直流稳压电源(调到步骤"1"时所测得的开路电压 U_{oc} 之值)，图中直流毫安表量程调为 200 mA，电位器 R_L 如图 5-4-2 所示，直流电压表(量程 20 V)接到 R_L 两端。将测量结果填入表 5-4-3 中。

(二) 实训记录与结果

表 5-4-1　开路电压和短路电流

U_{oc}(V)	I_{sc}(mA)	$R_0=U_{oc}/I_{sc}$(Ω)

表 5-4-2　负载两端的电压电流值

U(V)										
I(mA)										

表 5-4-3　戴维宁等效电路中负载两端的电压电流值

U(V)										
I(mA)										

结果：表 5-4-2 和表 5-4-3 中的数据应该完全相同，此结果可验证戴维宁定理的正确性，要求学生画出基本重合的两条特性曲线。

思考题

1. 改接线路时，要关掉电源，为什么？
2. 表 5-4-2 和表 5-4-3 中数据为什么要求相同？分析误差产生的原因。
3. 等效内阻用 $R_0=\frac{U_{oc}}{I_{sc}}$ 公式，和哪一节内容相同？

实训五　诺顿定理的验证

实训目标

1. 知识目标

验证诺顿定理的正确性，加深对该定理的理解。

2. 技能目标

熟练掌握电路图的实际连接方法。

实训原理

1. 任何一个线性含源网络，如果仅研究其中一条支路的电压和电流，则可将电路的其余部分看作是一个有源二端网络（或称为含源一端口网络）。

诺顿定理指出：任何一个线性有源网络，总可以用一个电流源与一个电阻的并联组合来等效代替，此电流源的电流 I_s 等于这个有源二端网络的短路电流 I_{sc}，其等效内阻 R_0 的定义同戴维宁定理。

U_{oc}和 R_0 或者 I_{sc}和 R_0 称为有源二端网络的等效参数。

2. 有源二端网络等效参数的测量方法

半电压法测 R_0：如图 5-5-1 所示，当负载电压为被测网络开路电压的一半时，负载电阻（由电阻箱的读数确定）即为被测有源二端网络的等效内阻值。

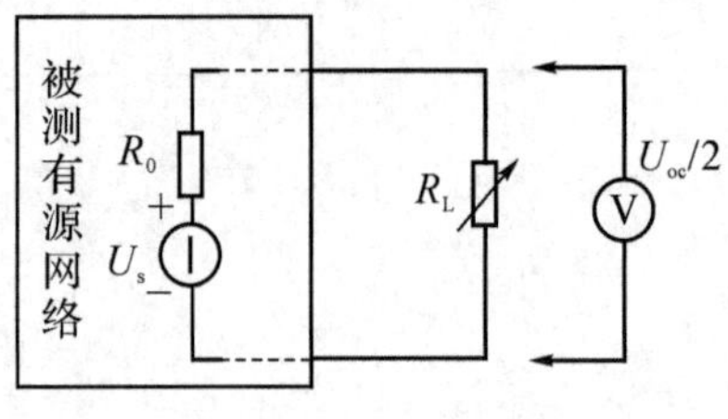

图 5-5-1

实训器材

可调直流稳压电源；直流电压表；直流毫安表；电流插头；诺顿电路实验模块；可调电阻箱；电位器。

实训内容与步骤

（一）实训步骤

1. 用开路电压，短路电流法测定诺顿等效电路的 U_{oc}、I_{sc}。先将电源旋钮调到最小，然后按图 5-5-2 接入稳压电源 U_s＝12 V 和恒流源 I_s＝10 mA，注意正负极的正确连接;不接入 R_L。在有源二端网络输出端开路时,用电压表直接测其输出端的开路电压 U_{oc},然后再将其输出端短接,用电流表测其短路电流 I_{sc},数据填入表 5-5-1 中。

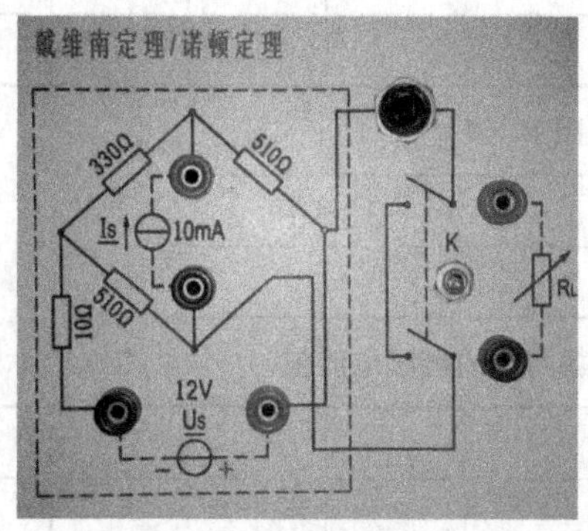

图 5-5-2 戴维宁实验模块(有源二端网络)

图 5-5-3 电位器

2. 将图 5-5-3 所示电位器(任选一组)接入到图 5-5-2 中开关 K 右边的 R_L 处,旋转电位器旋钮改变 R_L 的阻值,将量程为 20 V 的直流电压表接到 R_L 两端,电流插头量程设置为 200 mA 后接入图 5-5-2 所示的电流插孔中。将测得的数据填入表 5-5-2 中。

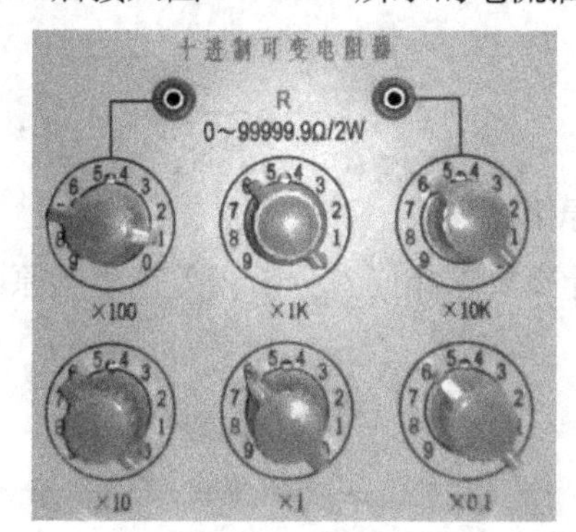

图 5-5-4 可变电阻

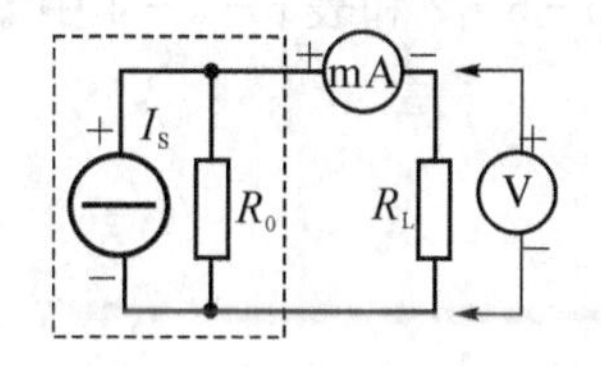

图 5-5-5 诺顿等效电路

3. 根据图 5-5-1 所示方法测出等效内阻 R_0。将图 5-5-4 所示可变电阻接入到图 5-5-2所示 R_L 处,调节旋钮,当 R_L 两端电压为$\frac{U_{oc}}{2}$时,这时的电阻值即为等效内阻 R_0 的值。将测得的数据填入表 5-5-3 中。这时将电工装置停止按钮按下,停止工作后,将所有导线拔出,所有电源旋钮调至最小。

4. 重新接线,连接成如图 5-5-5 所示的诺顿等效电路,其中可变电阻已相当于等效电阻 R_0 之值,然后调节直流稳压电源(先将旋钮旋到最左端,再调节挡位至 200 mA 量程,再调节电流源值到等于 I_{sc}之值),图中直流毫安表量程调为 200 mA),电位器 R_L 如图 5-5-4 所示,直流电压表(量程 20 V)接到 R_L 两端,结果写入表 5-5-3 中。

(二) 实训记录与结果

表 5-5-1 开路电压和短路电流

U_{oc}(V)	I_{sc}(mA)

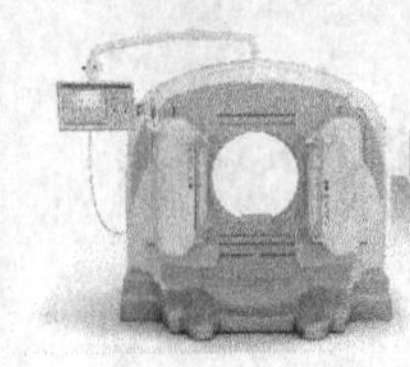

表 5-5-2　负载两端的电压电流值

U(V)										
I(mA)										

表 5-5-3　等效内阻 R_0 值

等效内阻	测量值	计算值
R_0		

表 5-5-4　诺顿等效电路中负载两端的电压电流值

U(V)										
I(mA)										

结果:表 5-5-2 和表 5-5-4 中的数据应该完全相同,此结果可验证诺顿定理的正确性,要求学生画出基本重合的两条特性曲线。

思考题

1. 改接线路时,要关掉电源,为什么?
2. 分析表 5-5-3 中数据误差产生的原因。
3. 表 5-5-2 和表 5-5-4 中数据为什么要求相同?分析误差产生的原因。

实训六　R、L、C 元件阻抗特性的测定

实训目标

1. 知识目标

(1) 验证电阻、感抗、容抗与频率的关系，测定 $R\sim f$、$X_L\sim f$ 及 $X_C\sim f$ 特性曲线。

(2) 加深理解 R、L、C 元件端电压与电流间的相位关系。

2. 技能目标

(1) 学会使用双踪示波器。

(2) 掌握函数信号发生器的调节方法。

实训原理

1. 在正弦交变信号作用下，R、L、C 电路元件在电路中的抗流作用与信号的频率有关，它们的阻抗频率特性 $R\sim f$，$X_L\sim f$ 及 $X_C\sim f$ 特性曲线如图 5-6-1 所示。

2. 元件阻抗频率特性的测量电路如图 5-6-2 所示。其中 r 是提供测量回路电流用的标准小电阻，由于 r 的阻值远小于被测元件的阻抗值，因此可以认为 A、B 之间的电压就是被测元件 R、L 或 C 两端的电压，流过被测元件的电流则可由 r 两端的电压除以 r 所得。

若用双踪示波器同时观察 r 与被测量元件两端的电压，亦就展现出被测元件两端的电压和流过该元件电流的波形，从而可在荧光屏上测出电压与电流的幅值及它们之间的相位差。

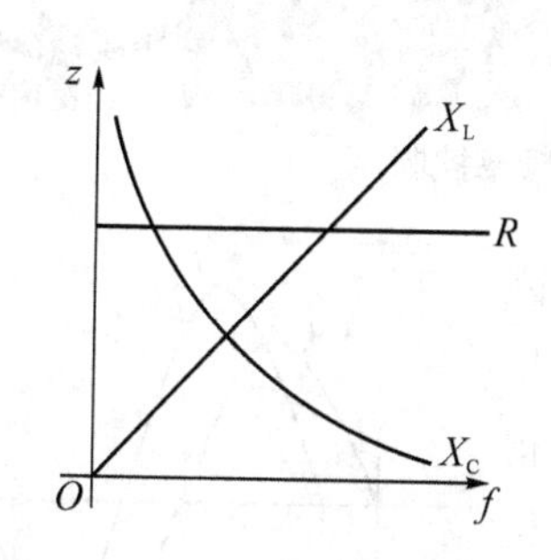

图 5-6-1　R、L、C 频率特性曲线

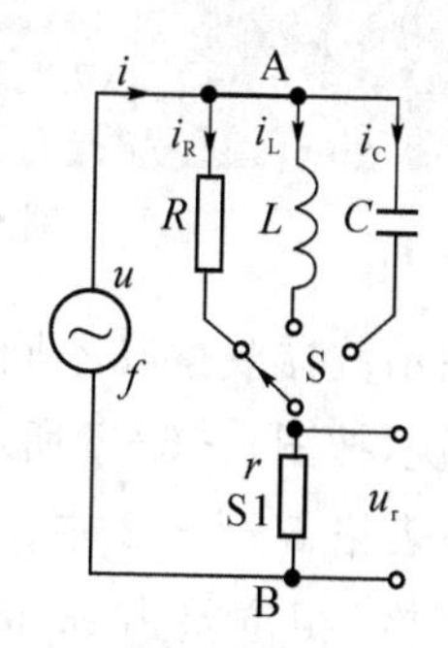

图 5-6-2　测量电路

实训器材

函数信号发生器；双踪示波器；交流毫伏表；电阻、电感和电容。

实训内容与步骤

(一) 实训步骤

1. 测量 R、L、C 元件的阻抗频率特性

通过电缆线将函数信号发生器输出的正弦信号接至图 5－6－2 所示的电路中，作为激励源 U，并用交流毫伏表测量，调节幅度调节的细调旋钮(图 5－6－3)，使激励电压的有效值为 $U=3$ V，并在实验过程中保持不变。

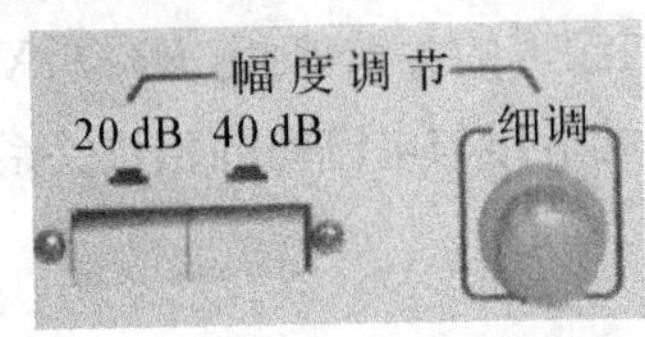

图 5－6－3　幅度调节

按动 按钮，调节信号源的输出频率，使之从 200 Hz 逐渐增至 5 kHz 左右，并使开关 S 分别接通 R、L、C 三个元件，用交流毫伏表分别测量 U_R、U_r；U_L、U_r；U_c、U_r，并通过计算得到各频率点时的 R、X_L 与 X_c 之值，记入表 5－6－1 中。

注意：在接通 C 测试时，信号源的频率应控制在 200～5 000 Hz 如图 5－6－4 所示。

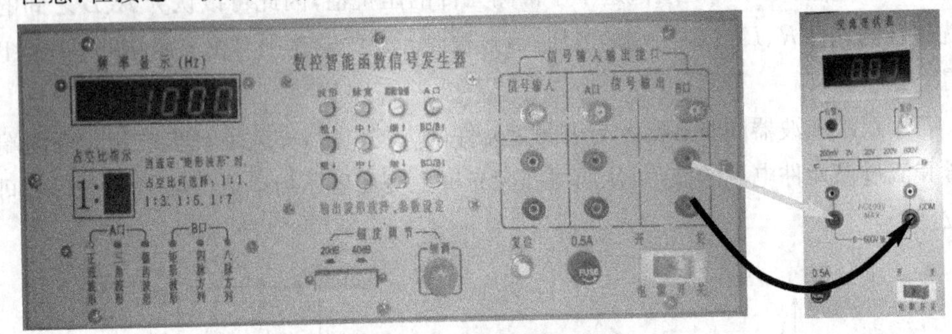

图 5－6－4　信号源频率控制

2. 用双踪示波器观察在不同频率下各元件阻抗角的变化情况，按图 5－6－5 所示记录 m 值，算出 φ 值，并记录在表格 5－6－2 中。从荧光屏上数得一个周期占 n 格，相位差占 m 格，则实际的相位差为：

$$\varphi = m \times \frac{360^\circ}{n}$$

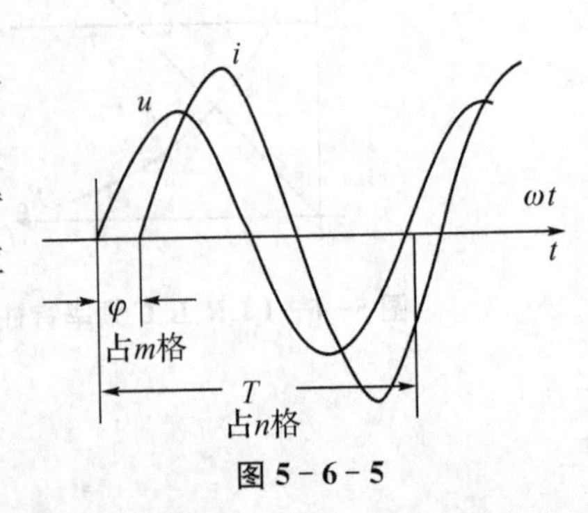

图 5－6－5

（二）实训记录与结果

表 5-6-1　*R*、*L*、*C* 的频率特性数据

	f	200 Hz	500 Hz	1 000 Hz	1 500 Hz	2 000 Hz	2 500 Hz	3 000 Hz	3 500 Hz	4 000 Hz
R	*R*									
	U_R									
	U_r									
L	X_L									
	U_L									
	U_r									
C	X_C									
	U_C									
	U_r									

表 5-6-2　φ 角的计算

元件	*f*=200 Hz	*f*=5 000 Hz	*m*	*n*	φ
L	/				
C		/			

思考题

1. 根据实验数据，绘制出 *R*、*L*、*C* 三个元件的阻抗频率特性曲线，从中可得出什么结论？

2. 测 φ 时，示波器的“V/DIV”和“t/DIV” 的微调旋钮为什么应旋置“校准位置”？

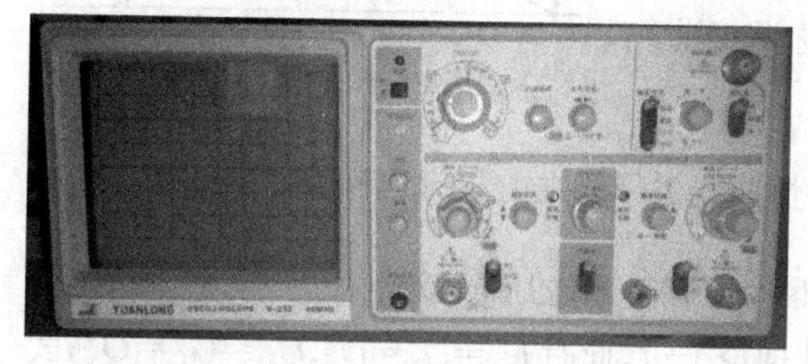

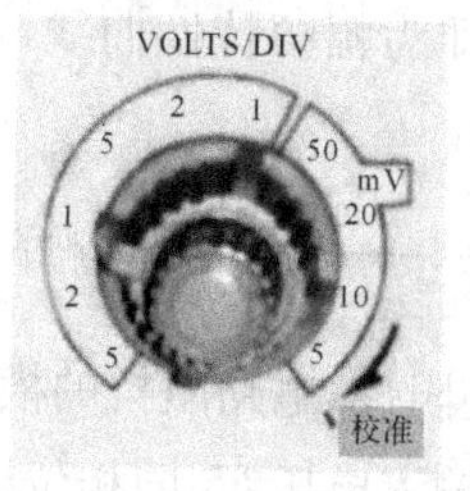

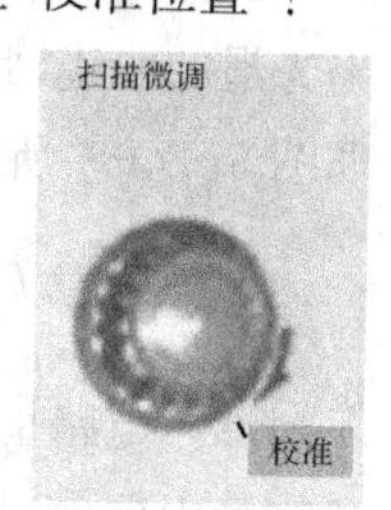

3. 测量 *R*、*L*、*C* 各元件的阻抗角时，为什么要给它们串联一个小电阻？可否用一个小电感或大电容代替？为什么？

实训七 RLC 串联谐振的研究

实训目标

1. 知识目标

(1) 学习用实验方法绘制 R、L、C 串联电路的幅频特性曲线。

(2) 加深理解电路发生谐振的条件、特点，了解电路的品质因数(Q 值)的物理意义。

2. 技能目标

(1) 熟练使用函数信号发生器的频率调节。

(2) 掌握电路品质因数的测定方法。

实训原理

1. 在 R、L、C 串联电路中，当正弦交流信号源的频率 f 改变时，电路中的感抗、容抗随之而变，电路中的电流也随 f 而变。取电阻 R 上的电压 U_o 作为响应，当输入电压 U_i 的幅值维持不变时，在不同频率的信号激励下，测出 U_o 之值，然后以 f 为横坐标，以 U_o/U_i 为纵坐标(因 U_i 不变，故也可直接以 U_o 为纵坐标)，绘出光滑的曲线，此即为幅频特性曲线，亦称谐振曲线，如图 5-7-1 所示。

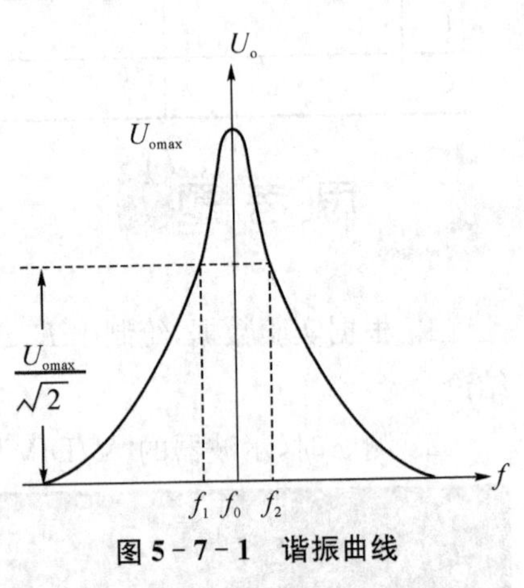

图 5-7-1 谐振曲线

2. 在 $f=f_0=\dfrac{1}{2\pi\sqrt{LC}}$ 处，即幅频特性曲线尖峰所在的频率点称为谐振频率。此时 $X_L=X_C$，电路呈纯阻性，电路阻抗的模为最小。在输入电压 U_i 为定值时，电路中的电流达到最大值，且与输入电压 U_i 同相位。从理论上讲，此时 $U_i=U_r=U_o$，$U_L=U_C=Q_{ui}$，式中的 Q 称为电路的品质因数。

3. 电路品质因数 Q 值的两种测定方法

一是根据公式 $Q=U_i/U_o=U_C/U_o$ 测定，U_C 与 U_L 分别为谐振时电容 C 和电感线圈 L 上的电压；另一方法是通过测量谐振曲线的通频带宽度 $\Delta f=f_2-f_1$，再根据 $Q=\dfrac{f_0}{f_2-f_1}$ 求出 Q 值。式中 f_0 为谐振频率，f_2 和 f_1 是失谐时的频率，亦即输出电压的幅度下降到最大值时，在恒压源供电时电路的品质因数，选择性与通频带只决定于电路本身

的参数，而与信号源无关。

实训器材

函数信号发生器；双踪示波器；交流毫伏表；谐振电路实验模块。

实训内容与步骤

（一）实训步骤

1. 根据图 5-7-2 所示，先选用 C_1、R_1。用交流毫伏表测电压，用示波器监视信号源输出。令信号源输出电压 $U_i=4V_{p-p}$，并保持不变，接入到激励处。

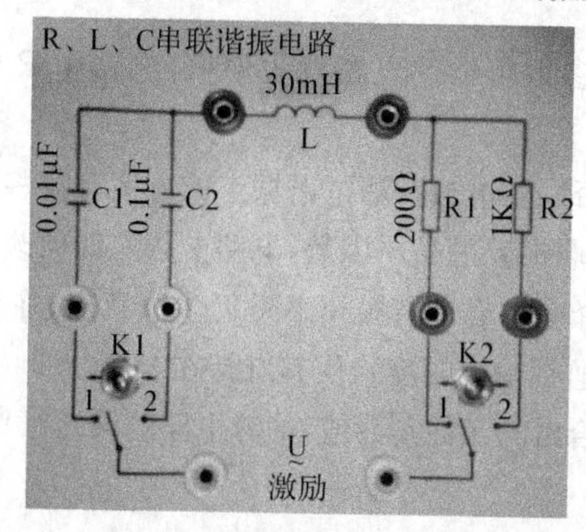

图 5-7-2　串联谐振电路实验模块

2. 找出电路的谐振频率 f_0，其方法是：将毫伏表接在 R 两端，令信号源的频率由小逐渐变大（注意要维持信号源的输出幅度不变）。当 U_o 的读数为最大时，读得频率计上的频率值即为电路的谐振频率 f_0，并测量 U_C 与 U_L 之值（注意及时更换毫伏表的量限），将数据记录在表 5-7-1 中。注意测试频率点的选择应在靠近谐振频率附近多取几点。

3. 在谐振点两侧，按频率递增或递减，依次各取 6 个测量点，逐点测出 U_o、U_L、U_C 之值，记入数据表 5-7-1 中。

4. 将电阻改为 R_2，重复 3、4 的测量过程，记入数据表 5-7-2 中。

（二）实训记录与结果

表 5-7-1

f(kHz)							f_0			
U_o(V)										
U_L(V)										
U_C(V)										

$U_i=4V_{p-p}$，$R=200\ \Omega$，$C=0.01\ \mu F$，$f_0=$　　　，$Q=$　　　，$f_2-f_1=$

表 5-7-2

f(kHz)							f_0			
U_o(V)										
U_L(V)										
U_C(V)										
$U_i=4V_{p-p}$, $R=1\ k\Omega$, $C=0.01\ \mu F$, $f_0=$ 　　　, $Q=$ 　　　, $f_2-f_1=$										

1. 改变电路的哪些参数可以使电路发生谐振，电路中 R 的数值是否影响谐振频率值？

2. 如何判别电路是否发生谐振？测试谐振点的方案有哪些？

3. 要提高 R、L、C 串联电路的品质因数，电路参数应如何改变？

4. 测试频率点的选择应在靠近谐振频率附近多取几点，在变换频率测试前，应调整信号输出幅度(用示波器监视输出幅度)，使其维持在 3 V。

5. 根据实验线路板给出的元件参数值，估算电路的谐振频率。

实训八　*RC* 一阶电路的响应测试

实训目标

1. 知识目标

(1) 测定 RC 一阶电路的零输入响应、零状态响应及完全响应。

(2) 学习电路时间常数的测量方法。

(3) 掌握有关微分电路和积分电路的概念。

2. 技能目标

进一步学会用示波器观测波形。

实训原理

1. 过渡过程是十分短暂的单次变化过程。要用普通示波器观察过渡过程和测量有关的参数，就必须使这种单次变化的过程重复出现。为此，我们利用信号发生器输出的方波来模拟阶跃激励信号，它的响应和直流电接通与断开的过渡过程是基本相同的。

2. RC 一阶电路的零输入响应和零状态响应分别按指数规律衰减和增长，其变化的快慢决定于电路的时间常数 τ。

3. 微分电路和积分电路是 RC 一阶电路中较典型的电路，它对电路元件参数和输入信号的周期有着特定的要求。一个简单的 RC 串联电路，在方波序列脉冲的重复激励下，当满足 $\tau=RC\ll 2/T$（T 为方波脉冲的重复周期），且由 R 两端的电压输出作为响应输出时，则该电路就是一个微分电路。若由 C 两端的电压作为响应输出，且当电路的参数满足 $\tau=RC\gg T/2$ 时，则该 RC 电路称为积分电路。

实训器材

函数信号发生器；双踪示波器；动态电路实验模块。

实训内容与步骤

（一）实训步骤

1. 根据图 5－8－1 所示动态电路板上的图示，利用函数信号发生器输出一组 $U_{m}=3\ \text{V}$、$f=1\ \text{kHz}$的方波电压信号接到激励 U_{i} 插口。

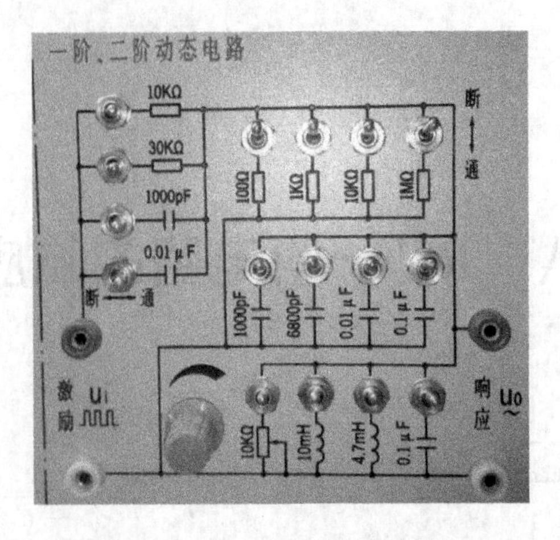

图 5-8-1 一阶动态实验模块

2. 在图 5-8-1 所示电路模块上选 R=10 kΩ,C=6800 pF 组成 RC 充放电电路,并通过两根同轴电缆线,将激励源 U_i 和响应 U_C 的信号分别连至示波器的两个输入口 Y_A 和 Y_B。同时可在示波器的屏幕上观察到激励与响应的变化规律,测算出时间常数 τ,并用方格纸按 1∶1 的比例描绘波形。

3. 选择 R=10 kΩ,C=0.1 μF,观察并描绘响应的波形,继续增大 C 之值,定性地观察其对响应的影响。

4. 选择 C=0.01 μF,R=100 Ω,组成微分电路。在同样的方波激励信号作用下,观测并描绘激励与响应的波形。

5. 改变 C 和 R 的值,观察波形的变化。

(二) 实训记录与结果

1. 根据示波器显示结果,画出 RC 一阶电路的零输入响应和零状态响应图形,如图 5-8-2 所示。

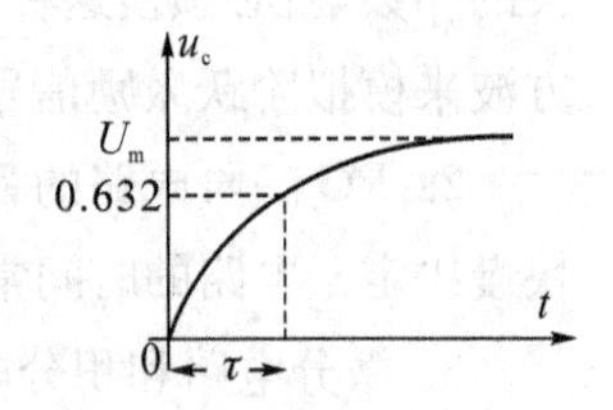

图 5-8-2 RC 电路的零状态响应

2. 根据示波器观测显示结果,画出 RC 一阶电路充放电时 u_C 的变化曲线,由曲线测得 τ 值。

3. 根据示波器观测显示结果,画出微分电路和积分电路波形。

实训注意事项

1. 记住调节电子仪器各旋钮时,动作不要过快、过猛。实验前,需熟读双踪示波器的使用说明书。观察双踪时,要特别注意相应开关、旋钮的操作与调节。示波器的辉度不应过亮,尤其是光点长期停留在荧光屏上不动时,应将辉度调暗,以延长示波管的使用寿命。

2. 理解暂态电路中的相关知识点,如各种响应、时间常数、微分方程和积分方程。

思考题

1. 实验中当调节 R 增至 1 MΩ 时，输入、输出波形有何本质上的区别？

2. 根据实验观测结果，归纳、总结积分电路和微分电路的形成条件，阐明波形变换的特征。

3. 将测得的 τ 值与计算值作比较，分析误差原因。

（曹　彦）

项目六 模拟电路实训

实训一 晶体管共射极单管放大电路测试

实训目标

1. 知识目标

(1) 进一步理解共射极放大电路的工作原理。

(2) 掌握放大电路静态和动态时的性能指标与意义。

2. 技能目标

(1) 熟悉常用电子仪器及模拟电路实验设备的使用。

(2) 学会放大器静态工作点的调试方法。

(3) 学会放大器电压放大倍数、输入与输出电阻、最大不失真输出电压等参数的测试方法。

(4) 学会通过观察现象看本质。

实训原理

图 6-1-1 为分压偏置单管放大器实验电路图(K_1 闭合)。它的偏置电路采用 R_{B1} 和 R_{B2} 组成的分压电路,并在发射极中接有电阻 R_E,以稳定放大器的静态工作点。当在放大器的输入端加入输入信号 u_i 后,在放大器的输出端便可得到一个与 u_i 相位相反,幅值被放大了的输出信号 u_o,从而实现电压放大。

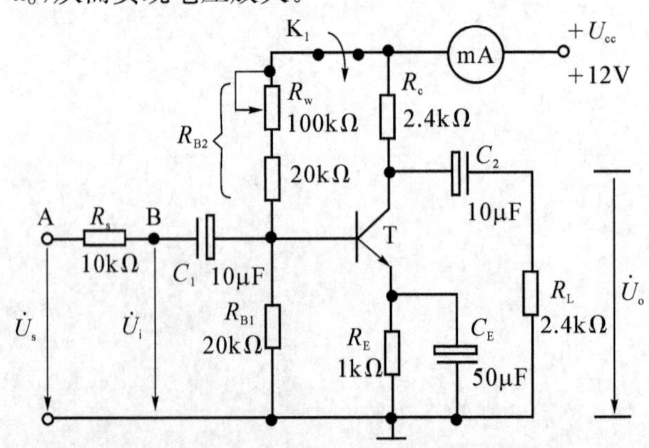

图 6-1-1 共射极单管放大器实验电路

在图 6-1-1 电路中，当流过偏置电阻 R_{B1} 和 R_{B2} 的电流远大于晶体管 T 的基极电流 I_B 时（一般为 5～10 倍），则它的静态工作点可用下式估算：

$$U_B \approx \frac{R_{B1}}{R_{B1}+R_{B2}} U_{CC}$$

$$I_C \approx I_E = \frac{U_B - U_{BE}}{R_E}$$

$$U_{CE} = U_{CC} - I_C(R_C + R_E)$$

电压放大倍数

$$A_V = -\beta \frac{R_C R_L}{r_{BE}}$$

输入电阻

$$R_i = R_{B1} // R_{B2} // r_{BE}$$

输出电阻

$$R_o \approx R_C$$

由于电子元器件性能的分散性比较大，因此在设计和制作晶体管放大电路时，离不开测量和调试技术。在设计前应测量所用元器件的参数，为电路设计提供必要的依据。在完成设计和装配以后，还必须测量和调试放大器的静态工作点和各项性能指标。一个优质放大器，必定是理论设计与实验调整相结合的产物。因此，除了学习放大器的理论知识和设计方法外，还必须掌握必要的测量和调试技术。

放大器的测量和调试一般包括：放大器静态工作点的测量与调试，消除干扰与自激振荡及放大器各项动态参数的测量与调试等。

1. 放大器静态工作点的测量与调试

(1) 静态工作点的测量

测量放大器的静态工作点，应在输入信号 $u_i = 0$ 的情况下进行，即将放大器输入端与地端短接，然后选用量程合适的直流毫安表和直流电压表，分别测量晶体管的集电极电流 I_C 以及各电极对地的电位 U_B、U_C 和 U_E。实验中，为了避免断开集电极，一般采用测量电压 U_E 或 U_C，然后算出 I_C 的方法。例如，只要测出 U_E，即可用

$I_C \approx I_E = \frac{U_E}{R_E}$ 算出 I_C（也可根据 $I_C = \frac{U_{CC} - U_C}{R_C}$，由 U_C 确定 I_C），同时也能算出 $U_{BE} = U_B - U_E$，$U_{CE} = U_C - U_E$。

为了减小误差，提高测量精度，应选用内阻较高的直流电压表。

(2) 静态工作点的调试

放大器静态工作点的调试是指对管子集电极电流 I_C（或 U_{CE}）的调整与测试。

静态工作点是否合适，对放大器的性能和输出波形都有很大影响。如工作点偏高，放大器在加入交流信号以后易产生饱和失真，此时 u_o 的负半周将被削底，如图 6-1-2(a) 所示；如工作点偏低则易产生截止失真，即 u_o 的正半周被缩顶（一般截止失真不如饱和失真明显），如图 6-1-2(b) 所示。这些情况都不符合不失真放大的要求。所以在选定工

作点以后还必须进行动态调试，即在放大器的输入端加入一定的输入电压 u_i，检查输出电压 u_o 的大小和波形是否满足要求。如不满足，则应调节静态工作点的位置。

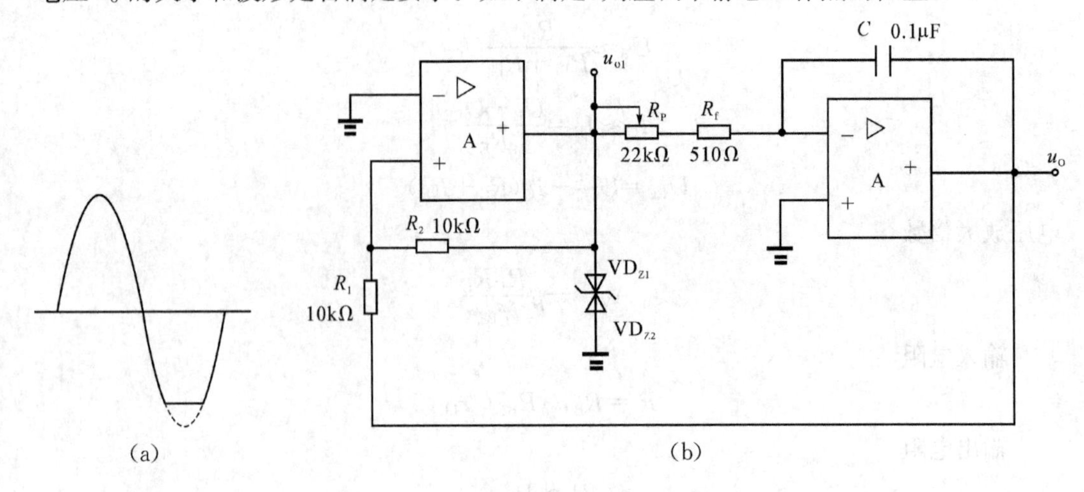

图 6-1-2 静态工作点对 u_o 波形失真的影响

改变电路参数 U_{CC}、R_C、R_B(R_{B1}、R_{B2})都会引起静态工作点的变化，如图 6-1-3 所示。但通常多采用调节偏置电阻 R_{B2} 的方法来改变静态工作点，如减小 R_{B2}，则可使静态工作点提高等。

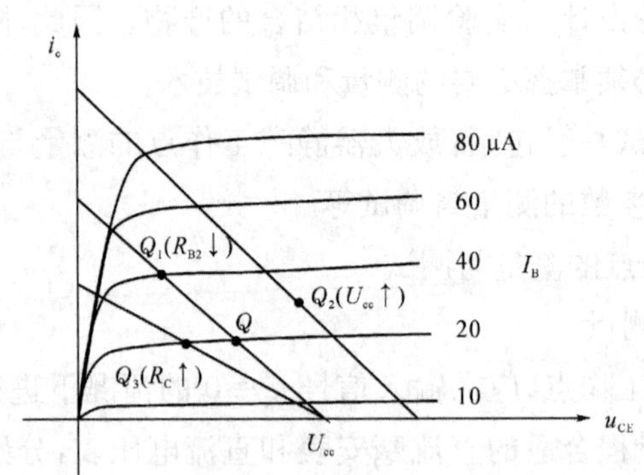

图 6-1-3 电路参数对静态工作点的影响

最后还要说明的是，上面所说的工作点"偏高"或"偏低"不是绝对的，应该是就相对信号的幅度而言，如输入信号幅度很小，即使工作点较高或较低也不一定会出现失真。所以确切地说，产生波形失真是信号幅度与静态工作点设置配合不当所致。如要满足较大信号幅度的要求，静态工作点最好尽量靠近交流负载线的中点。

2. 放大器动态指标测试

放大器动态指标包括电压放大倍数、输入电阻、输出电阻、最大不失真输出电压(动态范围)和通频带等。

(1) 电压放大倍数 A_V 的测量

调整放大器到合适的静态工作点，然后加入输入电压 u_i，在输出电压 u_o 不失真的情况下，用交流毫伏表测出 u_i 和 u_o 的有效值 U_i 和 U_o，则

$$A_V=\frac{U_o}{U_i}$$

(2) 输入电阻 R_i 的测量

为了测量放大器的输入电阻，按图 6-1-4 所示电路在被测放大器的输入端与信号源之间串入一已知电阻 R，在放大器正常工作的情况下，用交流毫伏表测出 U_S 和 U_i，则根据输入电阻的定义可得

$$R_i=\frac{U_i}{I_i}=\frac{U_i}{\frac{U_R}{R}}=\frac{U_i}{U_s-U_i}R$$

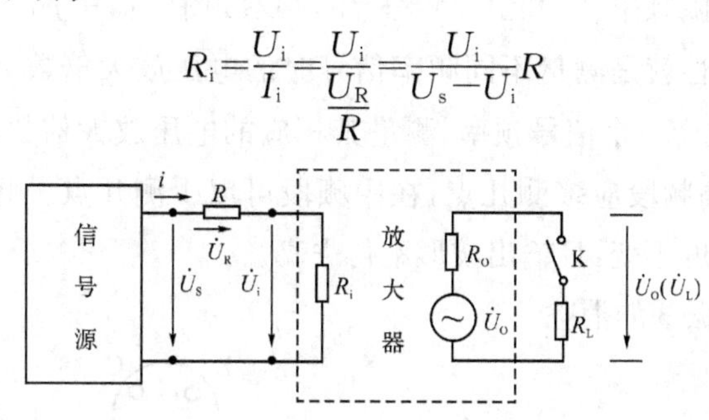

图 6-1-4　输入、输出电阻测量电路

测量时应注意下列几点：

①由于电阻 R 两端没有电路公共接地点，所以测量 R 两端电压 U_R 时必须分别测出 U_S 和 U_i，然后按 $U_R=U_S-U_i$ 求出 U_R 值。

②电阻 R 的值不宜取得过大或过小，以免产生较大的测量误差，通常取 R 与 R_i 为同一数量级为好，本实训 $R=10\ \text{k}\Omega$。

(3) 输出电阻 R_o 的测量

按图 6-1-4 所示电路，在放大器正常工作条件下，测出输出端不接负载 R_L 时的输出电压 U_o 和接入负载后的输出电压 U_L，根据

$$U_L=\frac{R_L}{R_o+R_L}U_o$$

即可求出

$$R_o=\left(\frac{U_o}{U_L}-1\right)R_L$$

在测试中应注意，必须保持 R_L 接入前后输入信号的大小不变。

(4) 最大不失真输出电压 U_{opp} 的测量(最大动态范围)

如上所述，为了得到最大动态范围，应将静态工作点调在交流负载线的中点。为此在放大器正常工作情况下，逐步增大输入信号的幅度，并同时调节 R_W(改变静态工作点)，用示波器观察 u_o，当输出波形同时出现削底和缩顶现象(如图 6-1-5 所示)时，说明静态工作点已调在交流负载线的中点。然后反复调整输入信号，使波形输出幅度最大，且无明显失真时，用交流毫伏表测出 U_o(有效值)，则动态范围等于 $2\sqrt{2}U_o$。或用示波器直接读出 U_{opp} 来。

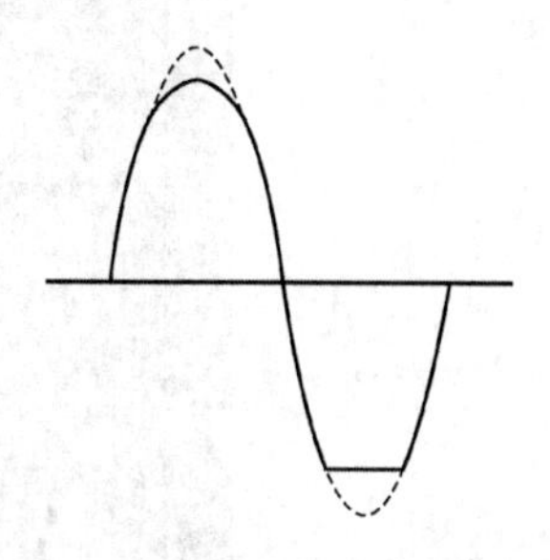

图 6-1-5　静态工作点正常，输入信号太大引起的失真

(5) 放大器幅频特性的测量

放大器的幅频特性是指放大器的电压放大倍数 A_V 与输入信号频率 f 之间的关系曲线。单管阻容耦合放大电路的幅频特性曲线如图 6-1-6 所示，A_{Vm} 为中频电压放大倍数，通常规定电压放大倍数随频率变化下降到中频放大倍数的$\frac{\sqrt{2}}{2}$倍，即 $0.707A_{Vm}$。所对应的频率分别称为下限频率 f_L 和上限频率 f_H，则通频带 $f_{BW}=f_H-f_L$。

放大器的幅率特性就是测量不同频率信号时的电压放大倍数 A_V。为此，可采用前述测 A_V 的方法，每改变一个信号频率，测量其相应的电压放大倍数，测量时应注意取点要恰当，在低频段与高频段应多测几点，在中频段可以少测几点。此外，在改变频率时，要保持输入信号的幅度不变，且输出波形不得失真。

(6) 干扰和自激振荡的消除

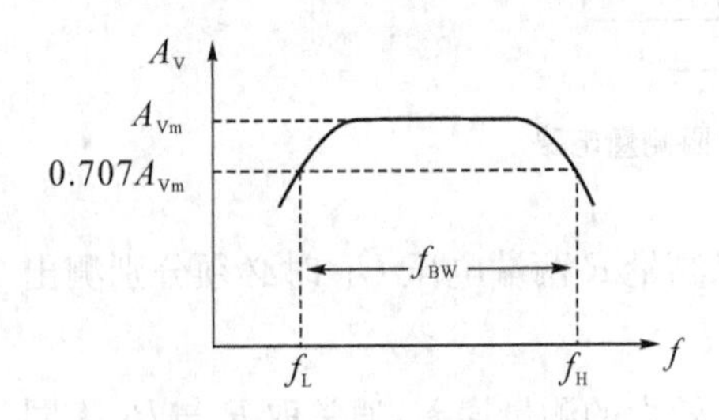

图 6-1-6 幅频特性曲线

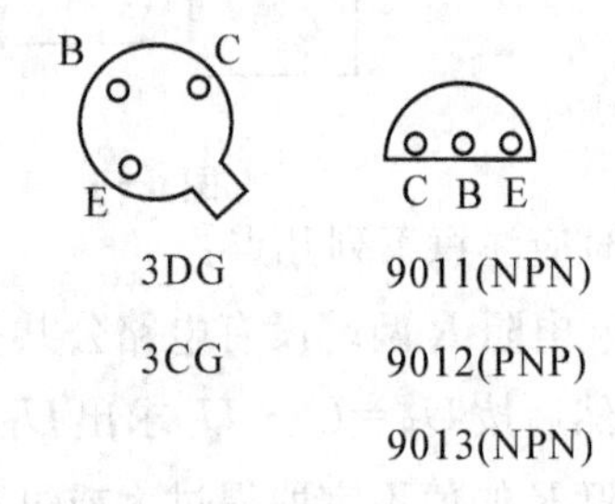

图 6-1-7 晶体三极管管脚排列

实训器材

模电实训箱；单管放大器电路模块；双踪示波器；交流毫伏表；万用电表。

实训内容与步骤

实训电路模块如图 6-1-8 所示。按图 6-1-1 连接电路。

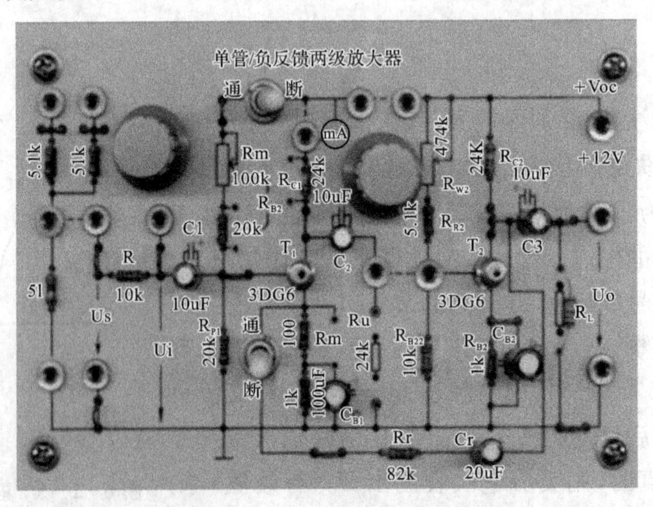

图 6-1-8 单管放大器模块

各电子仪器可按图 6-1-9 所示方式与电路模块连接。为防止干扰，各仪器的公共端必须连在一起，同时信号源、交流毫伏表和示波器的引线应采用专用电缆线或屏蔽线，如使用屏蔽线，则屏蔽线的外包金属网应接在公共接地端上。

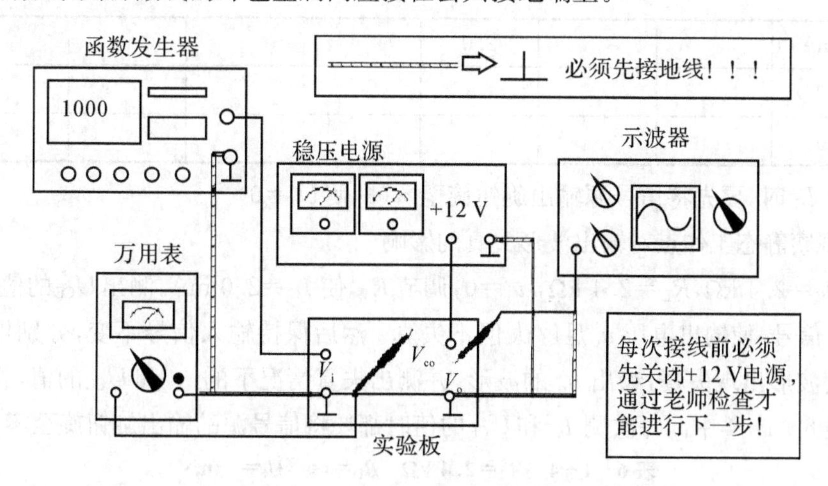

图 6-1-9　常用电子仪器连线图

1. 调试静态工作点

接通直流电源前，先将 R_W 调至最大，函数信号发生器输出旋钮旋至零。接通+12 V 电源、调节 R_W，使 I_C=2.0 mA(即 U_E=2.0 V)，用直流电压表测量 U_B、U_E、U_C 及用万用电表测量 R_{B2} 值(测电阻需断开电源，开关 K_1 亦断开)，将所得数据记入表 6-1-1。

表 6-1-1　I_C=2 mA

测　量　值				计　算　值		
U_B(V)	U_E(V)	U_C(V)	R_{B2}(kΩ)	U_{BE}(V)	U_{CE}(V)	I_C(mA)

2. 测量电压放大倍数

在放大器输入端加入频率为 1 kHz 的正弦信号 u_S，调节函数信号发生器的输出旋钮使放大器输入电压 U_i=10 mV，同时用示波器观察放大器输出电压 u_o 的波形，在波形不失真的条件下用交流毫伏表测量下述三种情况下的 U_o 值，并用双踪示波器观察 u_o 和 u_i 的相位关系，记入表 6-1-2。

表 6-1-2　I_C=2.0 mA　U_i=10 mV

R_C(kΩ)	R_L(kΩ)	U_o(V)	A_V	观察记录一组 u_o 和 u_i 波形	
2.4	∞			u_o ↑ → t	u_i ↑ → t
1.2	∞				
2.4	2.4				

3. 观察静态工作点对电压放大倍数的影响

置 $R_C=2.4\ k\Omega$，$R_l=\infty$，U_i 适量，调节 R_W，用示波器观察输出电压波形，在 u_o 不失真的条件下，测量数组 I_C 和 U_O 的值，并将所得数据记入表 6-1-3。

表 6-1-3　$R_C=2.4\ k\Omega$　$R_L=\infty$　$U_i=mV$

I_C(mA)			2.0				
U_O(V)							
A_V							

测量 I_C 时，要先将信号源输出旋钮旋至零(即使 $U_i=0$)。

4. 观察静态工作点对输出波形失真的影响

置 $R_C=2.4\ k\Omega$，$R_L=2.4\ k\Omega$，$u_i=0$，调节 R_W 使 $I_C=2.0$ mA，测出 U_{CE} 的值，再逐步加大输入信号，使输出电压 u_o 足够大但不失真。然后保持输入信号不变，分别增大和减小 R_W，使波形出现失真，绘出 u_o 的波形，并测出失真情况下的 I_C 和 U_{CE} 的值，将所得数据记入表 6-1-4 中。每次测 I_C 和 U_{CE} 的值时都要将信号源的输出旋钮旋至零。

表 6-1-4　$R_C=2.4\ k\Omega$　$R_L=\infty$　$U_i=$　mV

I_C(mA)	U_{CE}(V)	u_o 波形	失真情况	管子工作状态
		u_o — t		
2.0		u_o — t		
		u_o — t		

5. 测量最大不失真输出电压

置 $R_C=2.4\ k\Omega$，$R_L=2.4\ k\Omega$，按照实验原理所述方法，同时调节输入信号的幅度和电位器 R_W，用示波器和交流毫伏表测量 U_{opp} 及 U_o 的值，并将所得数据记入表 6-1-5。

表 6-1-5　$R_C=2.4$ k　$R_L=2.4$ k

I_C(mA)	U_{im}(mV)	U_{om}(V)	U_{opp}(V)

6. 测量输入电阻和输出电阻

置 $R_C=2.4\ k\Omega$，$R_L=2.4\ k\Omega$，$I_C=2.0$ mA。输入 $f=1$ kHz 的正弦信号，在输出电

压 u_o 不失真的情况下，用交流毫伏表测出 U_S，U_i 和 U_L，并将所得数据记入表 6-1-6。

保持 U_s 不变，断开 R_L，测量输出电压 U_o，记入表 6-1-6。

表 6-1-6　$I_c=2$ mA　$R_c=2.4$ kΩ　$R_L=2.4$ kΩ

U_s(mv)	U_i(mv)	R_i(kΩ)		U_L(V)	U_o(V)	R_0(kΩ)	
		测量值	计算值			测量值	计算值

7. 测量幅频特性

取 $I_C=2.0$ mA，$R_C=2.4$ kΩ，$R_L=2.4$ kΩ。保持输入信号 u_i 的幅度不变，改变信号源频率 f，逐点测出相应的输出电压 U_o，并将所得数据记入表 6-1-7。

表 6-1-7　$U_i=$　　mV

f(kHz)	f_i	f_o	f_n
U_o(V)			
$A_V=U_o/U_i$			

为了信号源频率 f 取值合适，可先粗测一下，找出中频范围，然后再仔细读数。

实训注意事项

在做电子线路实训时，有一定的实训方法、实训规律可循。

1. 合理布线：布线的原则以直观、便于检查为宜。例如，电源的正极、负极和地可以用不同颜色的导线加以区分，一般正极用红色、负极用蓝色、地用黑色。低频接线时，尽量用短的导线，防止电路产生自激振荡。

2. 检查线路：在连接完实训电路后，不要急于加电，要认真检查连线是否正确。防止出现诸如电源短路、地线未连接、导线未导通等问题。

3. 通电调试：包括静态调试和动态调试。在调试前，应先观察电路有无异常，包括有无冒烟、异常气味、元器件是否发烫等。如果出现异常情况，应立即切断电源，排除故障后再加电。

4. 正确使用仪器接地端：电路调试过程中，仪器的接地端需要正确连接，这是一个很重要的方面。否则将直接影响测量精度，甚至影响到测量结果的正确与否。其中，直流稳压电源的地即是电路的地端，直流稳压电源的“地”一般要与实验板的“地”连接起来。而直流稳压电源的地又是与机壳连接的，这就形成了一个完整的屏蔽系统，减少了外界信号的干扰。这就是常说的“共地”。示波器、函数信号发生器、晶体毫伏表的“地”也都应该和电路的“地”连接在一起。

思考题

1. 列表整理测量结果，并把实测的静态工作点、电压放大倍数、输入电阻、输出电阻之值与理论计算值比较（取一组数据进行比较），分析产生误差的原因。

2. 总结 R_C、R_L 及静态工作点对放大器电压放大倍数、输入电阻、输出电阻的影响。

3. 讨论静态工作点变化对放大器输出波形的影响。

4. 分析讨论在调试过程中出现的问题。

实训二　负反馈放大电路测试

实训目标

1. 知识目标

(1) 加深理解放大电路中引入负反馈的方法。

(2) 研究电压串联负反馈对放大电路各项性能指标的影响。

2. 技能目标

(1) 学会测量并调整放大电路的静态工作点。

(2) 熟悉放大电路各项技术指标的测试方法。

实训原理

由于晶体管的参数会随着环境温度改变而改变，不仅放大器的工作点、放大倍数不稳定，还存在失真、干扰等问题。为了改善放大器的这些性能，常常在放大器中加入负反馈环节。

负反馈在电子电路中有着非常广泛的应用，虽然它使放大器的放大倍数降低，但却能在多方面改善放大器的动态指标，如稳定放大倍数，改变输入、输出电阻，减小非线性失真和展宽通频带等。因此，几乎所有的实用放大器都带有负反馈。

负反馈放大器有四种组态，即电压串联、电压并联、电流串联、电流并联。

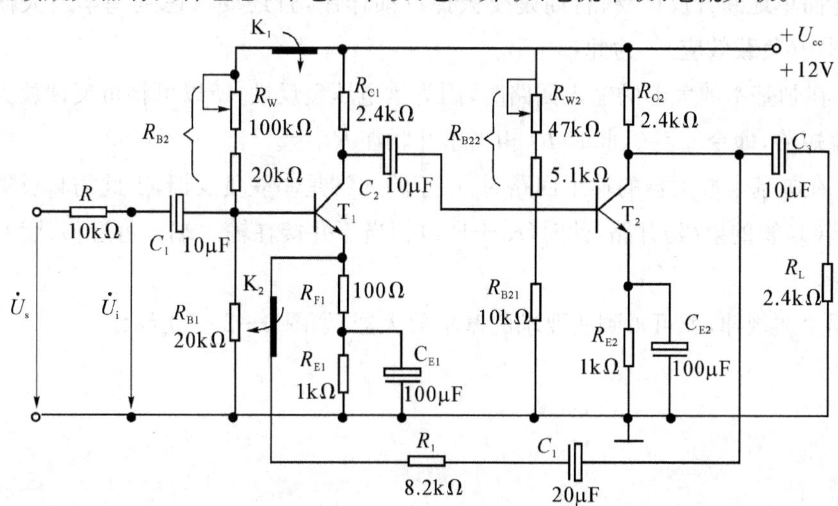

图 6-2-1　带有电压串联负反馈的两级阻容耦合放大器

图 6-2-1 为带有负反馈的两级阻容耦合放大电路，当开关 K_2 闭合时，在电路中通过 R_f 取样于输出电压 u_o 并引回到输入端，加在晶体管 T_1 的发射极上，在发射极电阻上形成反馈电压 u_f。根据反馈的判断法可知，它属于电压串联负反馈。根据理论可知，这种负反馈会降低放大器的增益，但是能够提高放大器增益的稳定性，可以扩展放大器的通频带，还能够提高放大器输入阻抗，减小输出阻抗。

本实验以电压串联负反馈为例，分析负反馈对放大器各项性能指标的影响。

1. 主要性能指标如下：

$$A_{Vf}=\frac{A_V}{1+A_VF_V}$$

(1) 闭环电压放大倍数：

其中：$A_V=U_o/U_i$，为基本放大器(无反馈)的电压放大倍数，即开环电压放大倍数。

$1+A_VF_V$ 为反馈深度，它的大小决定了负反馈对放大器性能改善的程度。

(2) 反馈系数：

$$F_V=\frac{R_{F1}}{R_f+R_{F1}}$$

(3) 输入电阻：

$$R_{if}=(1+A_VF_V)R_i。$$

其中：R_i 为基本放大器的输入电阻。

(4) 输出电阻：

$$R_{of}=\frac{R_o}{1+A_{Vo}F_V}$$

其中：R_o 为基本放大器的输出电阻；

A_{Vo}为基本放大器 $R_L=\infty$时的电压放大倍数。

2. 本实验还需要测量基本放大器的动态参数，怎样实现无反馈而得到基本放大器呢？不能简单地断开反馈支路，而是要去掉反馈作用，且还要考虑到基本放大器中反馈网络的影响(负载效应)。为此：

(1) 在画基本放大器的输入回路时，因为是电压负反馈，所以可将负反馈放大器的输出端交流短路，即令 $u_o=0$，此时 R_f 相当于并联在 R_{F1}上。

(2) 在画基本放大器的输出回路时，由于输入端是串联负反馈，因此需将反馈放大器的输入端(T_1管的射极)开路，此时(R_f+R_{F1})相当于并接在输出端。可近似认为 R_f 并接在输出端。

根据上述规律，就可得到所要求的基本放大器，如图 6-2-2 所示。

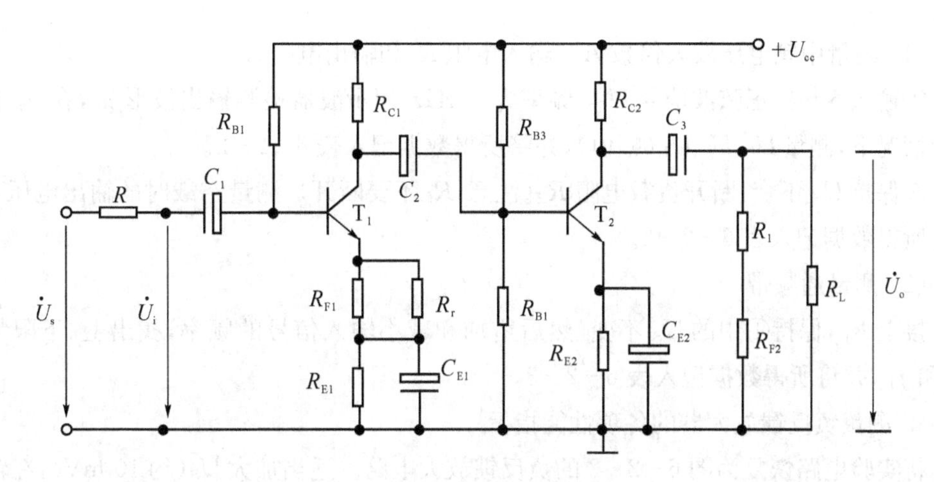

图 6－2－2　基本放大电路

实训器材

直流电源；函数信号发生器；双踪示波器；频率计；万用表；负反馈放大电路模块。

实训内容与步骤

1. 图 6－2－3 为阻容耦合电压串联负反馈放大电路模块，按图 6－2－1 所示连接好电路。

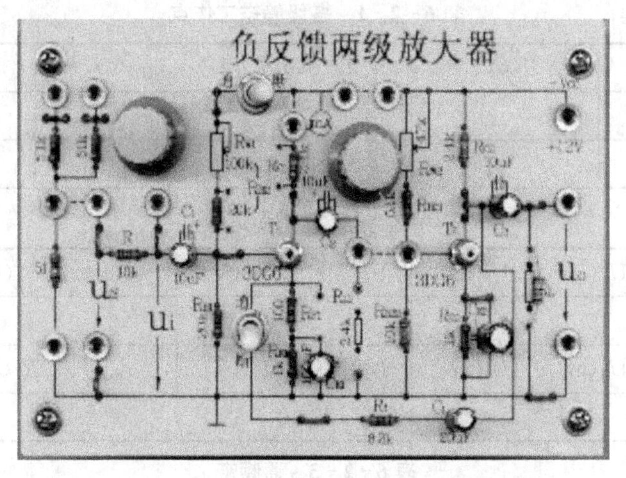

图 6－2－3　阻容耦合电压串联负反馈放大电路模块

2. 测量静态工作点

取 $U_{cc}=+12$ V，$U_i=0$，用万用表(直流电压挡)分别测量第一级、第二级静态工作点的电压，并将所得数据记入表 6－2－1。

3. 测量基本放大器的各项性能指标

将实验电路按图 6－2－2 改接，即把 R_f 断开后分别并在 R_{F1} 和 R_L 上，其他连线不动。

(1) 测量中频电压放大倍数 A_V、输入电阻 R_i 和输出电阻 R_o。

①输入 5 mV 正弦波信号 U_S，频率为 1 kHz，用示波器检测输出波形 u_o，在 u_o 不失真的情况下，测量 U_S、U_i、U_L（幅值），并将所得数据记入表 6-2-2。

②保持 U_S 不变，断开负载电阻 R_L（注意，R_f 不要断开），测量空载时的输出电压 U_o，并将所得数据记入表 6-2-2。

(2) 测量通频带

接上 R_L，保持①中的 U_S 不变，然后增加和减小输入信号的频率，找出上、下限频率 f_H 和 f_L，并将所得数据记入表 6-2-3。

4. 测量负反馈放大器的各项性能指标

将实验电路恢复为图 6-2-2 的负反馈放大电路。适当加大 U_S（约 10 mV），在输出波形不失真的条件下，测量负反馈放大器的 A_{Vf}、R_{if} 和 R_{of}，并将所得数据记入表 6-2-2；测量 f_{Hf} 和 f_{Lf}，并将所得数据记入表 6-2-3。

5. 观察负反馈对非线性失真的改善

(1) 实验电路改接成基本放大器形式，在输入端加入 $f=1$ kHz 的正弦波信号，输出端接示波器，逐渐增大输入信号的幅度，使输出波形开始出现失真，记下此时的波形和输出电压的幅度。

(2) 再将实验电路改接成负反馈放大器形式，增大输入信号幅度，使输出电压幅度的大小与(1)相同，观察加入负反馈后输出波形的变化。

表 6-2-1　各级静态工作点

	U_B(V)	U_E(V)	U_C(V)	I_C(mA)
第一级				
第二级				

表 6-2-2　动态信号

基本放大器	U_S(mv)	U_i(mv)	U_L(V)	U_o(V)	A_V	R_i(kΩ)	R_o(kΩ)
负反馈放大器	U_S(mv)	U_i(mv)	U_L(V)	U_o(V)	A_{Vf}	R_{if}(kΩ)	R_{of}(kΩ)

表 6-2-3　通频带

基本放大器	f_L(kHz)	f_H(kHz)	Δf(kHz)
负反馈放大器	f_{Lf}(kHz)	f_{Hf}(kHz)	Δf_f(kHz)

1. 将基本放大器和负反馈放大器动态参数的实测值和理论估算值列表进行比较。(取 $\beta_1=\beta_2=100$)

2. 根据实训结果，总结电压串联负反馈对放大器性能的影响。

3. 如输入信号存在失真，能否用负反馈来改善？

4. 怎样把负反馈放大器改接成基本放大器？为什么要把 R_f 并接在输入和输出端？

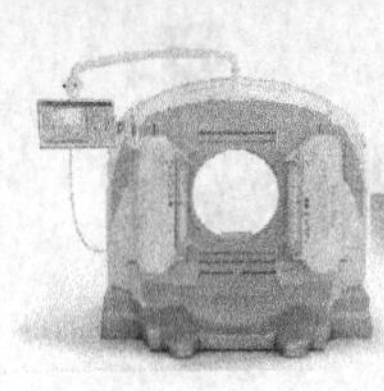

实训三 RC正弦波振荡器调试

实训目标

1. 知识目标

理解 RC 正弦波振荡器的振荡条件及电路组成。

2. 技能目标

学会调试振荡器并能测量其输出信号。

实训原理

从结构上看，正弦波振荡器是没有输入信号的、带选频网络的正反馈放大器。若用 R、C 元件组成选频网络，就称为 RC 振荡器，一般用来产生 1 Hz～1 MHz 的低频信号。

1. RC 移相振荡器

电路如图 6-3-1 所示，选择 $R \gg R_i$。

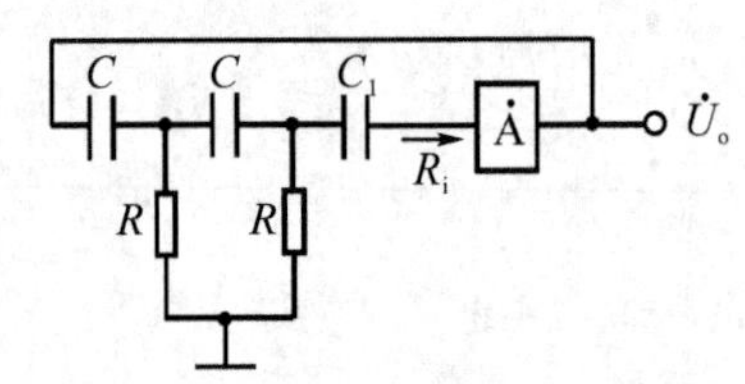

6-3-1 RC移相振荡器原理图

振荡频率：$f_0=\dfrac{1}{2\pi\sqrt{6}RC}$

起振条件：放大器 A 的电压放大倍数 $|\dot{A}|>29$

电路特点：简便，但选频作用差，振幅不稳，频率调节不便，一般用于频率固定且稳定性要求不高的场合。

频率范围：几赫～数十千赫。

2. RC 串并联网络(文氏桥)振荡器

电路如图 6-3-2 所示。

振荡频率：$f_0=\dfrac{1}{2\pi RC}$

起振条件：$|\dot{A}|>3$

电路特点：可方便地连续改变振荡频率，便于加负反馈稳幅，容易得到良好的振荡波形。

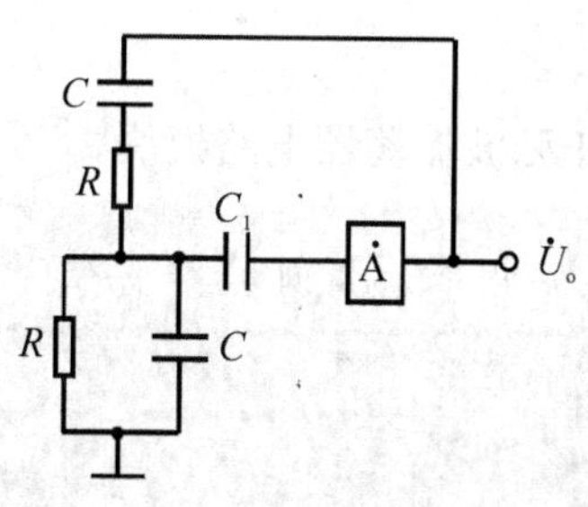

图 6-3-2　*RC* 串并联网络振荡器原理图

3. 双 T 选频网络振荡器

电路如图 6-3-3 所示。

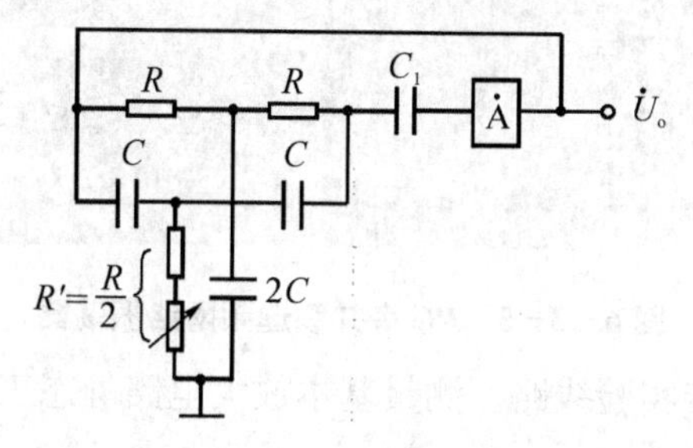

图 6-3-3　双 T 选频网络振荡器原理图

振荡频率：$f_0=\dfrac{1}{5RC}$

起振条件：$R'<\dfrac{R}{2}$，$|\dot{A}\dot{F}|>1$

电路特点：选频特性好，调频困难，适于产生单一频率的振荡。

本实训电路原理图如图 6-3-4 所示。其中两级共射极分立元件放大电路为基本放大器，*RC* 串并联网络兼作选频网络和正反馈网络，R_f 实现负反馈。

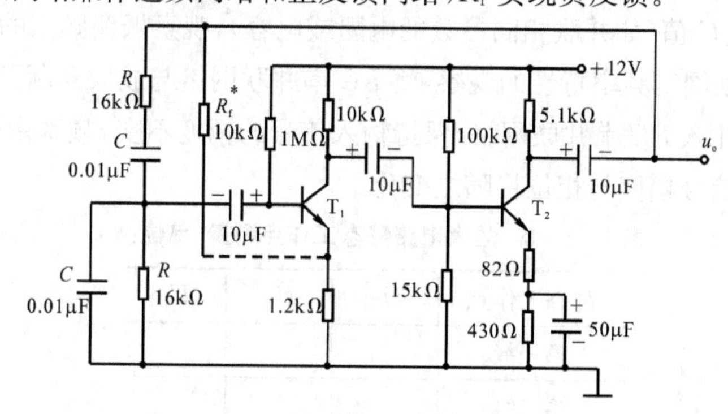

图 6-3-4　*RC* 正弦波振荡器电路原理图

实训器材

模拟电路实验箱；函数信号发生器；双踪示波器；毫伏表；万用表；*RC* 正弦波振荡器

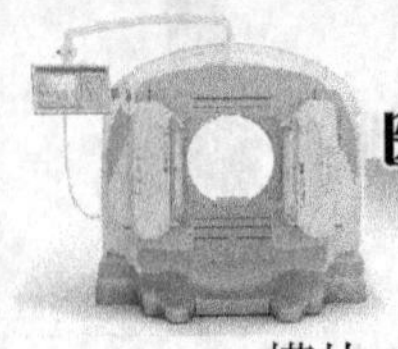

模块;电阻、电容若干。

实训内容与步骤

如图 6-3-5 所示为 RC 正弦波振荡器电路模块。

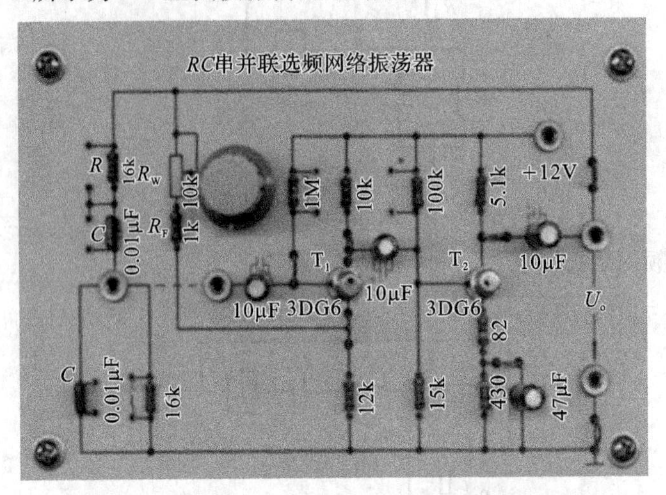

图 6-3-5　RC 串并联选频网络振荡器

1. 按图 6-3-4 连接实验线路。测量基本放大电路静态工作点的电压,并将所得数据记入表 6-3-1。

2. 接通 RC 串并联网络,调节 R_f 并使电路起振,用示波器观测输出电压 u_o 的波形,再细调 R_f,得到满意的正弦信号,在表 6-3-2 中记录波形及其参数(测量振荡频率、周期),并与计算值进行比较。

3. 断开 RC 串并联网络,保持 R_f 不变,测量放大器静态工作点的电压及电压放大倍数。测量放大倍数时,应在输入端施加一频率为 1 kHz、幅度为 15 mV 左右的正弦信号,用毫伏表测量 u_i、u_o就可以计算出电路的放大倍数。将所得数据记入表 6-3-3。

4. 改变 R 或 C 值(如并联相同参数的电阻或电容),观察振荡频率的变化情况。

5. RC 串并联网络频率特性的观察:将 RC 串并联网络与放大器断开,将函数信号发生器的正弦信号注入 RC 串并联网络,保持输入信号的幅度不变,频率由低到高变化,RC 串并联网络输出信号幅值与相位将随之变化。

表 6-3-1　放大电路静态工作点测量(单位:V)

静态工作点	U_E	U_B	U_C
第一级			
第二级			

表 6-3-2　频率测量(单位:Hz)

F(理论值)	F(实测值)	输出电压 u_o 的波形

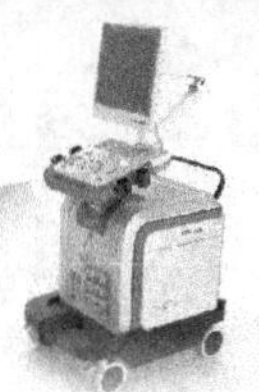

表 6-3-3　电压放大倍数测量

u_i	u_o	A_V

1. R_f 如何调节可使电路起振？电路实现等幅振荡的条件是什么？
2. 由给定电路参数计算振荡频率，并与实测值比较，分析误差产生的原因。

实训四　差动放大器测试

实训目标

1. 知识目标

加深理解差动放大器的性能及特点。

2. 技能目标

学习差动放大器电路调试与主要性能指标测试的方法。

实训原理

图 6-4-1 所示是差动放大器的基本结构。它由两个元件参数相同的基本共射放大电路组成。当开关 K 拨向左边时，构成典型的差动放大器。调零电位器 R_P 用来调节 T_1、T_2 管的静态工作点，使得输入信号 $U_i=0$ 时，双端输出电压 $U_o=0$。R_E 为两管共用的发射极电阻，它对差模信号无负反馈作用，因而不影响差模电压放大倍数，但对共模信号有较强的负反馈作用，故可以有效地抑制零点漂移，稳定静态工作点。

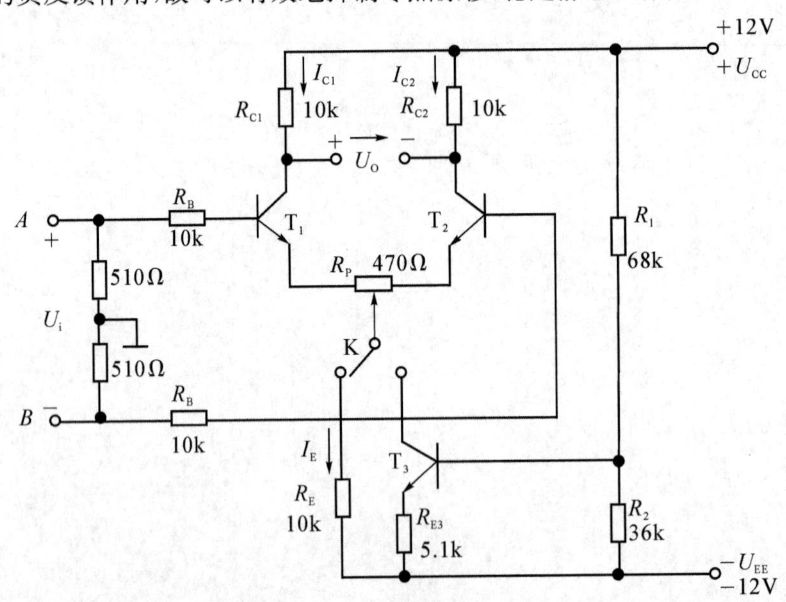

图 6-4-1　差动放大电路

当开关 K 拨向右边时，构成具有恒流源的差动放大器。它用晶体管恒流源代替发射

极电阻 R_E，可以进一步提高差动放大器抑制共模信号的能力。

1. 静态工作点的估算

典型电路

$$I_E \approx \frac{|U_{EE}|-U_{BE}}{R_E}（认为 U_{B1}=U_{B2}\approx 0）$$

$$I_{C1}=I_{C2}=\frac{1}{2}I_E$$

恒流源电路

$$I_{C3}\approx I_{E3}\approx \frac{\frac{R_2}{R_1+R_2}(U_{CC}+|U_{EE}|)-U_{BE}}{R_{E3}}$$

$$I_{C1}=I_{C2}=\frac{1}{2}I_{C3}$$

2. 差模电压放大倍数和共模电压放大倍数

当差动放大器的射极电阻 R_E 足够大，或采用恒流源电路时，差模电压放大倍数 A_d 由输出端方式决定，而与输入方式无关。

双端输出：$R_E=\infty$，R_P 在中心位置时，

$$A_d=\frac{\Delta U_o}{\Delta U_i}=\frac{\beta R_C}{R_B+r_{be}+\frac{1}{2}(1+\beta)R_P}$$

单端输出

$$A_{d1}=\frac{\Delta U_{C1}}{\Delta U_i}=\frac{1}{2}A_d$$

$$A_{d2}=\frac{\Delta U_{C2}}{\Delta U_i}=-\frac{1}{2}A_d$$

当输入共模信号时，若为单端输出，则有

$$A_{c1}=A_{c2}=\frac{\Delta U_{C1}}{\Delta U_i}=\frac{-\beta R_C}{R_B+r_{be}+(1+\beta)\left(\frac{1}{2}R_P+2R_E\right)}\approx -\frac{R_C}{2R_E}$$

若为双端输出，在理想情况下

$$A_c=\frac{\Delta U_o}{\Delta U_i}=0$$

实际上，由于元件不可能完全对称，因此 A_c 也不会绝对等于零。

3. 共模抑制比 *KCMR*

为了表征差动放大器对有用信号（差模信号）的放大作用和对共模信号的抑制能力，通常用一个综合指标来衡量，即共模抑制比。

$$KCMR=\left|\frac{A_d}{A_c}\right| \text{ 或 } KCMR=20\lg\left|\frac{A_d}{A_c}\right|\text{(dB)}$$

差动放大器的输入信号可采用直流信号也可采用交流信号。本实验由函数信号发

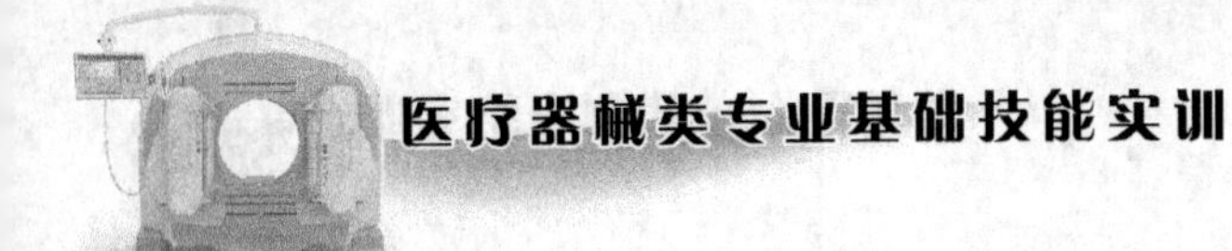

生器提供频率 $f=1$ kHz 的正弦信号作为输入信号。

实训器材

模电实验箱；函数信号发生器；双踪示波器；交流毫伏表；万用表；差动放大器模块；晶体三极管 3DG6×3(或 9011×3)(要求 T_1、T_2 管特性参数一致)。

实训内容与步骤

1. 典型差动放大器性能测试

图 6－4－2 所示为差动放大器电路模块。按图 6－4－1 连接电路，开关 K 拨向左边构成典型差动放大器。

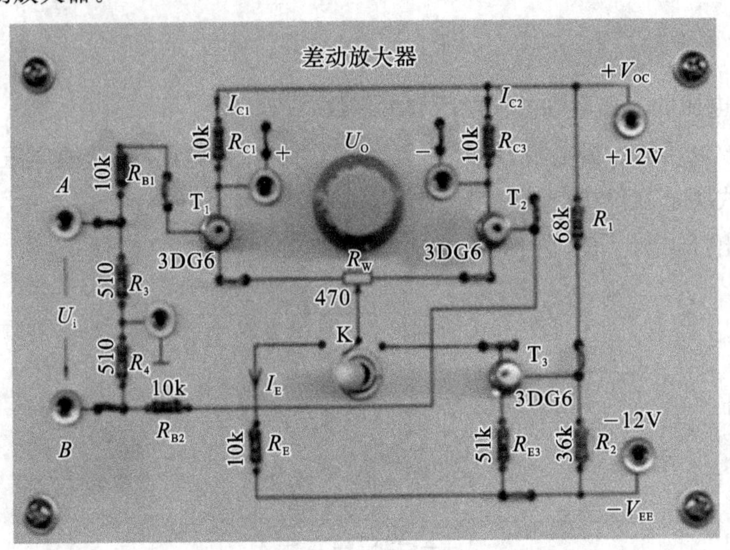

图 6－4－1 差动放大器电路模块

(1) 测量静态工作点

①调节放大器零点

信号源不接入。将放大器输入端 A、B 与地短接，接通±12V 直流电源，用直流电压表测量输出电压 U_o，调节调零电位器 R_W，使 $U_o=0$。调节要仔细，力求准确。

②测量静态工作点

零点调好以后，用直流电压表测量 T_1、T_2 管各电极电位及射极电阻 R_E 两端电压 U_{RE}，记入表 6－4－1。

表 6－4－1

<table>
<tr><td rowspan="2">测量值</td><td>U_{C1}(V)</td><td>U_{B1}(V)</td><td>U_{E1}(V)</td><td>U_{C2}(V)</td><td>U_{B2}(V)</td><td>U_{E2}(V)</td><td>U_{RE}(V)</td></tr>
<tr><td></td><td></td><td></td><td></td><td></td><td></td><td></td></tr>
<tr><td rowspan="2">计算值</td><td colspan="2">I_C(mA)</td><td colspan="3">I_B(mA)</td><td colspan="2">U_{CE}(V)</td></tr>
<tr><td colspan="2"></td><td colspan="3"></td><td colspan="2"></td></tr>
</table>

（2）测量差模电压放大倍数

断开直流电源，将函数信号发生器的输出端接放大器输入端 A，地端接放大器输入端 B，构成单端输入方式，调节输入信号为频率 $f=1$ kHz 的正弦信号，并使输出旋钮旋至零，用示波器监视输出端（集电极 C_1 或 C_2 与地之间）。

接通±12 V 直流电源，逐渐增大输入电压 U_i（约 100 mV），在输出波形无失真的情况下，用交流毫伏表测 U_i、U_{C1}、U_{C2}，记入表 6-4-2 中，并观察 U_i、U_{C1}、U_{C2}之间的相位关系及 U_{RE}随 U_i 改变而变化的情况。

（3）测量共模电压放大倍数

将放大器 A、B 短接，信号源接 A 端与地之间，构成共模输入方式，调节输入信号 $f=1$ kHz，$U_i=1$ V，在输出电压无失真的情况下，测量 U_{C1}、U_{C2}之值记入表 6-4-2，并观察 U_i、U_{C1}、U_{C2}之间的相位关系及 U_{RE}随 U_i 改变而变化的情况。

表 6-4-2　电压放大倍数测量

	典型差动放大电路		具有恒流源差动放大电路	
	单端输入	共模输入	单端输入	共模输入
U_i	100 mV	1 V	100 mV	1 V
U_{C1}(V)				
U_{C2}(V)				
$A_{d1}=\frac{U_{C1}}{U_i}$		/		/
$A_d=\frac{U_o}{U_i}$		/		/
$A_{c1}=\frac{U_{C1}}{U_i}$	/		/	
$A_c=\frac{U_o}{U_i}$	/		/	
$KCMR=\left\|\frac{A_{d1}}{A_{c1}}\right\|$				

2．具有恒流源的差动放大电路性能测试

将图 6-4-1 电路中开关 K 拨向右边，构成具有恒流源的差动放大电路。重复上述内容(2)、(3)的步骤，并将所得数据记入表 6-4-2。

3．整理实验数据，列表比较实验结果和理论估算值，分析产生误差的原因。

（1）静态工作点和差模电压放大倍数。

（2）典型差动放大电路单端输出时的 *CMRR* 实测值与理论值比较。

（3）典型差动放大电路单端输出时的 *CMRR* 实测值与具有恒流源的差动放大器 *CMRR* 实测值比较。

思考题

1. U_i、U_{C1}和U_{C2}之间的相位关系如何？
2. 根据实验结果，总结电阻 R_E 和恒流源的作用。

实训五　集成运算放大器及应用

实训目标

1. 知识目标

(1) 了解集成运算放大器组件的主要参数的定义和表示方法。

(2) 了解集成运算放大器的基本使用方法和三种输入方式。

(3) 研究集成运算放大器构成的比例、加法、减法、积分等运算电路的功能。

2. 技能目标

(1) 熟悉集成运放的引脚排列和简易测试。

(2) 学会正确运用集成运算放大器构成基本运算电路及其测试方法。

实训原理

集成运算放大器简称集成运放，是一种集成化、高增益、直接耦合的多级放大器。它有两个输入端。根据输入电路的不同，有同相输入、反相输入和差动输入三种方式。集成运放在实际运用中，都必须用外接负反馈网络构成闭环放大，用以实现各种模拟运算。集成运算放大器作为一种通用电子器件，在放大、振荡、电压比较、模拟运算、有源滤波等各种电子电路中得到了广泛的应用。

集成运放品种繁多，可分为：通用型、低功耗型、高阻型、高精度型、高速型、宽带型、低噪声型、高压型、程控型、电流型、跨导型等等。常见的集成运算放大器封装有扁平式(SSOP)、双列直插式(DIP)、单列直插式(SIP)，如图 6-5-1 所示。其中双列直插式应用较多，μA741(或 F007)即为 DIP 封装。

图 6-5-1　常见集成运放的封装样式

集成运算放大器是一种线性集成电路，和其他半导体器件一样，它是用一些性能指标来衡量其质量的优劣。为了正确使用集成运放，就必须了解它的主要参数指标。集成运放组件的各项指标通常是由专用仪器进行测试的，这里介绍的是一种简易测试方法。

本实验采用的集成运放型号为 μA741(或 F007)，引脚排列如图 6-5-2 所示，它是八脚双列直插式组件，②脚和③脚为反相和同相输入端，⑥脚为输出端，⑦脚和④脚为正、负电源端，①脚和⑤脚为失调调零端，①、⑤脚之间可接入一只几十千欧的电位器并将滑动触头接到负电源端，⑧脚为空脚。

1. A741 主要指标测试

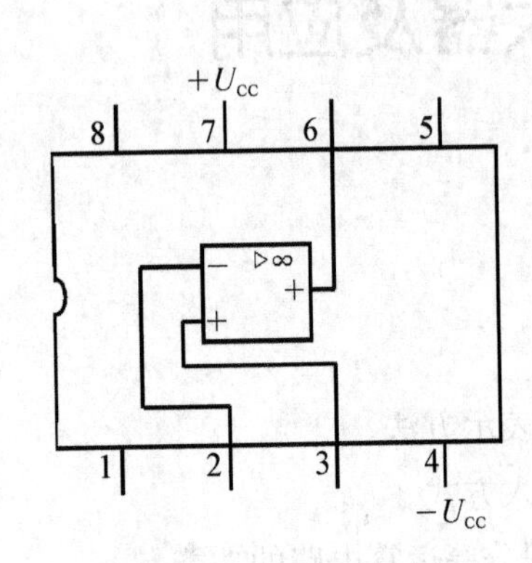

图 6-5-2 μA741 管脚图

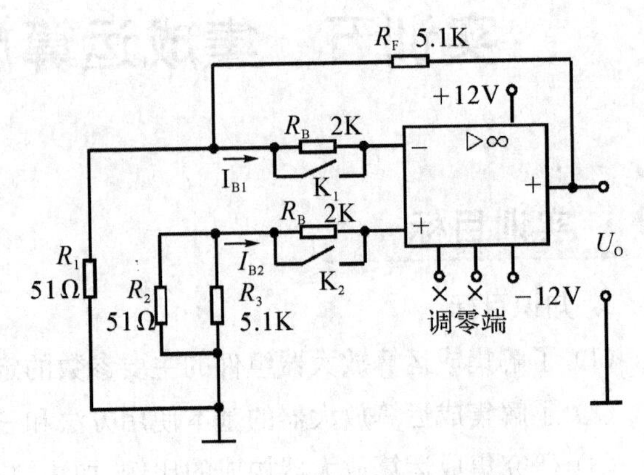

图 6-5-3 U_{OS}、I_{OS}测试电路

(1) 输入失调电压 U_{OS}

理想运放组件，当输入信号为零时，其输出也为零。但是即使是最优质的集成组件，由于运放内部差动输入级参数的不完全对称，输出电压往往不为零。这种零输入时输出不为零的现象称为集成运放的失调。

输入失调电压 U_{OS} 是指输入信号为零时，输出端出现的电压折算到同相输入端的数值。

失调电压测试电路如图 6-5-2 所示。闭合开关 K_1 及 K_2，使电阻 R_B 短接，测量此时的输出电压 U_{o1} 即为输出失调电压，则输入失调电压

$$U_{OS}=\frac{R_1}{R_1+R_P}U_{o1}$$

实际测出的 U_{o1} 可能为正，也可能为负，一般在 1～5 mV，对于高质量的运放，U_{OS} 在 1 mV以下。

测试中应注意：①将运放调零端开路；②要求电阻 R_1 和 R_2，R_3 和 R_F 的参数严格对称。

(2) 输入失调电流 I_{OS}

输入失调电流 I_{OS} 是指当输入信号为零时，运放的两个输入端的基极偏置电流之差。

$$I_{OS}=|I_{B1}-I_{B2}|$$

输入失调电流的大小反映了运放内部差动输入级两个晶体管 β 的失配度，由于 I_{B1}、I_{B2} 本身的数值已很小(微安级)，因此它们的差值通常不是直接测量的，测试电路如图 6-5-3 所示，测试分两步进行。

①闭合开关 K_1 及 K_2，在低输入电阻下，测出输出电压 U_{o1}，如前所述，这是由输入失调电压 U_{OS} 所引起的输出电压。

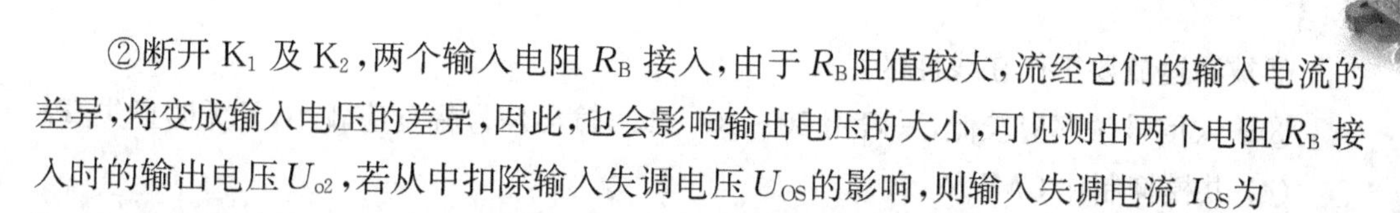

②断开 K_1 及 K_2，两个输入电阻 R_B 接入，由于 R_B阻值较大，流经它们的输入电流的差异，将变成输入电压的差异，因此，也会影响输出电压的大小，可见测出两个电阻 R_B 接入时的输出电压 U_{o2}，若从中扣除输入失调电压 U_{OS}的影响，则输入失调电流 I_{OS}为

$$I_{OS}=|I_{B1}-I_{B2}|=|U_{o2}-U_{o1}|\frac{R_1}{R_1+R_F}\frac{1}{R_B}$$

一般，I_{OS}为几十到几百 nA(10^{-9}A)，高质量运放 I_{OS}低于 1 nA。

测试中应注意：

①将运放调零端开路。

②两输入端电阻 R_B 必须精确配对。

(3)开环差模放大倍数 A_{ud}

集成运放在没有外部反馈时的直流差模放大倍数称为开环差模电压放大倍数，用 A_{ud}表示。它定义为开环输出电压 U_o 与两个差分输入端之间所加信号电压 U_{id}之比。

$$A_{ud}=\frac{U_o}{U_{id}}$$

按定义，A_{ud}应是信号频率为零时的直流放大倍数，但为了测试方便，通常采用低频(几十赫兹以下)正弦交流信号进行测量。由于集成运放的开环电压放大倍数很高，难以直接进行测量，故一般采用闭环测量方法。A_{ud}的测试方法很多，现采用交、直流同时闭环的测试方法，如图 6-5-4 所示。

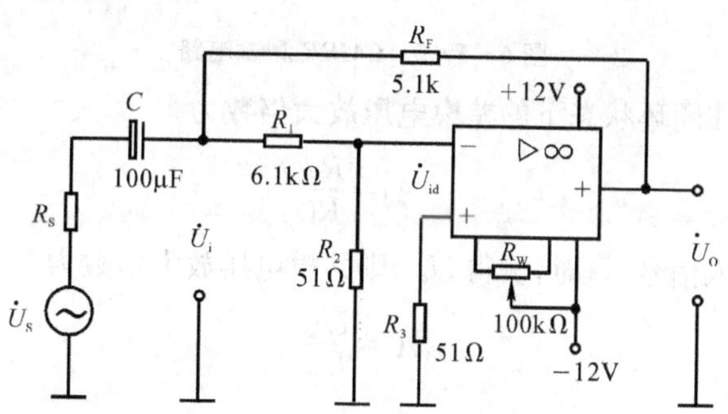

图 6-5-4　A_{ud}测试电路

被测运放一方面通过 R_F、R_1、R_2 完成直流闭环，以抑制输出电压漂移，另一方面通过 R_F 和 R_S 实现交流闭环，外加信号 u_S 经 R_1、R_2 分压，使 u_{id}足够小，以保证运放工作在线性区，同相输入端电阻 R_3 应与反相输入端电阻 R_2 相匹配，以减小输入偏置电流的影响，电容 C 为隔直电容。被测运放的开环电压放大倍数为

$$A_{ud}=\frac{U_o}{U_{id}}=\left(1+\frac{R_1}{R_2}\right)\frac{U_o}{U_i}$$

通常低增益运放 A_{ud}为 60～70 dB，中增益运放约为 80 dB，高增益在 100 dB 以上，可达 120～140 dB。

测试中应注意：

①测试前电路应首先消振及调零。

②被测运放要工作在线性区。

③输入信号频率应较低，一般用 50～100 Hz，输出信号幅度应较小，且无明显失真。

(4) 共模抑制比 $CMRR$

集成运放的差模电压放大倍数 A_d 与共模电压放大倍数 A_c 之比称为共模抑制比。

$$CMRR=\left|\frac{A_d}{A_c}\right| \text{或} CMRR=20\lg\left|\frac{A_d}{A_c}\right| (\mathrm{dB})$$

共模抑制比在应用中是一个很重要的参数，理想运放对输入的共模信号其输出为零，但在实际的集成运放中，其输出不可能没有共模信号的成分，输出端共模信号愈小，说明电路对称性愈好，也就是说运放对共模干扰信号的抑制能力愈强，即 $CMRR$ 愈大。$CMRR$ 的测试电路如图 6-5-5 所示。

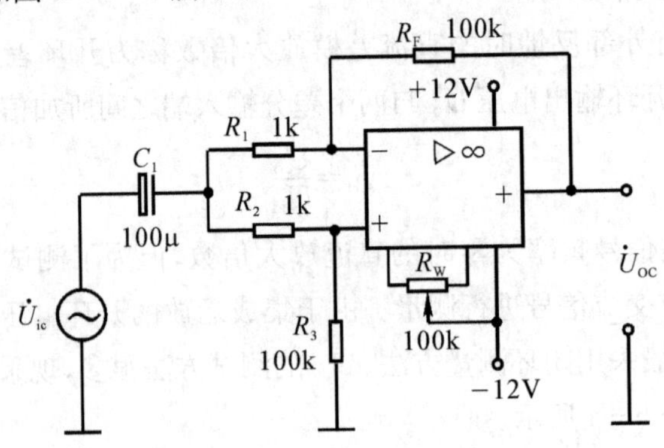

图 6-5-5 CMRR 测试电路

集成运放工作在闭环状态下的差模电压放大倍数为

$$A_d=\frac{R_F}{R_1}$$

当接入共模输入信号 U_{ic} 时，测得 U_{oc}，则共模电压放大倍数为

$$A_c=\frac{U_{oc}}{U_{ic}}$$

得其共模抑制比

$$CMRR=\left|\frac{A_d}{A_c}\right|=\frac{R_F}{R_1}\frac{U_{ic}}{U_{oc}}$$

测试中应注意：

①消振与调零。

②R_1 与 R_2、R_3 与 R_F 之间阻值严格对称。

③输入信号 U_{ic} 幅度必须小于集成运放的最大共模输入电压范围 U_{icm}。

(5) 共模输入电压范围 U_{icm}

集成运放所能承受的最大共模电压称为共模输入电压范围，超出这个范围，运放的 $CMRR$ 会大大下降，输出波形产生失真，有些运放还会出现“自锁”现象以及永久性的损坏。

U_{icm} 的测试电路如图 6-5-6 所示。

被测运放接成电压跟随器形式，输出端接示波器，观察最大不失真输出波形，从而确

定 U_{icm} 值。

（6）输出电压最大动态范围 U_{opp}

集成运放的动态范围与电源电压、外接负载及信号源频率有关。测试电路如图 6-5-7 所示。

改变 u_S 的幅度，观察 U_o 削顶失真开始时刻，从而确定 U_o 的不失真范围，这就是运放在某一定电源电压下可能输出的电压峰峰值 U_{opp}。

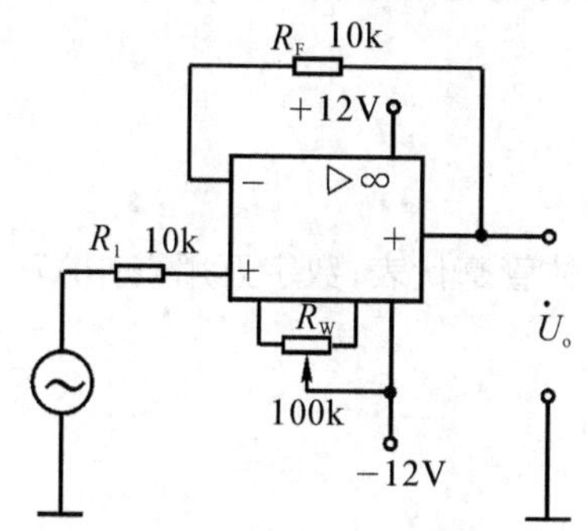

图 6-5-6　U_{icm} 测试电路

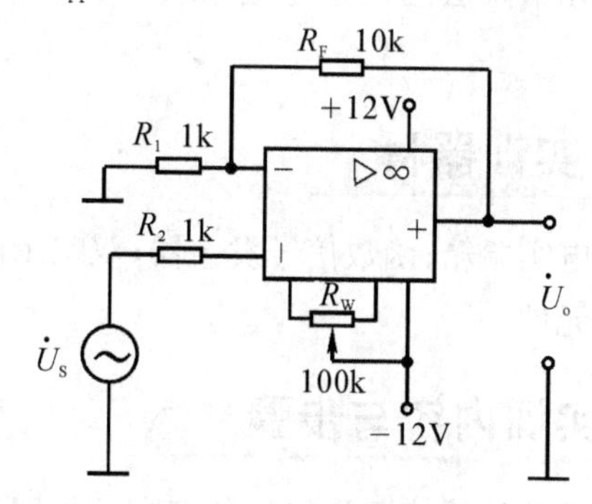

图 6-5-7　U_{opp} 测试电路

2. 集成运放在使用时应考虑的一些问题

（1）输入信号选用交、直流量均可，但在选取信号的频率和幅度时，应考虑运放的频响特性和输出幅度的限制。

（2）调零。为提高运算精度，在运算前，应首先对直流输出电位进行调零，即保证输入为零时，输出也为零。当运放有外接调零端子时，可按组件要求接入调零电位器 R_W，调零时，将输入端接地，调零端接入电位器 R_W，用直流电压表测量输出电压 U_o，细心调节 R_W，使 U_o 为零（即失调电压为零）。如运放没有调零端子，若要调零，可按图 6-5-8 所示电路进行调零。

一个运放如不能调零，大致有如下原因：① 组件正常，接线有错误。② 组件正常，但负反馈不够强（R_F/R_1 太大），为此可将 R_F 短路，观察是否能调零。③ 组件正常，但由于它所允许的共模输入电压太低，可能出现自锁现象，因而不能调零。为此可将电源断开后，再重新接通，如能恢复正常，则属于这种情况。④组件正常，但电路有自激现象，应进行消振。⑤组件内部损坏，应更换好的集成块。

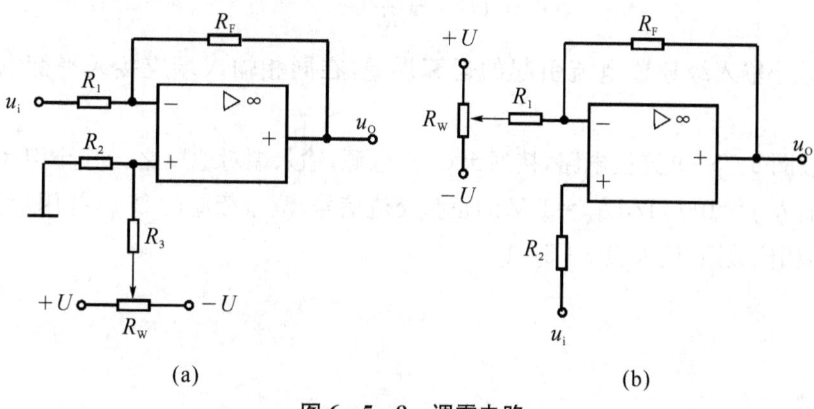

图 6-5-8　调零电路

(3) 消振。一个集成运放自激时，表现为即使输入信号为零，亦会有输出，使各种运算功能无法实现，严重时还会损坏器件。在实验中，可用示波器监视输出波形。为消除运放的自激，常采用如下措施：

①若运放有相位补偿端子，可利用外接 RC 补偿电路，产品手册中有补偿电路及元件参数提供。②电路布线、元器件布局应尽量减少分布电容。③在正、负电源进线与地之间接上几十微法的电解电容和 0.01～0.1 μF 的陶瓷电容相并联以减小电源引线的影响。

实训器材

模电实验箱；函数信号发生器；双踪示波器；晶体管毫伏表；数字万用表；μA741、电阻电容等元件。

实训内容与步骤

实验前要看清运放组件各管脚的位置；切忌正、负电源极性接反和输出端短路，否则将会损坏集成块。

1. 反相比例运算电路

电路如图 6-5-9 所示。

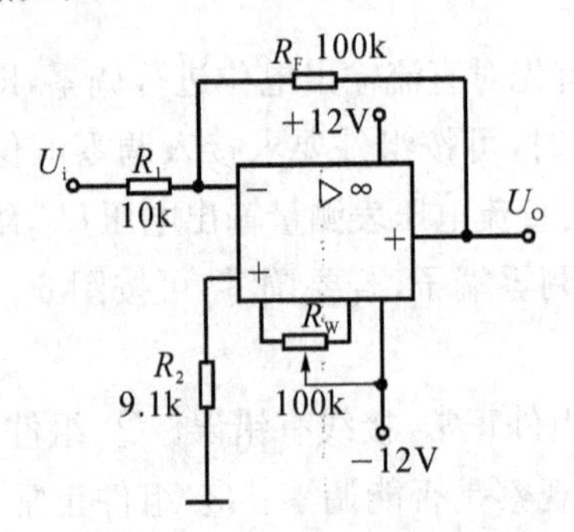

图 6-5-9　反相比例运算电路

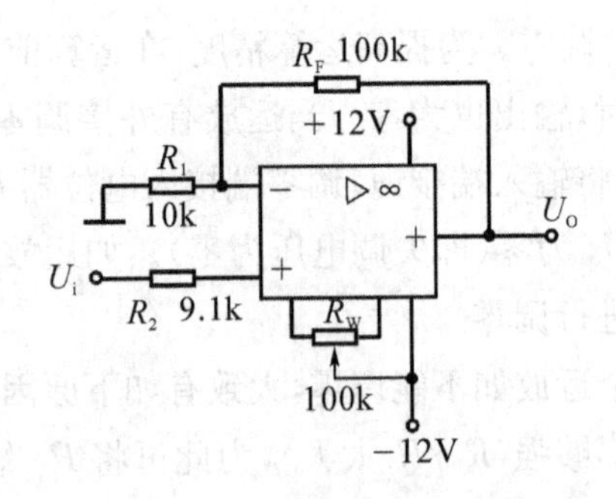

图 6-5-10　同相比例运算电路

对于理想运放，该电路的输出电压与输入电压之间的关系为：

$$U_o = -\frac{R_F}{R_1} U_i$$

为了减小输入级偏置电流引起的运算误差，在同相输入端应接入平衡电阻 $R_2 = R_1 // R_F$。

(1) 按图 6-5-9 连接电路，接通 ±12 V 电源，输入端对地短路，进行调零和消振。

(2) 输入 $f=100$ Hz，$U_{ipp}=1$ V 的正弦交流信号，测量相应的 U_{opp}，并用示波器观察 u_o 和 u_i 的相位关系，记入表 6-5-1。

表 6-5-1

U_{ipp}(V)	U_{opp}(V)	u_i 波形	U_o 波形	A_u	
				实测值	计算值

2. 同相比例运算电路

图 6-5-10 是同相比例运算电路，它的输出电压与输入电压之间的关系为：

$$U_o=\left(1+\frac{R_F}{R_1}\right)U_i$$

其中，$R_2=R_1//R_F$

按图 6-5-10 连接实验电路。实验步骤同内容 1，将结果记入表 6-5-2。

表 6-5-2

U_{ipp}(V)	U_{opp}(V)	u_i 波形	U_o 波形	A_V	
				实测值	计算值

3. 反相加法电路

图 6-5-11 是反相加法电路，它的输出电压与输入电压之间的关系为

$$U_o=-\left(\frac{R_F}{R_1}U_{i1}+\frac{R_F}{R_2}U_{i2}\right)$$

其中　$R''=R_1//R_2//R_F$

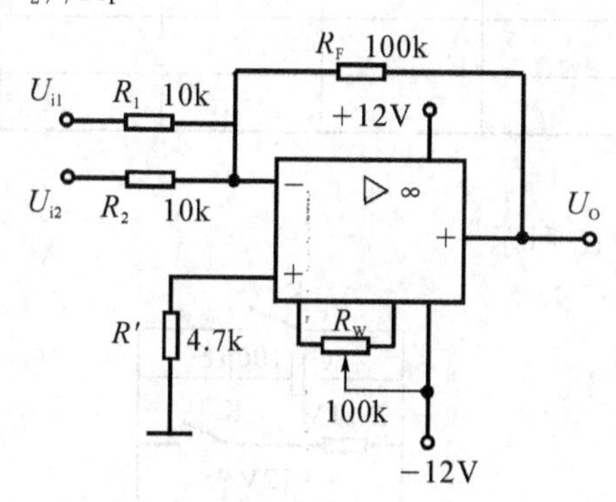

图 6-5-11　反相加法电路

实训步骤：

(1) 按图 6-5-11 连接实验电路，调零和消振。

(2) 采用直流输入信号，测量相应的 U_o，并用示波器观察 U_o 和 u_i 的相位关系，记入表 6-5-3。

表 6-5-3

U_{i1}(V)						
U_{i2}(V)						
U_o(V)						

4. 减法电路

图 6-5-12 为减法运算电路。$U_o=\frac{R_F}{R_1}(U_{i2}-U_{i1})$

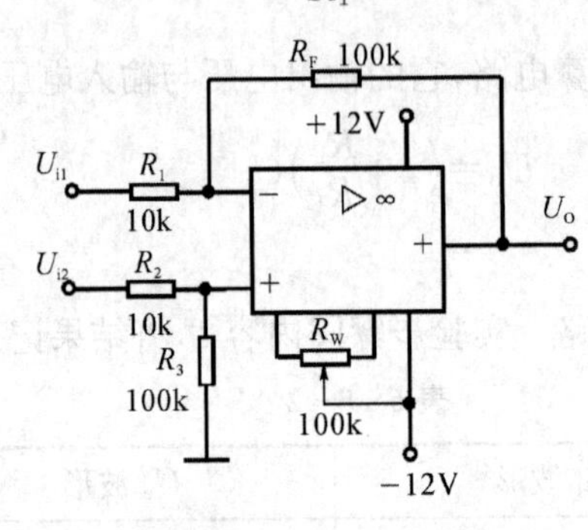

图 6-5-12 减法运算电路

为消除运放输入偏置电流的影响,要求 $R_1=R_2$、$R_F=R_3$。

实训步骤:

(1) 按图 6-5-12 连接实验电路,调零和消振。

(2) 采用直流输入信号,测量相应的 U_o,并用示波器观察 U_o 和 U_i 的相位关系,记入表 6-5-4。

表 6-5-4

U_{i1}(V)						
U_{i2}(V)						
U_o(V)						

5. 积分电路

积分电路如图 6-5-13 所示。

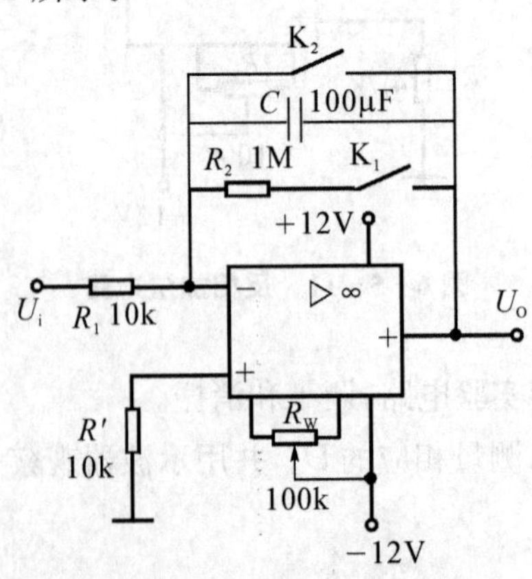

图 6-5-13 积分电路

实验步骤：

(1) 先检查零输出，将电容 C 放电。

在进行积分运算之前，将图中 K_1 闭合，进行运放零输出检查。完成后，将 K_1 打开，以免因 R_2 的接入而造成积分误差。

K_2 的设置一方面为积分电容放电提供通路，将其闭合即可实现积分电容初始电压 $V_{C(0)}=0$。另一方面，可控制积分起始点，即在加入信号 V_s 后，只要 K_2 一打开，电容就将被恒流充电，电路也就开始进行积分运算。

(2) 将示波器按钮置于适当位置：将光点移至屏幕左上角作为坐标原点；Y 轴输入耦合选用“DC”；触发方式采用“NORM”。

(3) 加入输入信号(直流或方波)，$U_i=-0.5$V，然后将 K_2 打开，用示波器观察输出随时间变化的轨迹，将输入信号参数和示波器观察到的输出波形记入表 6-5-5。

表 6-5-5

U_i 波形	U_o 波形
t	t
t	t

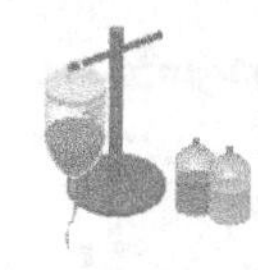

实训注意事项

实验时切忌将正、负电源极性接反、切忌将输出端短路，否则将会损坏集成块。信号输入时先按实验所给的值调好信号源再加入运放输入端，另外做实验前须先对运放调零。

图 6-5-13 积分电路中的电容 C 是有极性的电解电容，当 U_i 为负值时，U_o 为正值，电容 C 的正极应接至输出端；如 U_i 为正值时，则接法相反。

思考题

1. 如何识别 μA741 的几个管脚？
2. 如何用双踪示波器观察直流信号的相位？
3. 在积分电路实验前，将图 6-5-13 中 K_1 闭合的目的是什么？

实训六　OTL 功率放大电路测试

实训目标

1. 知识目标

(1) 了解 OTL 功率放大器静态工作点的调试方法。

(2) 掌握功放电路性能指标的测试方法。

(3) 观察自举电容的作用。

2. 技能目标

学会 OTL 电路的调试及主要性能指标的测试方法。

实训原理

图 6-6-1 为 OTL 功率放大器电路原理图。

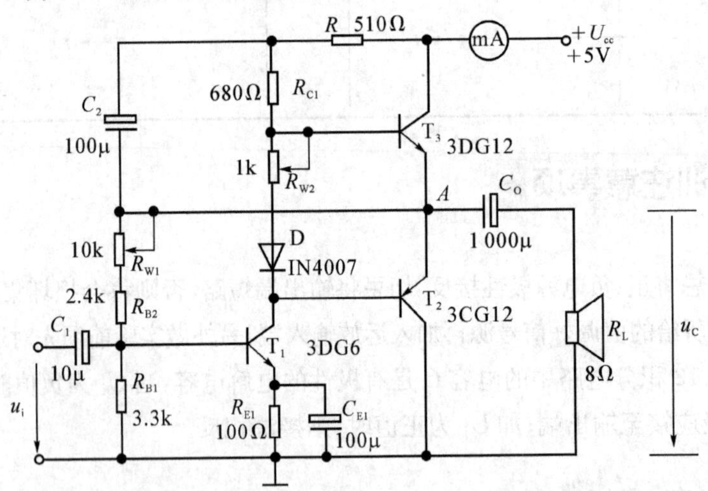

图 6-6-1　OTL 功率放大器电路原理图

OTL 电路的主要性能指标有：

1. 最大不失真输出功率 P_{om}

理想情况下，$P_{om}=U_{cc}^2/8R_L$，在实验中可通过测量 R_L 两端的电压有效值，来求得实际的 $P_{om}=U_o^2/R_L$。

2. 效率 η

$\eta=P_{om}/P_E\times100\%$

其中，P_E 为直流电源供给的平均功率。

理想情况下，效率 $\eta_{max}=78.5\%$。在实验中，可测量电源供给的平均电流 I_{dc}，从而求得 $P_E=U_{CC}I_{dc}$，负载上的交流功率已用上述方法求出，因而也就可以计算实际效率了。

3. 频率响应

详见实验一有关部分内容。

4. 输入灵敏度

输入灵敏度是指输出最大不失真功率时，输入信号 U_i 之值。

实训器材

模电实验箱；函数信号发生器；双踪示波器直流毫安表；晶体三极管：3DG6×1(9100×1)、3DG12×1(9031×1)、3CG12×1(9012×1)；晶体二极管 2CP×1；8 Ω 喇叭×1；电阻器、电容器若干。

实训内容与步骤

图 6-6-2 所示为低频 OTL 功率放大器电路模块。在整个测试过程中，电路不应有自激现象。

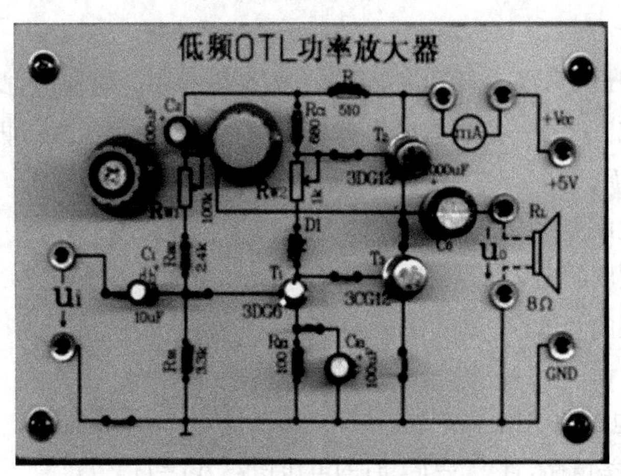

图 6-6-2　低频 OTL 功率放大器电路模块

1. 按图 6-6-1 连接实验电路，将输入信号旋钮旋至零($u_i=0$)，电源进线中串入直流毫安表，电位器 R_{W2} 置为最小值，R_{W1} 置中间位置。

接通＋5V 电源，观察毫安表指示，同时用手触摸输出级管子，若电流过大，或管子温升显著，应立即断开电源检查原因(如 R_{W2} 开路，电路自激，或管子性能不好等)。

如无异常现象，可开始调试。

(1) 调节输出端中点电位 U_A

调节电位器 R_{W1}，用直流电压表测量 A 点电位，使 $U_A=1/2U_{CC}$。

(2) 调整输出极静态电流用来测试各级静态工作点

调节 R_{W2}，使 T_2、T_3 管的 $I_{C2}=I_{C3}=4\sim10$ mA。

调整输出级静态电流的另一方法是动态调试法。先使 $R_{W2}=0$，在输入端接入 $f=1$ kHz的正弦信号 u_i。逐渐加大输入信号的幅值，此时，输出波形应出现较严重的交越失真(注意:没有饱和失真和截止失真)，然后缓慢增大 R_{W2}，当交越失真刚好消失时，停止调节 R_{W2}。恢复 $U_i=0$，此时直流毫安表计数即为输出级静态电流。一般数值也应在 4～10 mA，如过大，则要检查电路。

输出级电流调好以后，测量各级静态工作点，记入表 6-6-1。

注意：

①在调整 R_{W2} 时，一是要注意旋转方向，不要调得过大，更不能开路，以免损坏输出管。

②输出管静态电流调好，如无特殊情况，不得随意旋动 R_{W2} 的位置。

2. 最大输出功率 P_{om} 和效率 η 的测试

(1) 测量 P_{om}

输入端接 $F=1$ kHz 的正弦信号 U_i，输出端用示波器观察输出电压 U_o 的波形。逐渐增大 U_i，使输出电压达到最大不失真输出，用示波器测出负载 R_L 上的电压 U_{om}，则

$$P_{om}=U_{om}^2/R_L$$

(2) 测量 η

当输出电压为最大不失真输出时，读出直流毫安表中的电流值，此电流即为直流电源供给的平均电流 I_{dc}(有一定误差)，由此可近似求得 $P_E=U_{CC}I_{CC}$，再根据上面测得的 P_{om}，即可求出 $\eta=P_{om}/P_E$。

*3. 输入灵敏度测试

根据输入灵敏度的定义，只要测出功率 $P_o=P_{om}$ 时的输入电压值 U_i 即可。

*4. 频率响应的测试

测试方法同实训一。(略)

5. 研究自举电路的作用

(1) 测量有自举电路，且 $P_o=P_{om}$ 时的电压增益 $A_V=U_{om}/U_i$。

(2) 将 C_2 开路，R 短路(无自举)，再测量 $P_o=P_{om}$ 的 A_V。

用示波器观察(1)、(2)两种情况下的输出电压波形，并将以上两项测量结果进行比较，分析研究自举电路的作用。

*6. 试听

输入信号改为收音机输出，输出端接扬声器及示波器。开机试听，并观察语言和音乐信号的输出波形。

7. 整理实验数据，计算静态工作点、最大不失真输出功率 P_{om}、效率 η 等，并与理论值进行比较。

表 6-6-1　$I_{C2}=I_{C3}=4\ mA$　$U_A=2.5\ V$

	T_1	T_2	T_3
U_B(V)			
U_C(V)			
U_E(V)			

$$P_{om}=U_{om}^2/R_L$$

$$\eta=P_{om}/P_E\times100\%$$

实训注意事项

1. 在整个测试过程中，电路不应有自激现象。

2. 功率放大电路工作在大信号状态，当输出级管子温升显著时应立即断开电源检查原因。

思考题

1. 分析自举电路的作用。

2. 讨论实验中发生的问题及解决办法。

实训七　直流稳压电源调试

实训目标

1. 知识目标

(1) 研究单相桥式整流、电容滤波电路的特性。

(2) 研究加深理解稳压电源中各元件的作用。

2. 技能目标

(1) 掌握串联型集成稳压器应用方法。

(2) 学会用示波器观察纹波的方法。

实训原理

电子设备一般都需要直流电源供电。这些直流电除了少数直接利用干电池和直流发电机外，大多数是采用把交流电(市电)转变为直流电的直流稳压电源。

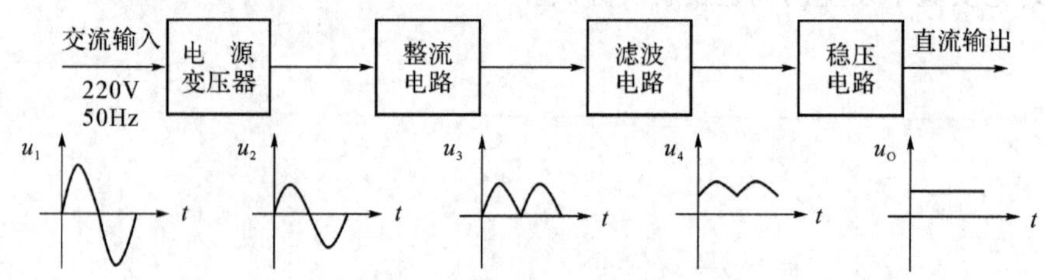

图 6-7-1　直流稳压电源框图

直流稳压电源由电源变压器、整流、滤波和稳压电路四部分组成，其原理框图如图 6-7-1所示。电网供给的交流电压 u_1(220 V,50 Hz) 经电源变压器降压后，得到符合电路需要的交流电压 u_2，然后由整流电路变换成方向不变、大小随时间变化的脉动电压 u_3，再用滤波器滤去其交流分量，就可得到比较平直的直流电压 u_I。但这样的直流输出电压，还会随交流电网电压的波动或负载的变动而变化。在对直流供电要求较高的场合，还需要使用稳压电路，以保证输出直流电压更加稳定。

实训器材

可调工频电源；模拟电路实验箱；双踪示波器交流毫伏表；直流电压表；交流毫安表；三端稳压器 W7812；桥堆 2WO6(或 KBP306)；电阻器、电容器若干。

实训内容与步骤

1. 整流滤波电路测试

按图 6－7－2 连接实验电路。取可调工频电源电压为 16 V，作为整流电路输入电压 u_2。

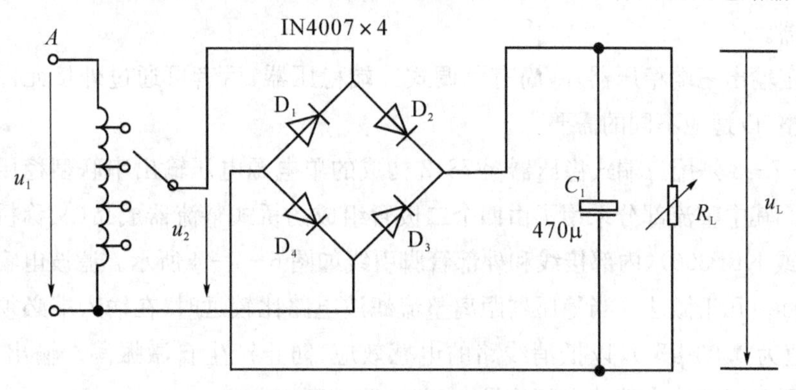

图 6－7－2　整流滤波电路

(1) 取 $R_L=240\ \Omega$，不加滤波电容，测量直流输出电压及纹波电压 U_L，并用示波器观察 u_2 和 u_L 的波形，记入表 6－7－1 。

(2) 取 $R_L=240\ \Omega$，$C=470\ \mu F$，重复内容(1)的要求，记入表 6－7－1。

表 6－7－1　$U_2=16$ V

电路形式		U_L(V)	$\widetilde{U}_L$(V)	u_L 波形
$R_L=240\ \Omega$	～			u_L t
$R_L=240\ \Omega$ $C=470\ \mu F$	～			u_L t

(3) 改变 R_L 或 C 的大小，观察对输出电压的影响。

注意：每次改接电路时，必须切断工频电源。

2. 串联型集成稳压电源性能测试

本实验所用集成稳压器为三端固定正稳压器 W7812，它的主要参数有：输出直流电压 $U_o=+12$ V，输出电流 L：0.1 A，M：0.5 A，电压调整率 10 mV/V，输出电阻 $R_o=0.15\ \Omega$，输入电压 U_i 的范围 15～17 V 。因为一般 U_I 要比 U_o 大 3～5 V ，才能保证集成稳压器工作在线性区。

W7800、W7900 系列三端式集成稳压器的输出电压是固定的，在使用中不能进行调整。W7800 系列三端式稳压器输出正极性电压，一般有 5 V、6 V、9 V、12 V、15 V、18 V、24 V 七个挡位，输出电流最大可达 1.5 A(加散热片)。同类型 78M 系列稳压器的输出电流为 0.5 A，78L 系列稳压器的输出电流为 0.1 A。若要求负极性输出电压，则可选用 W7900 系列稳压器。

除固定输出三端稳压器外，尚有可调式三端稳压器，后者可通过外接元件对输出电压进行调整，以适应不同的需要。

图 6-7-3 是用三端式稳压器 W7812 构成的单电源电压输出串联型稳压电源的实验电路图。其中整流部分采用了由四个二极管组成的桥式整流器成品(又称桥堆)，型号为 2W06(或 KBP306)，内部接线和外部管脚引线如图 6-7-4 所示。滤波电容 C_1、C_2 一般选取几百～几千微法。当稳压器距离整流滤波电路比较远时，在输入端必须接入电容器 C_3(数值为 0.33 μF)，以抵消线路的电感效应，防止产生自激振荡。输出端电容 C_4(0.1 μF)用以滤除输出端的高频信号，改善电路的暂态响应。

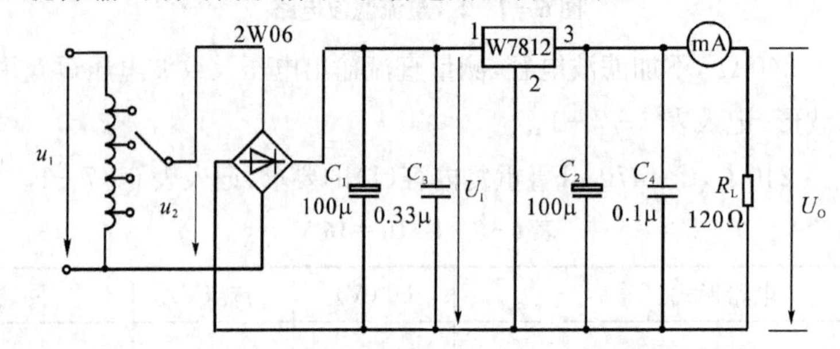

图 6-7-3　由 W7812 构成的串联型稳压电源

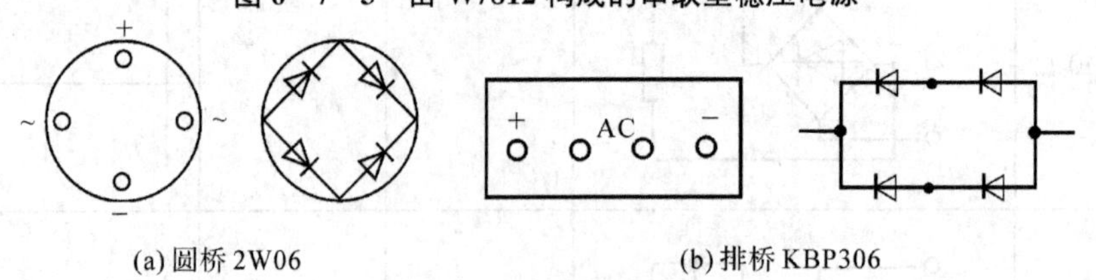

(a) 圆桥 2W06　　(b) 排桥 KBP306

图 6-7-4　桥堆管脚图

实训步骤：

1. 按图 6-7-3 连接实验电路。取可调工频电源电压作为整流电路输入电压 u_2。
2. 测量输出直流电压值、输出纹波电压，记入表 6-7-2。

表 6-7-2　U_2=____ V

U_L(V)	$\widetilde{U}_L$(V)	u_L 波形

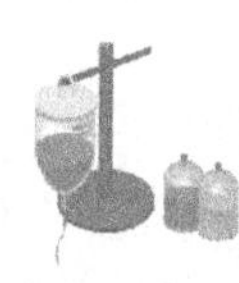

实训注意事项

1. 每次改接电路时，必须切断工频电源。
2. 电路连接时，注意电容、桥堆、集成稳压块的正确接法。

思考题

1. 如何用数字万用表检测桥堆质量的优劣？
2. 如何识别 CW7812 的引脚？
3. CW7812 的输入信号与输出信号满足什么关系才能保证集成稳压器工作在线性区？

（李小红）

项目七 数字电路实训

实训一 TTL 集成逻辑门的逻辑功能与参数测试

实训目标

1. 掌握 TTL 集成与非门的逻辑功能和主要参数的测试方法。
2. 掌握 TTL 器件的使用规则。
3. 进一步熟悉数字电路实验装置的结构、基本功能和使用方法。
4. 学会测量 TTL 集成逻辑门的主要参数。
5. 熟悉数字电路实验装置的结构、基本功能和使用方法。

实训原理

本实验采用四输入双与非门 74LS20，即在一块集成块内含有两个互相独立的与非门，每个与非门有四个输入端。其逻辑框图、符号及引脚排列如图 7-1-1(a)、(b)、(c)所示。

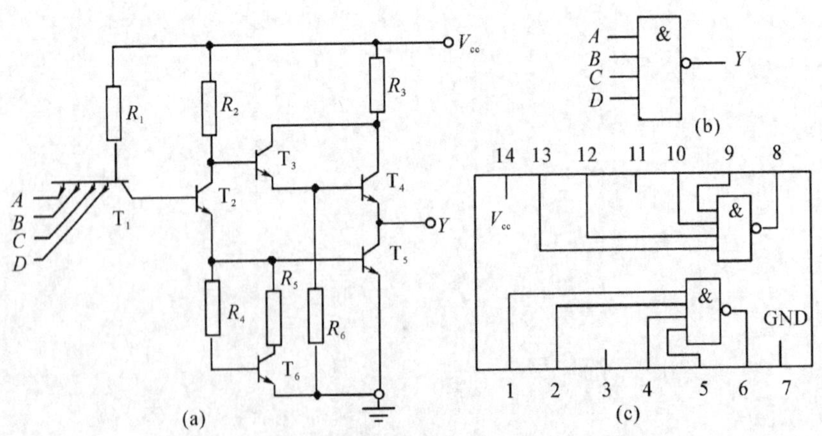

图 7-1-1 74LS20 逻辑框图、逻辑符号及引脚排列

1. 与非门的逻辑功能

与非门的逻辑功能是：当输入段中有一个或一个以上是低电平时，输入端为高电平；只有当输入端全部为高电平时，输出端才是低电平(即有“0”得“1”，全“1”得“0”)。

其逻辑表达式为 $Y=\overline{AB\cdots\cdots}$

2. TTL与非门的主要参数

(1) 低电平输出电源电流和高电平输出电源电流

与非门处于不同的工作状态，电源提供的电流是不同的，I_{ccl}是指所有输入端悬空，输出端空载，是电源提供器件的电流。I_{cck}是指输出端空载，每个门各有一个以上的输入端接地，其余输入端悬空，电源提供器件的电流。通常 $I_{ccl}>I_{cck}$，它们的大小标志着器件静态功耗的大小。器件的最大功耗为 $P_{ccl}=V_{cc}I_{ccl}$。手册中提供的电源电流和功耗值是指整个器件总的电源电流和总的功耗。I_{ccl}和 I_{cck}的测试电路如图 7-1-2(a)、(b)所示。

(注意)TTL电路对电源电压要求较严，电源电压 V_{cc}只允许在+5 V±10%的范围工作，超过5.5 V将损坏器件；低于4.5 V器件的逻辑功能将不正常。

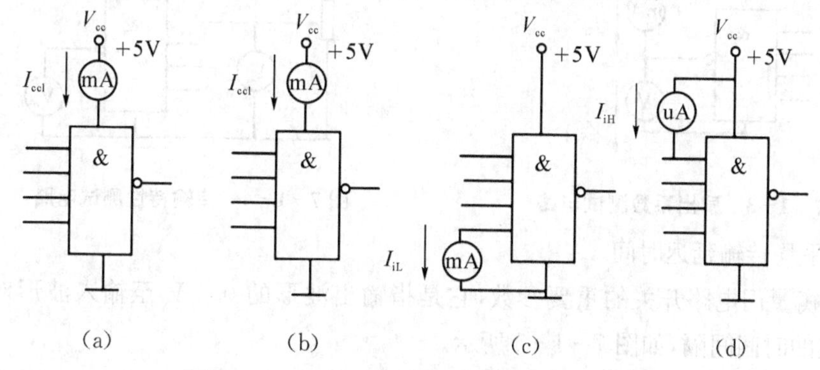

图 7-1-2 TTL与非门静态参数测试电路图

(2) 低电平输入电流 I_{iL}和高电平输入电流 I_{iH}

I_{iL}是指被测输入端接地，其余输入端悬空，输出端空载时，由被测输入端流出的电流。在多级门电路中，I_{iL}相当于前级门输出低电平时，后级向前级门灌入的电流，因此它关系到前级门的灌电流负载能力，即直接影响前级门电路带负载的个数，因此希望 I_{iL}小一些。

I_{iH}是指被测输入端接高电平，其余输入端接地，输出端空载时，流入被测输入端的电流值。在多级门电路中，它相当于前级门的拉电流负载能力，因此希望 I_{iH}小一些。由于 I_{iH}较小，难以测量，一般免于测试。

I_{iL}与 I_{iH}的测试电路如图 7-1-2(c)、(d)所示。

(3) 扇出系数

扇出系数 N_o是指门电路能驱动同类门的个数，它是衡量门电路负载能力的一个参数，TTL与非门有两种不同性质的负载，即灌电流负载和拉电流负载。因此有两种扇出系数，即低电平扇出系数 N_{oL}和高电平扇出系数 N_{oH}。通常 $I_{iH}<I_{iL}$，则 $N_{oH}>N_{oL}$，故常以 N_{oL}作为门的扇出系数。

N_{oL}的测试电路如图 7-1-3 所示，门的输入端全部悬空，输出端接灌电流负载 R_1，调节 R_1 使 I_{oL}增大，V_{oL}随之增高，当 V_{oL}达到 I_{iLm}（手册中规定低电平规范值 0.4 V）时的 I_{oL}就是允许灌入的最大负载电流，则

$$N_{oL}=\frac{I_{oL}}{I_{iL}} \quad \text{通常 } N_{oL}\geqslant 8$$

（4）电压传输特性

门的输出电压 V_o 随输入电压 V_i 而变化的曲线 $V_o=f(V_i)$ 称为门的电压传输特性曲线，通过它可读得门电路的一些重要参数，如输出高电平 V_{oH}、输出低电平 V_{oL}、关门电平 V_{off}、开门电平 V_{on}、阈值电平 V_i 及干扰容限 V_{si}、V_{sh} 等值。测试电路如图 7-1-4 所示，采用逐点测试法，即调节 R_w，逐点测得 V_i 及 V_o，然后绘成曲线。

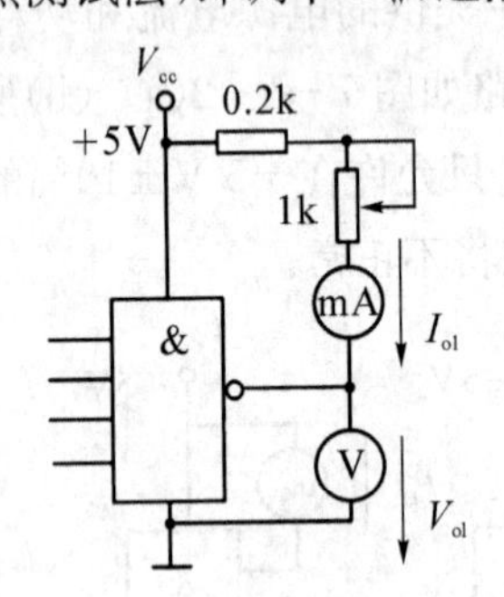

图 7-1-3 扇出系数测试电路

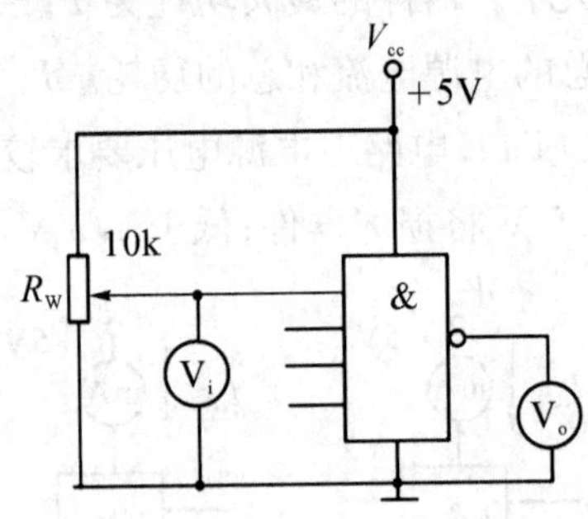

图 7-1-4 传输特性测试电路

（5）平均传输延迟时间

t_{pd}是衡量门电路开关的重要参数，它是指输出波形的 0.5 V 至输入波形对应边缘 0.5 V_o 点的时间间隔，如图 7-1-5 所示。

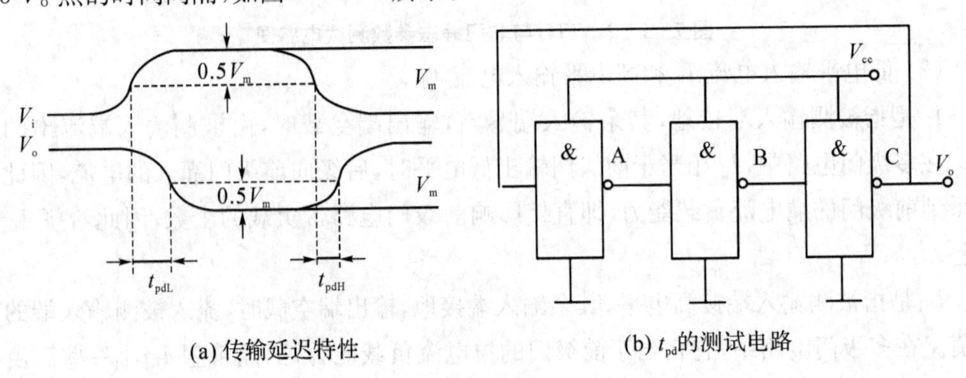

(a) 传输延迟特性

(b) t_{pd}的测试电路

图 7-1-5

图 7-1-5(a)中的 t_{pdL}为导通延迟时间，t_{pdH}为截止延迟时间，平均传输延迟时间为

$$t_{pd}=(t_{pdL}+t_{pdH})/2$$

t_{pd}的测试电路如图 7-1-5(b)所示，由于 TTL 门电路延迟时间较小，直接测量时对信号发生器和示波器的要求较高，故实验采用测量由奇数个与非门组成的环形振荡器的振荡周期 T 来求得。其工作原理是：假设电路在接通电源后某一瞬间，电路的 A 点为逻

辑“1”，经过三级的延迟后，使A点由原来的逻辑“1”变为逻辑“0”；再经过三级门的延迟后，A点电平又重新回到逻辑“1”。电路中其他各点电平也跟随变化。说明使A点发生一个周期的振荡，必须经过6级门的延迟时间。因此平均延迟时间为 $t_{pd}=T/6$

TTL电路的 t_{pd} 一般在10 ns～40 ns之间。

74LS20主要电参数如表7-1-1所示。

表7-1-1　74LS20的主要电参数

参数名称和符号			规范值	单位	测试条件
直流参数	通导电源电流	I_{ccL}	<14	mA	$V_{cc}=5$ V，输入端悬空，输出端空载
	截止电源电流	I_{ccH}	<7	mA	$V_{cc}=5$ V，输入端接地，输出端空载
	低电平输入电流	I_{iL}	≤1.4	mA	$V_{cc}=5$ V，被测输入端接地，其他输入端悬空，输出端空载
	高电平输入电流	I_{iH}	<50	μA	$V_{cc}=5$ V，被测输入端 $V_{iH}=2.4$ V，其他输入端接地，输出端空载
			<1	mA	$V_{cc}=5$ V，被测输入端 $V_{iH}=5$ V，其他输入端接地，输出端空载
	输出高电平	V_{oH}	≥3.4	V	$V_{cc}=5$ V，被测输入端 $V_{iH}=0.8$ V，其他输入端空载，$I_{oH}=400$ μA
	输出低电平	V_{oL}	<0.3	V	$V_{cc}=5$ V，输入端 $V_{iH}=2.0$ V，$I_{oL}=12.8$ mA
	扇出系数	N_o	4～8	V	同 V_{cc} 和 V_{cL}
交流参数	平均传通延迟时间	t_{pd}	≤20	ns	$V_{cc}=5$ V，被测输入端输入信号 $V_o=3.0$ V，$f=2$ MHz

实训器材

+5V直流电源；逻辑电平开关；逻辑电平显示器；直流数字电压表；自流毫安表；微安表；74LS00×2；1 k、10 k电位器；200 Ω电阻器(0.5 W)。

实训内容与步骤

在合适的位置选取一个14P插座，按定位标记插好74LS20集成块。

1. 验证TTL集成与非门74LS20的逻辑功能

按图7-1-6接线，门的四个输入端接逻辑开关输出插口，以提供“0”与“1”电平信号，开关向上，输出逻辑“1”，向下为逻辑“0”。门的输出端接由LED发光二极管组成的逻辑电平显示器(又称0—1指示器)的显示插口，LED亮为逻辑“1”，不亮为逻辑“0”。按表7-1-2的真值表逐个测试集成块中两个与非门的逻辑功能。74LS20有4个输入端，有16个最小项，在实验测试时，只要通过对输入1111.0111.1011.1101.1110五项进行检测就可以判断其逻辑功能是否正常。

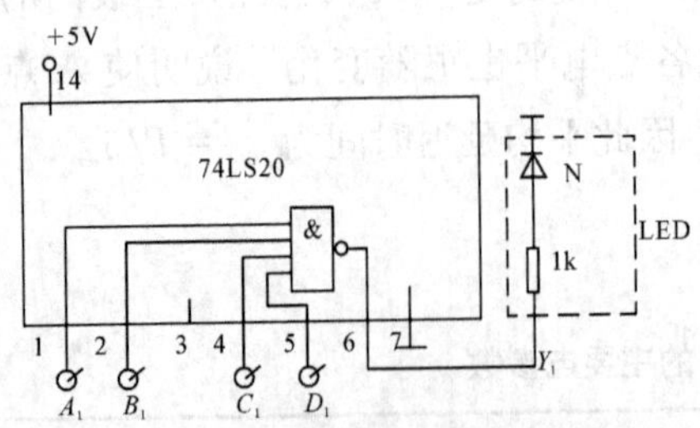

图 7-1-6　与非门逻辑功能测试电路

表 7-1-2

输入	A_n	0	0	0	0	0	……	1
	E_n	0	0	0	0	1	……	1
	C_n	0	0	1	1	0	……	1
	D_n	0	1	0	1	0	……	1
输出	Y_1						……	
	Y_2						……	

2. 74LS20 主要参数的测试

(1) 分别按图 7-1-6 接线并进行测试，将测试结果记录在表 7-1-3 中。

表 7-1-3

I_{ccL}(mA)	I_{ccH}(mA)	I_{iL}(mA)	I_{oL}(mA)	$N_o=I_{oL}/I_{iL}$	$t_{pd}=T/6$

(2) 按图 7-1-4 接线，调节电位器 R_w 使 V_i 从 0V 向高电平变化，逐点测量 V_i 和 V_o 的对应值，记入表 7-1-4 中。

表 7-1-4

V_i(V)	0	0.2	0.4	0.6	0.8	1.0	1.5	2.0	2.5	3.0	3.5	4.0	……
V_o(V)													

3. 实训记录与结果

(1) 记录，整理实验结果并进行分析。

(2) 画实验的电压传输特性曲线，并从中读出各有关参数值。

实训注意事项

1. 接插集成块时，要认清定位标记，不得插反。

2. 电源电压使用范围为+4.5～+5.5 V，实验中要求 V_{cc}=+5 V。电源极性绝对不允许接错。

3. 闲置输入端的处理方法

(1) 悬空，相当于正逻辑“1”，对于一般小规模集成电路的数据输入端，实验时允许悬空处理。但易受外界干扰，导致电路的逻辑功能不正常。因此，对于接有长线的输入端，中规模以上的集成电路和使用集成电路较多的复杂电路，所有控制输入端必须按逻辑要求接入电路，不允许悬空。

(2) 直接接电源电压 V_{cc}（也可以串入一只 1～10 kΩ 的固定电阻）或接至某一固定电压（+2.4≤V≤+4.5）的电源上，或与输入为接地的多余与非门的输出端相接。

(3) 若前级驱动能力允许，可以与使用的输入端并联。

（余会娟）

实训二　组合逻辑电路的设计与测试

实训目标

1. 掌握组合逻辑电路的设计与测试方法。
2. 学会组合逻辑电路的设计与测试方法。

实训原理

1. 组合逻辑电路设计步骤

使用中、小规模集成电路来设计组合电路是最常见的逻辑电路。设计组合电路的一般步骤如图 7-2-1 所示。

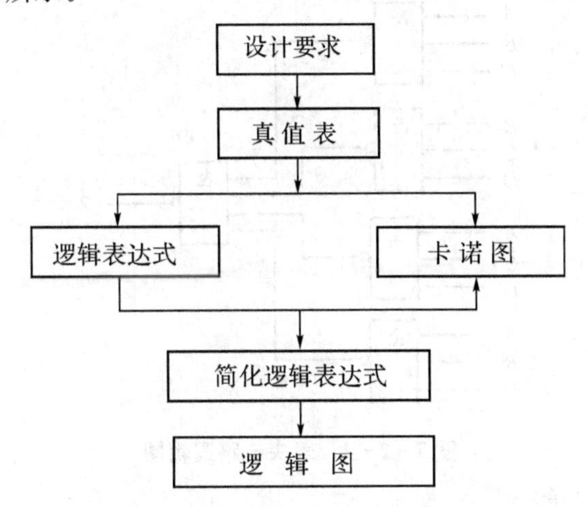

图 7-2-1　组合逻辑电路设计流程图

根据设计任务的要求建立输入、输出变量，并列出真值表。然后用逻辑代数或卡诺图化简法求出简化的逻辑表达式。并按实际选用逻辑门的类型修改逻辑表达式。根据简化后的逻辑表达式，画出逻辑图，用标准器件构成逻辑电路。最后，用实验来验证设计的正确性。

2. 组合逻辑电路设计举例

用“与非”门设计一个表决电路。当四个输入端中有三个或四个为“1”时，输出端才为“1”。

设计步骤：根据题意列出真值表如表 7-2-1 所示，再填入卡诺图表 7-2-2 中。

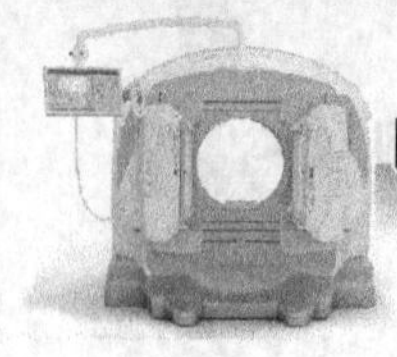

表 7-2-1

D	0	0	0	0	0	0	0	0	1	1	1	1	1	1	1	1
A	0	0	0	0	1	1	1	1	0	0	0	0	1	1	1	1
B	0	0	1	1	0	0	1	1	0	0	1	1	0	0	1	1
C	0	1	0	1	0	1	0	1	0	1	0	1	0	1	0	1
E	0	0	0	0	0	0	0	1	0	0	0	1	0	1	1	1

表 7-2-2

DA \ BC	00	01	11	10
00				
01			1	
11		1	1	1
10			1	

由卡诺图得出逻辑表达式，并演化成“与非”的形式

$$Z=ABC+BCD+ACD+ABD=\overline{\overline{ABC}\cdot\ \overline{BCD}\cdot\ \overline{ACD}\cdot\ \overline{ABC}}$$

根据逻辑表达式画出用“与非门”构成的逻辑电路，如图 7-2-2 所示。

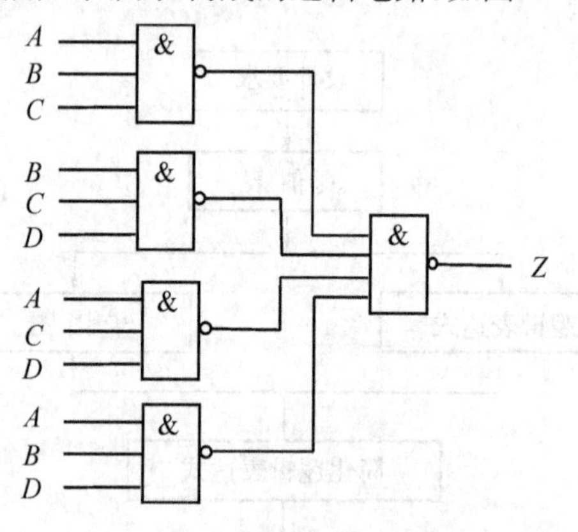

图 7-2-2　表决电路逻辑图

用实验验证逻辑功能。

在实验装置的适当位置选定三个 14P 插座，按照集成块定位标记插好集成块 CC4012。

按图 7-2-2 接线，输入端 A、B、C、D 接至逻辑开关输出插口，输出端 Z 接逻辑电平显示输入插口，按真值表（自拟）要求，逐次改变输入变量，测量相应的输出值，验证逻辑功能，与表 7-2-1 进行比较，验证所设计的逻辑电路是否符合要求。

实训器材

+5V 直流电源；逻辑电平开关；逻辑电平显示器；直流数字电压表；CC4011×2（74LS00）、CC4012×3（74LS20）、CC4030（74LS86）、CC4081（74LS08）、74LS54×2（CC4085）、CC4001（74LS02）。

实训内容与步骤

1. 设计用与非门及用异或门、与门组成的半加器电路。

要求按本文所述的设计步骤进行，直到测试电路逻辑功能符合设计要求为止。

2. 设计一个一位全加器，要求用异或门、与门、或门组成。

3. 设计一位全加器，要求用与或非门实现。

4. 设计一个对两个两位无符号的二进制数进行比较的电路：根据第一个数是否大于、等于、小于第二个数，使相应的三个输出端中的一个输出为“1”，要求用与门、与非门及或非门实现。

5. 实训记录与结果

(1) 列写实验任务的设计过程，画出设计的电路图。

(2) 对所设计的电路进行实验测试，记录测试结果。

(3) 组合电路设计体会。

思考题

1. 根据实验任务要求设计组合电路，并根据所给的标准器件画出逻辑图。

2. 如何用最简单的方法验证“与或非”门的逻辑功能是否完好？

3. “与或非”门中，当某一组与端不用时，应做如何处理？

（余会娟）

实训三　数据选择器及其应用

实训目标

1. 掌握中规模集成数据选择器的逻辑功能及使用方法。
2. 学习用数据选择器构成组合逻辑电路的方法。
3. 学会中规模集成数据选择器的使用方法。
4. 熟悉数据选择器构成组合逻辑电路的方法。

实训原理

数据选择器又叫"多路开关"。数据选择器在地址码(或叫选择控制)电位的控制下，从几个数据输入中选择一个并将其送到一个公共的输出端。数据选择器的功能类似一个多掷开关，如图 7-3-1 所示，图中有四路数据 $D_0 \sim D_3$，通过选择控制信号 A_1、A_0(地址码)从四路数据中选中某一路数据送至输出端 Q。

数据选择器为目前逻辑电路设计中应用十分广泛的逻辑器件，它有二选一、四选一、八选一、十六选一等类别。

数据选择器的电路结构一般由与或门阵列组成，也有用传输门开关和门电路混合而成的。

1. 八选一数据选择器 74LS151

74LS151 为互补输出的八选一数据选择器，引脚排列如图 7-3-2 所示，功能如表 7-3-1。

选择控制端(地址端)为 $A_2 \sim A_0$，按二进制译码，从 8 个输入数据 $D_0 \sim D_7$ 中，选择一个需要的数据送到输出端 Q，$\overline{S}$ 为使能端，低电平有效。

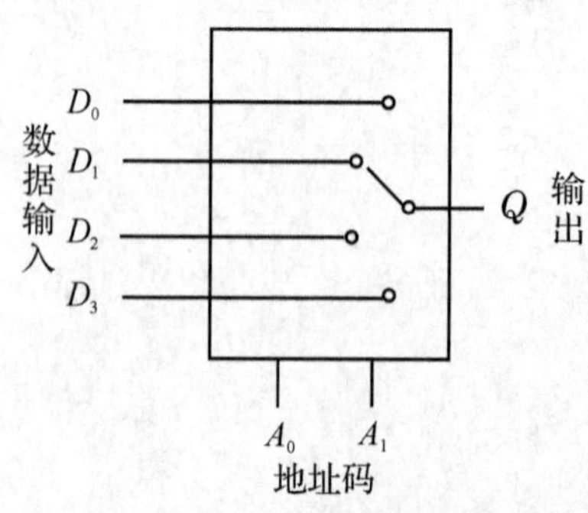

图 7-3-1　四选一数据选择器示意图

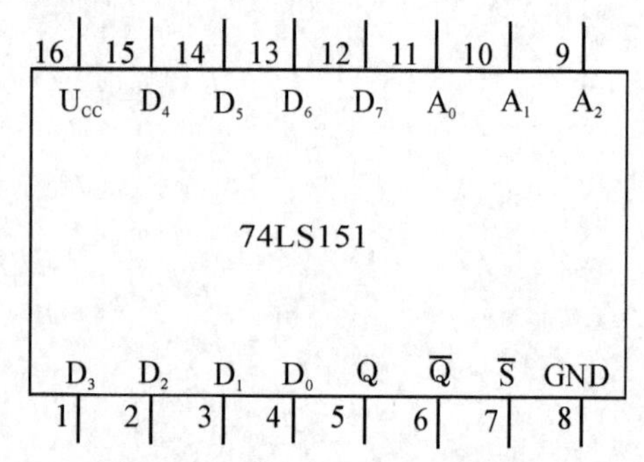

图 7-3-2　74LS151 引脚排列

表 7-3-1

输　入				输　出	
$\overline{S}$	A_2	A_1	A_0	Q	$\overline{Q}$
1	×	×	×	0	1
0	0	0	0	D_0	$\overline{D}_0$
0	0	0	1	D_1	$\overline{D}_1$
0	0	1	0	D_2	$\overline{D}_2$
0	0	1	1	D_3	$\overline{D}_3$
0	1	0	0	D_4	$\overline{D}_4$
0	1	0	1	D_5	$\overline{D}_5$
0	1	1	0	D_6	$\overline{D}_6$
0	1	1	1	D_7	$\overline{D}_7$

使能端$\overline{S}=1$时，不论$A_2\sim A_0$状态如何，均无输出($Q=0,\overline{Q}=1$)，多路开关被禁止。

使能端$\overline{S}=0$时，多路开关正常工作，根据地址码A_2、A_1、A_0的状态选择$D_0\sim D_7$中某一个通道的数据输送到输出端Q。

如：$A_2A_1A_0=000$，则选择D_0数据到输出端，即$Q=D_0$。

$A_2A_1A_0=001$，则选择D_1数据到输出端，即$Q=D_1$，其余类推。

2. 双四选一数据选择器 74LS153

所谓双四选一数据选择器就是在一块集成芯片上有两个四选一数据选择器。引脚排列如图 7-3-3 所示，功能如表 7-3-2 所示。

表 7-3-2

输入			输出
$\overline{S}$	A_1	A_0	Q
1	×	×	0
0	0	0	D_0
0	0	1	D_1
0	1	0	D_2
0	1	1	D_3

16　15　14　13　12　11　10　9
U_{CC}　$2\overline{S}$　A_0　$2D_3$　$2D_2$　$2D_1$　$2D_0$　$2Q$
74LS153
$1\overline{S}$　A_1　$1D_3$　$1D_2$　$1D_1$　$1D_0$　$1Q$　GND
1　2　3　4　5　6　7　8

图 7-3-3　74LS153 引脚功能

$1\overline{S}$、$2\overline{S}$为两个独立的使能端；A_1、A_0为公用的地址输入端；$1D_0\sim 1D_3$和$2D_0\sim 2D_3$分别为两个四选一数据选择器的数据输入端；Q_1、Q_2为两个输出端。

(1) 当使能端$1\overline{S}(2\overline{S})=1$时，多路开关被禁止，无输出，$Q=0$。

(2) 当使能端$1\overline{S}(2\overline{S})=0$时，多路开关正常工作，根据地址码$A_1$、$A_0$的状态，将相应的数据$D_0\sim D_3$送到输出端$Q$。

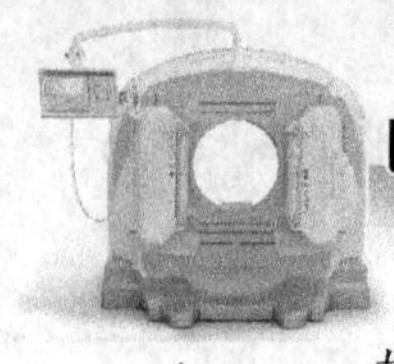

如：$A_1A_0=00$，则选择 D_0 数据到输出端，即 $Q=D_0$。

$A_1A_0=01$，则选择 D_1 数据到输出端，即 $Q=D_1$，其余类推。

数据选择器的用途很多，例如多通道传输、数码比较、并行码变串行码以及实现逻辑函数等。

3. 数据选择器的应用

实现逻辑函数

$$F=A\overline{B}+\overline{A}C+B\overline{C}$$

例 1：用八选一数据选择器 74LS151 实现函数。

采用八选一数据选择器 74LS151 可实现任意三输入变量的组合逻辑函数。

作出函数 F 的功能表，如表 7-3-3 所示，将函数 F 的功能表与八选一数据选择器的功能表相比较，可知：①将输入变量 C、B、A 作为八选一数据选择器的地址码 A_2、A_1、A_0。②使八选一数据选择器的各数据输入 $D_0 \sim D_7$ 分别与函数 F 的输出值一一对应。

图 7-3-4　用八选一数据选择器实现 $F=A\overline{B}+\overline{A}C+B\overline{C}$

表 7-3-3

输入			输出
C	B	A	F
0	0	0	0
0	0	1	1
0	1	0	1
0	1	1	1
1	0	0	1
1	0	1	1
1	1	0	1
1	1	1	0

即：$A_2A_1A_0=CBA$，

$$D_0=D_7=0$$

$$D_1=D_2=D_3=D_4=D_5=D_6=1$$

则八选一数据选择器的输出 Q 便实现了函数 $F=A\overline{B}+\overline{A}C+B\overline{C}$

接线图如图 7-3-4 所示。

显然，采用具有 n 个地址端的数据选择器实现 n 个变量的逻辑函数时，应将函数的输入变量加到数据选择器的地址端(A)，选择器的数据输入端(D)按次序以函数 F 输出值来赋值。

例 2：用八选一数据选择器 74LS151 实现函数 $F=A\overline{B}+\overline{A}B$

(1) 列出函数 F 的功能表，如表 7-3-4 所示。

(2) 将 A、B 加到地址端 A_1、A_0，而 A_2 接地，由表 7-3-4 可见，将 D_1、D_2 接"1"及

D_0、D_3 接地，其余数据输入端 $D_4 \sim D_7$ 都接地，则八选一数据选择器的输出 Q，便实现了函数 $F = A\overline{B} + B\overline{A}$。

接线图如图 7-3-5 所示。

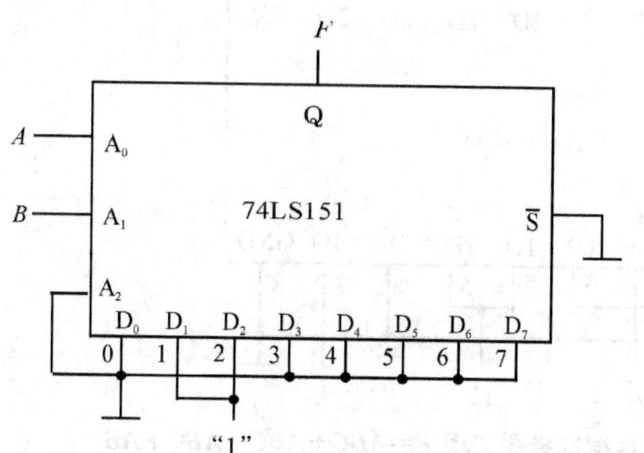

图 7-3-5　用 8 选 1 数据选择器实现 $F = A\overline{B} + \overline{A}B$ 的接线图

表 7-3-4

B	A	F
0	0	0
0	1	1
1	0	1
1	1	0

显然，当函数输入变量数小于数据选择器的地址端(A)时，应将不用的地址端及不用的数据输入端(D)都接地。

例 3：用四选一数据选择器 74LS153 实现函数

$$F = \overline{A}BC + A\overline{B}C + AB\overline{C} + ABC$$

函数 F 的功能表，如表 7-3-5 所示。

表 7-3-5

输　入			输　出
A	B	C	F
0	0	0	0
0	0	1	0
0	1	0	0
0	1	1	1
1	0	0	0
1	0	1	1
1	1	0	1
1	1	1	1

表 7-3-6

输入			输出	中选数据端
A	B	C	F	
0	0	0	0	$D_0 = 0$
		1	0	
0	1	0	0	$D_1 = C$
		1	1	
1	0	0	0	$D_2 = C$
		1	1	
1	1	0	1	$D_3 = 1$
		1	1	

函数 F 有三个输入变量 A、B、C，而数据选择器有两个地址端 A_1、A_0，地址端的个数少于函数输入变量个数，在设计时可任选 A 接 A_1，B 接 A_0。将函数功能表改画成表 7-3-6 的形式，可见当将输入变量 A、B、C 中的 B 接选择器的地址端 A_1、A_0 时，由表 7-3-6 不难看出：

$$D_0 = 0, D_1 = D_2 = C, D_3 = 1$$

则四选一数据选择器的输出，便实现了函数 $F = \overline{A}BC + A\overline{B}C + AB\overline{C} + ABC$，接线图如图 7-3-6 所示。

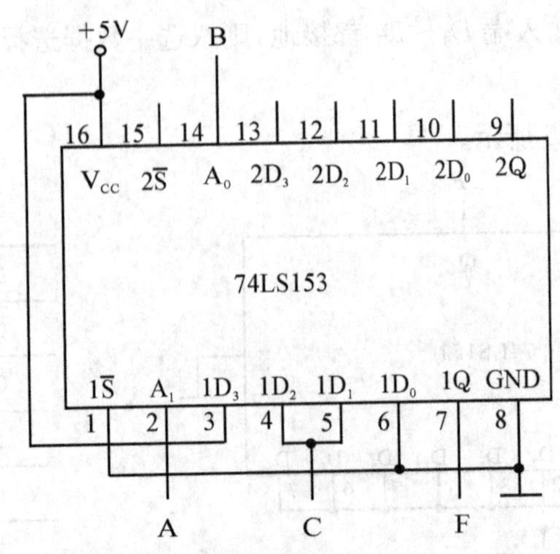

图 7-3-6　用四选一数据选择器实现 $F=\bar{A}BC+A\bar{B}C+AB\bar{C}+ABC$

当函数输入变量大于数据选择器地址端(A)时,可能随着选用函数输入变量作地址的方案不同,而使其设计结果不同,需对几种方案比较,以获得最佳方案。

实训器材

+5 V 直流电源;逻辑电平开关;逻辑电平显示器;74LS151(或 CC4512) 和 74LS153(或 CC4539)各 1 片。

实训内容与步骤

1. 测试数据选择器 74LS151 的逻辑功能

按图 7-3-7 接线,地址端 A_2、A_1、A_0、数据端 $D_0 \sim D_7$、使能端 $\bar{S}$ 接逻辑开关,输出端 Q 接逻辑电平显示器,按 74LS151 功能表逐项进行测试,记录测试结果。

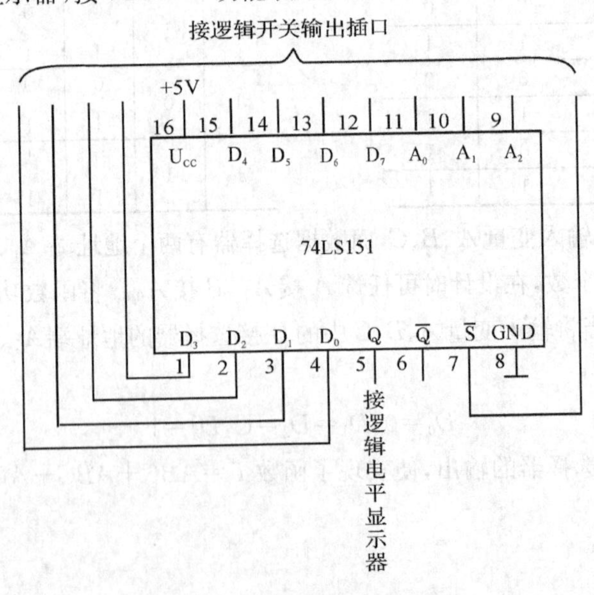

图 7-3-7　74LS151 逻辑功能测试

2. 测试 74LS153 的逻辑功能

测试方法及步骤同上，记录之。

3. 用八选一数据选择器 74LS151 设计三输入多数表决电路

(1) 写出设计过程。

(2) 画出接线图。

(3) 验证逻辑功能。

4. 用八选一数据选择器实现逻辑函数

(1) 写出设计过程。

(2) 画出接线图。

(3) 验证逻辑功能。

5. 用双四选一数据选择器 74LS153 实现全加器

(1) 写出设计过程。

(2) 画出接线图。

(3) 验证逻辑功能。

1. 总结数据选择器的工作原理。

2. 用数据选择器对实验内容中各函数式进行预设计。

(余会娟)

实训四　译码器及其应用

实训目标

1. 知识目标

(1) 掌握中规模集成译码器的逻辑功能和使用方法。

(2) 掌握译码器的级联方法及测试方法。

2. 技能目标

(1) 学会 74LS138 的使用方法。

(2) 熟悉译码器的级联方法及测试方法。

实训原理

1. 译码器的功能和分类

译码器是一个多输入、多输出的组合逻辑电路。它的作用是对给定的代码进行"翻译",使之变成相应的状态,使输出通道中相应的一路有信号输出。译码器在数字系统中有广泛的用途,不仅用于代码的转换、终端的数字显示,还用于数据分配、存储器寻址和组合控制信号等。不同的功能可选用不同种类的译码器。

译码器可分为通用译码器和显示译码器两大类。前者又分为变量译码器和代码变换译码器。变量译码器(又称二进制译码器),用以表示输入变量的状态,如 2 线—4 线、3 线—8 线和 4 线—16 线译码器。若有 n 个输入变量,则有 $2n$ 个不同的组合状态,就有 $2n$ 个输出端供其使用。而每一个输出所代表的函数对应于 n 个输入变量组成的最小项。

2. 通用译码器 74LS138

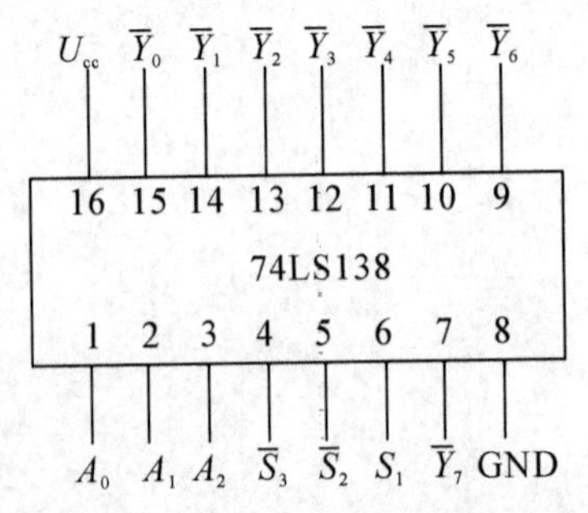

图 7-4-1　74LS138 引脚排列

以 3 线—8 线译码器 74LS138 为例进行分析,图 7-4-1 为其引脚排列:其中 A_2、

A_1、A_0 为地址输入端，$Y_0 \sim Y_7$，是译码输出端，S_1、$\overline{S_2}$、$\overline{S_3}$是使能端。当 $S_1=1$，$\overline{S_2}+\overline{S_3}=0$ 时，器件使能，地址码所指定的输出端有信号（为 0）输出，其他所有输出端均无信号（全为 1）输出。当 $S_1=0$，$\overline{S_2}+\overline{S_3}=\times$ 时或 $S_1=\times$，$\overline{S_2}+\overline{S_3}=1$ 时，译码器被禁止，所有输出同时为 0。

实训器材

直流电源；函数信号发生器；双踪示波器；频率计；万用表；数字电路实验台；74LS138；74LS20。

实训内容与步骤

1. 74LS138 译码器逻辑功能的测试

将译码器使能端 S_1、$\overline{S_2}$、$\overline{S_3}$及地址端 A_2、A_1、A_0 分别接至逻辑电路开关输出口，八个输出端 $Y_7 \sim Y_0$ 依次连接在 0—1 指示器的八个输入口上，拨动逻辑电平开关，完成表 7-4-1。

2. 用 74LS138 构成组合逻辑电路

以一片 74LS138 为核心，构成组合电路：$Z=(AB+C)(A\overline{B}+\overline{C})$。画出设计的电路图，并在表 7-4-1 中记录结果。

3. 74LS138 的应用

用一片 74LS138 的 3 线—8 线译码器及一片 74LS20 双与非门组成一位全加器的电路图，全加器的三个输入端为被加数 X、加数 Y、低位向高位的进位 C_0，输出 S_i 及本位进位输出 C_i。

(1) 写出真值表。

(2) 写出逻辑表达式。

(3) 画出电路图。

(4) 通过实验分析验证所设计的电路是否正确。

表 7-4-1

输　入					输　出							
S_1	$\overline{S_2}+\overline{S_3}$	A_2	A_1	A_0	$\overline{Y_0}$	$\overline{Y_1}$	$\overline{Y_2}$	$\overline{Y_3}$	$\overline{Y_4}$	$\overline{Y_5}$	$\overline{Y_6}$	$\overline{Y_7}$
1	0	0	0	0								
1	0	0	0	1								
1	0	0	1	0								
1	0	0	1	1								
1	0	1	0	0								
1	0	1	0	1								
1	0	1	1	0								
1	0	1	1	1								
0	×	×	×	×								
	1	×	×	×								

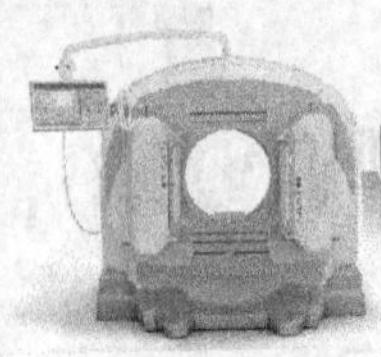

1. 总结用译码器实现组合逻辑电路的方法。

2. 了解中规模集成译码器的原理、管脚分布，掌握其逻辑功能，以及译码显示器电路的构成原理。

（余会娟）

实训五　计数器及其应用

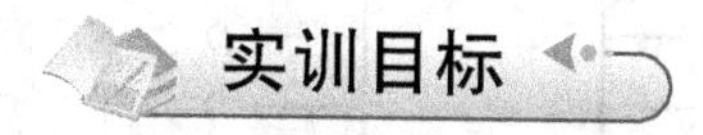

实训目标

1. 知识目标

(1) 学习用集成触发器构成计数器的方法。

(2) 掌握中规模集成计数器的使用及功能测试方法。

(3) 运用集成计数器构成 $1/N$ 分频器。

2. 技能目标

(1) 学会用集成触发器构成计数器的方法。

(2) 熟悉集成计数器的使用和测试方法。

实训原理

计数器是一个用以实现计数功能的时序部件，它不仅可用来计脉冲数，还常用作数字系统的定时、分频和执行数字运算以及其他特定的逻辑功能。

计数器的种类很多。按构成计数器中的各触发器是否使用一个时钟脉冲源来分，有同步计数器和异步计数器。根据计数制的不同，分为二进制计数器，十进制计数器和任意进制计数器。根据计数的增减趋势，又分为加法、减法和可逆计数器。还有可预置数和可编程序功能计数器等等。目前，无论是 TTL 还是 CMOS 集成电路，都有品种较齐全的中规模集成计数器。使用者只要借助于器件手册提供的功能表和工作波形图以及引出端的排列，就能正确地运用这些器件。

1. 用 D 触发器构成异步二进制加/减计数器

图 7－5－1 是用四只 D 触发器构成的四位二进制异步加法计数器，它的连接特点是将每只 D 触发器接成 T 触发器，再由低位触发器的 $\bar{Q}$ 端和高一位的 CP 端相连接。

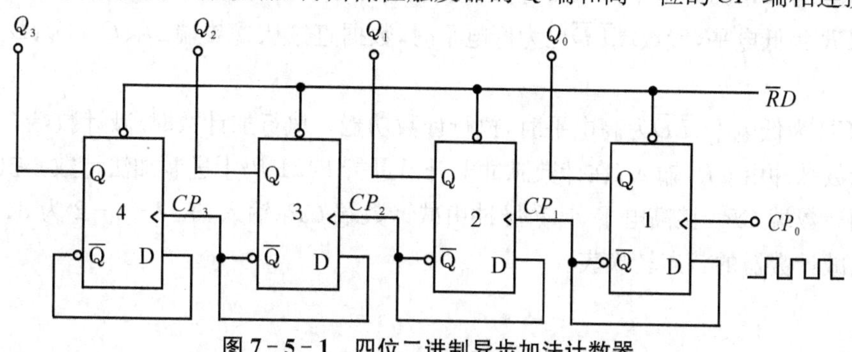

图 7－5－1　四位二进制异步加法计数器

若将图 7-5-1 稍加改动，将低位触发器的 Q 端与高一位的 CP 端相连接，即构成了一个四位二进制减法计数器。

2. 中规模十进制计数器

CC40192 是同步十进制可逆计数器，具有双时钟输入，并具有清除和置数等功能，其引脚排列及逻辑符号如图 7-5-2 所示。

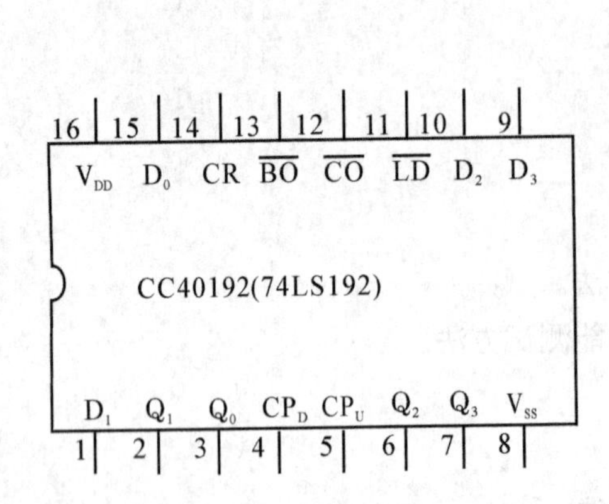

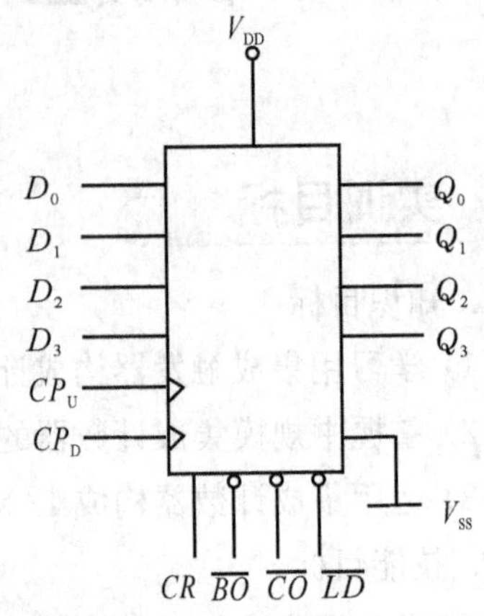

图 7-5-2 CC40192 引脚排列及逻辑符号

图中，$\overline{LD}$：置数端；CP_U：加计数端；CP_D：减计数端；

$\overline{CO}$：非同步进位输出端；$\overline{BO}$：非同步借位输出端；

D_0、D_1、D_2、D_3：计数器输入端；

Q_0、Q_1、Q_2、Q_3：数据输出端；CR：清除端。

CC40192(同 74LS192，二者可互换使用)的功能如表 7-5-1，说明如下：

表 7-5-1 CC40192 的功能表

输入								输出			
CR	$\overline{LD}$	CP_U	CP_D	D_3	D_2	D_1	D_0	Q_3	Q_2	Q_1	Q_0
1	×	×	×								
0	0	×	×								
0	1	↑	1					加计数			
0	1	1	↑					减计数			

当清除端 CR 为高电平“1”时，计数器直接清零；CR 置低电平则执行其他功能。

当 CR 为低电平，置数端 $\overline{LD}$ 也为低电平时，数据直接从置数端 D_0、D_1、D_2、D_3 置入计数器。

当 CR 为低电平，$\overline{LD}$ 为高电平时，执行计数功能。执行加计数时，减计数端 CP_D 接高电平，计数脉冲由 CP_U 输入；在计数脉冲上升沿进行 8421 码十进制加法计数。执行减计数时，加计数端 CP_U 接高电平，计数脉冲由减计数端 CP_D 输入，表 7-5-2 为 8421 码十进制加、减计数器的状态转换表。

表 7－5－2 8421 码十进制加、减计数器的状态转换表

加法计数→

输入脉冲数												
输出	Q_3											
	Q_2											
	Q_1											
	Q_0											

减计数←

3. 计数器的级联使用

一个十进制计数器只能表示 0～9 十个数，为了扩大计数器范围，常用多个十进制计数器级联使用。

同步计数器往往设有进位（或借位）输出端，故可选用其进位（或借位）输出信号驱动下一级计数器。

图 7－5－3 是由 CC40192 利用进位输出$\overline{CO}$控制高一位的 CP_U 端构成的加数级联电路。

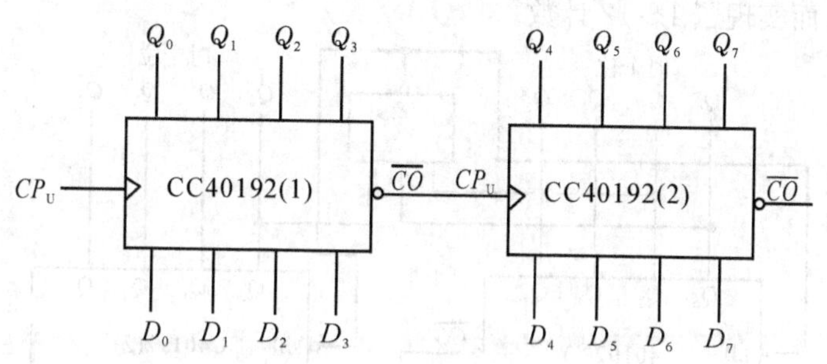

图 7－5－3 CC40192 级联电路

4. 实现任意进制计数

（1）用复位法获得任意进制计数器

假定已有 N 进制计数器，而需要得到一个 M 进制计数器时，只要 $M<N$，用复位法使计数器计数到 M 时置“0”，即获得 M 进制计数器。如图 7－5－4 所示为一个由 CC40192 十进制计数器接成的六进制计数器。

（2）利用预置功能获得 M 进制计数器

图 7－5－5 为用三个 CC40192 组成的 421 进制计数器。

外加的由与非门构成的锁存器可以克服器件计数速度的离散性，保证在反馈置“0”信号作用下计数器可靠置“0”。

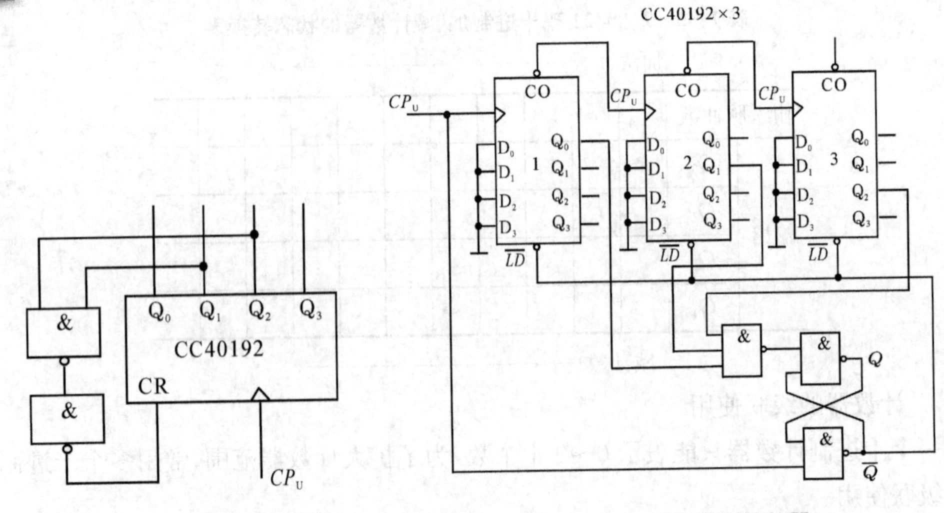

图 7-5-4　六进制计数器　　　　图 7-5-5　421 进制计数器

图 7-5-6 是一个特殊十二进制的计数器电路方案。在数字钟里，对时位的计数序列是 1、2、…、11、12，是十二进制的，且无 0 数。如图所示，当计数到 13 时，通过与非门产生一个复位信号，使 CC40192(2)〔时十位〕直接置成 0000，而 CC40192(1)，即时的个位直接置成 0001，从而实现了 1～12 计数。

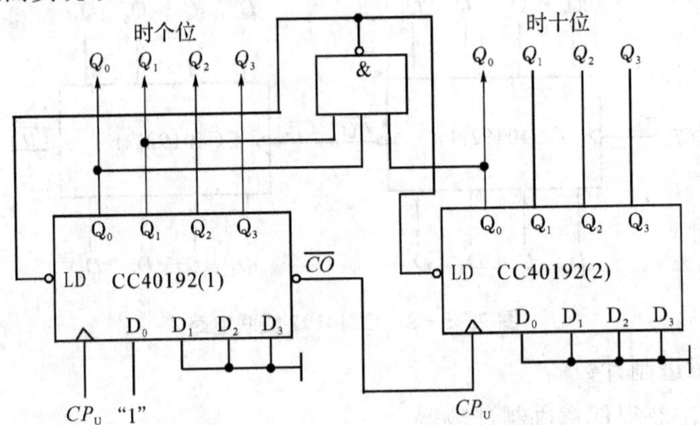

图 7-5-6　特殊十二进制计数器

实训器材

直流电源；函数信号发生器；双踪示波器；频率计；万用表；数字电路实验台；CC4013×2(74LS74)；CC40192×3(74LS192)；CC4011(74LS00)；CC4012(74LS20)。

实训内容与步骤

1. 用 CC4013 或 74LS74D 触发器构成 4 位二进制异步加法计数器。

(1) 按图 7-5-1 接线，$\overline{R}_D$ 接至逻辑开关输出插口，将低位 CP_0 端接单次脉冲源，输出端 Q_3、Q_2、Q_1、Q_0 接逻辑电平显示输入插口，各 $\overline{S}_D$ 接高电平“1”。

(2) 清零后，逐个送入单次脉冲，观察并列表记录 Q_3～Q_0 状态。

(3) 将单次脉冲改为 1 Hz 的连续脉冲，观察 Q_3～Q_0 的状态。

（4）将 1 Hz 的连续脉冲改为 1 kHz，用双踪示波器观察 CP、Q_3、Q_2、Q_1、Q_0 端波形，并将波形描绘出来。

（5）将图 7-5-1 电路中的低位触发器的 Q 端与高一位的 CP 端相连接，构成减法计数器，按实验内容(2)，(3)，(4)进行实验，观察并列表记录 $Q_3 \sim Q_0$ 的状态。

2. 测试 CC40192 或 74LS192 同步十进制可逆计数器的逻辑功能

计数脉冲由单次脉冲源提供，清除端 CR、置数端 $\overline{LD}$、数据输入端 D_3、D_2、D_1、D_0 分别接逻辑开关，输出端 Q_3、Q_2、Q_1、Q_0 接实验设备中相应的译码显示输入插口 A、B、C、D；$\overline{CO}$和$\overline{BO}$接逻辑电平显示插口。按表 7-5-3 逐项测试并判断该集成块的功能是否正常。

表 7-5-3　CC40192/74LS192 逻辑功能表

输　入								输　出			
CR	$\overline{LD}$	CP_U	CP_D	D_3	D_2	D_1	D_0	Q_3	Q_2	Q_1	Q_0
1	×	×	×								
0	0	×	×								
0	1	↑	1					加　计　数			
0	1	1	↑					减　计　数			

（1）清除

令 $CR=1$，其他输入为任意状态，这时 $Q_3Q_2Q_1Q_0=0000$，译码数字显示为 0。清除功能完成后，置 $CR=0$。

（2）置数

$CR=0$，CP_U、CP_D任意，数据输入端输入任意一组二进制数，令$\overline{LD}=0$，观察计数译码显示输出，预置功能是否完成，此后置$\overline{LD}=1$。

（3）加计数

$CR=0$，$\overline{LD}=CP_D=1$，CP_U 接单次脉冲源。清零后送入 10 个单次脉冲，观察译码数字显示是否按十进制状态转换表进行；输出状态变化是否发生在 CP_U 的上升沿。

（4）减计数

$CR=0$，$\overline{LD}=CP_U=1$，CP_D 接单次脉冲源。参照(3)进行实验。

3. 如图 7-5-3 所示，用两片 CC40192 组成两位十进制加法计数器，输入 1 Hz 连续计数脉冲，进行由 00～99 累加计数，按表 7-5-4 记录之。

表 7-5-4　由 00～99 累加计数表

输入脉冲数												
输出	Q_3											
	Q_2											
	Q_1											
	Q_0											

4. 将两位十进制加法计数器改为两位十进制减法计数器，实现由 99～00 递减计数，并将所得数据记入表 7-5-5。

5. 按图 7-5-4 所示电路进行实验，并列表将数据记录下来。

6. 按图 7-5-5，或图 7-5-6 所示电路进行实验，并列表将数据记录下来。

7. 设计一个数字钟移位 60 进制计数器，并进行实验。

表 7-5-5　由 99～00 递减计数表

输入脉冲数												
输出	Q_3											
	Q_2											
	Q_1											
	Q_0											

思考题

1. 整理实验现象及实验所得的有关波形，对实验结果进行分析。

2. 总结使用集成计数器的体会。

（余会娟）

实训六　74161 计数设计实训

实训目标

1. 知识目标

(1) 掌握 74161 的功能。

(2) 掌握反馈复位法、反馈预置法。

2. 技能目标

(1) 熟悉集成计数器的功能。

(2) 掌握二进制计数器和十进制计数器的工作原理和使用方法。

(3) 掌握任意进制计数器的设计方法。

实训原理

计数器对输入的时钟脉冲进行计数,来一个 CP 脉冲计数器状态变化一次。根据计数器计数循环的长度 M,将其称为模 M 计数器(M 进制计数器)。通常,计数器状态编码按二进制数的递增或递减规律来编码,对应称为加法计数器或减法计数器。

一个计数型触发器就是一位二进制计数器。N 个计数型触发器可以构成同步或异步 N 位二进制加法或减法计数器。当然,计数器状态编码并非必须按二进制数的规律编码,可以给 M 进制计数器任意地编排 M 个二进制码。

在数字集成产品中,通用的计数器是二进制和十进制计数器。按计数长度、有效时钟、控制信号、置位和复位信号的不同有不同的型号。74LS161 是 TTL 集成四位二进制加法计数器,其符号和引脚分布分别如图 7-6-1 所示。

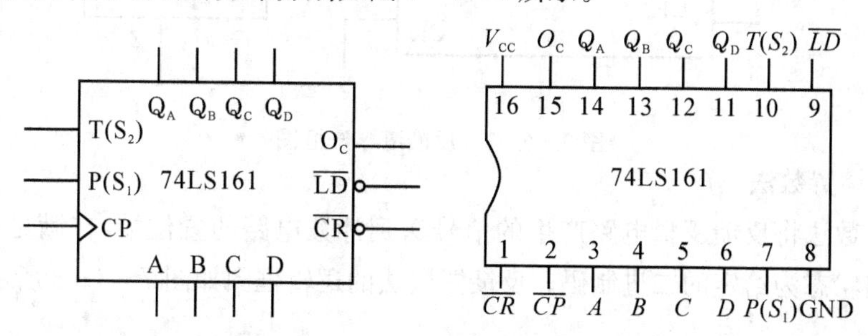

图 7-6-1　74LS161 符号和引脚分布

表 7-6-1 为 74LS161 的功能表:

表 7-6-1　74LS161 的功能表

$\overline{CR}$	$\overline{LD}$	$P(S_1)$	$T(S_2)$	CP	$A\,B\,C\,D$	$Q_A\,Q_B\,Q_C\,Q_D$
0	×	×	×	×	××××	0 0 0 0
1	0	×	×	↑	$A\,B\,C\,D$	$A\ B\ C\ D$
1	1	0	×	×	××××	保持
1	1	×	0	×	××××	保持
1	1	1	1	↑	××××	计数

从表 7-6-1 可以知道，74LS161 在$\overline{CR}$为低电平时实现异步复位（清零$\overline{CR}$）功能，即复位不需要时钟信号。在复位端高电平条件下，预置端$\overline{LD}$为低电平时实现同步预置功能，即需要有效时钟信号才能使输出状态 $Q_A\,Q_B\,Q_C\,Q_D$ 等于并行输入预置数 $A\,B\,C\,D$。在复位和预置端都为无效电平时，两计数使能端输入使能信号 $T(S_2)\cdot P(S_1)=1$，74LS161 实现模 16 加法计数功能，$Q_A^{n+1}\ Q_B^{n+1}\ Q_C^{n+1}\ Q_D^{n+1}=Q_A^n\ Q_B^n\ Q_C^n\ Q_D^n+1$；两计数使能端输入禁止信号，$T(S_2)\cdot P(S_1)=0$，集成计数器实现状态保持功能，$Q_A^nQ_B^nQ_C^nQ_D^n=Q_A^n\ Q_B^n\ Q_C^n\ Q_D^n$。在 $Q_A^nQ_B^nQ_C^nQ_D^n=1111$ 时，进位输出端 $O_C=1$。

在数字集成电路中有许多型号的计数器产品，可以用这些数字集成电路来实现所需要的计数功能和时序逻辑功能。在设计时序逻辑电路时有两种方法，一种为反馈清零法，另一种为反馈置数法。

（1）反馈清零法

反馈清零法是利用反馈电路产生一个给集成计数器的复位信号，使计数器各输出端为零（清零）。反馈电路一般是组合逻辑电路，计数器输出部分或全部作为其输入，在计数器一定的输出状态下即时产生复位信号，使计数电路同步或异步地复位。反馈清零法的逻辑框图见图 7-6-2。

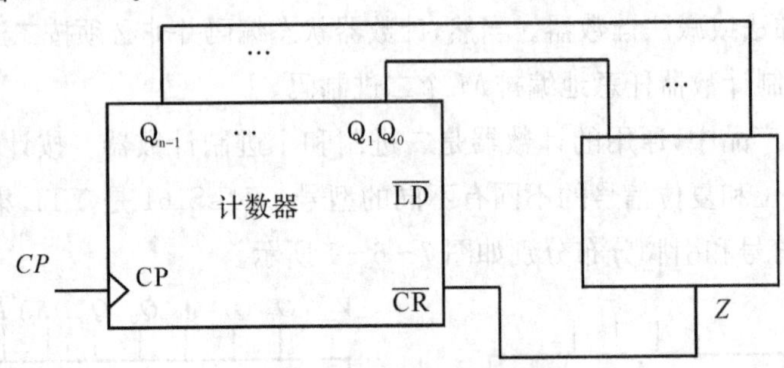

图 7-6-2　反馈清零法框图

（2）反馈置数法

反馈置数法将反馈逻辑电路产生的信号送到计数电路的置位端，在满足条件时，计数电路输出状态为给定的二进制码。反馈置数法的逻辑框图如图 7-6-3 所示。

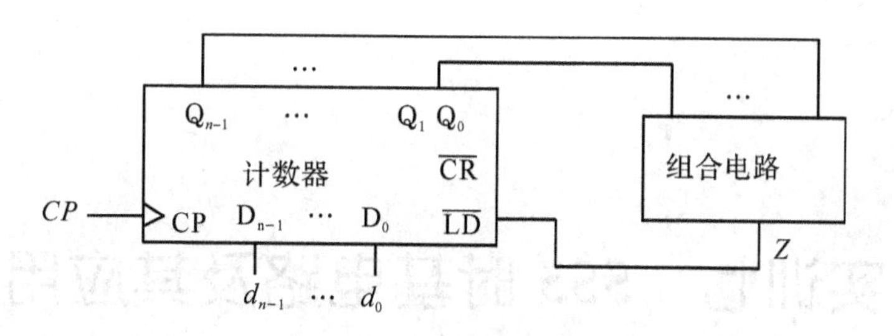

图 7-6-3　反馈清零法框图

在时序电路设计中，以上两种方法有时可以并用。

实训器材

直流电源；函数信号发生器；双踪示波器；频率计；万用表；数电实验箱；与非门 74LS00；74LS161。

实训内容与步骤

1. 用 74LS161 四位二进制同步加法计数器组成一个同步二十四进制计数器，CP 端送入单次脉冲，输出 Q 依次与发光二极管相连，送入脉冲的同时观察二极管的亮灭并记录分析其计数状态(利用反馈清零法设计)。

(1) 画出电路连接图。

(2) 画出状态转移图。

(3) 按照电路图连线，通过发光二极管观察所设计电路的计数状态是否为二十四进制。

2. 实训记录与结果

(1) 按照实验内容及步骤中的要求详细填写实验报告。

(2) 总结利用计数器实现任意进制计数器的方法。

思考题

1. 同步计数器与异步计数器有何不同？

2. 用两片 74LS161 及门电路怎样连接可组成 $M=256$ 的异步计数器？

(余会娟)

实训七　555 时基电路及其应用

实训目标

1. 知识目标

(1) 熟悉 555 型集成时基电路的结构、工作原理及其特点。

(2) 掌握 555 型集成时基电路的基本应用。

2. 技能目标

(1) 学会用 555 时基电路构成单稳态触发器、多谐振荡器、施密特触发器等脉冲产生或波形变换电路的方法。

(2) 熟悉用 555 时基电路构成各种波形电路的测试方法。

实训原理

集成时基电路又称为集成定时器、555 定时器或 555 电路，是一种数字、模拟混合型的中规模集成电路，应用十分广泛。它是一种产生时间延迟和多种脉冲信号的电路，由于内部电压标准使用了三个 5 kΩ 电阻，故取名 555 电路。其电路类型有双极型和 CMOS 型两大类，二者的结构与工作原理类似。几乎所有的双极型产品型号最后的三位数码都是 555 或 556 电路；所有的 CMOS 产品型号最后四位数码都是 7555 或 7556，二者的逻辑功能和引脚排列完全相同，易于互换。555 和 7555 是单定时器。556 和 7556 是双定时器。双极型的电源电压 V_{tt}＝5 V～15 V，输出的最大电流可达 200 mA，CMOS 型的电源电压为＝3～18 V。

555 定时器的内部电路方框图如图 7－7－1(a)所示。它含有两个电压比较器，一个基本 *RS* 触发器，一个放电开关管 *T*，比较器的参考电压由三只 5 kΩ 电阻器构成的分压器提供。它们分别使高电平比较器 A_1 的同相输入和低电平比较器 A_2 的反相输出、输入端的参考电平为(2/3)V_{cc}和(1/3)V_{cc}。A_1 与 A_2 的输出端控制 *RS* 触发器状态和放电管开关状态。当输入信号自 6 脚进入，即高电平触发输入并超过参考电平(2/3)V_{cc}时，触发器复位，555 定时器的输出端(3 脚)输出低电平，同时放电开关管导通；当输入信号自 2 脚输入，并低于(1/3)V_{cc}时，触发器复位，555 定时器的输出端(3 脚)输出高电平，同时放电开关管截止。

R_D 是复位端(4 脚)，当 R_D＝0 时，555 定时器输出低电平。平时 R_D 端开路或接 V_{cc}。

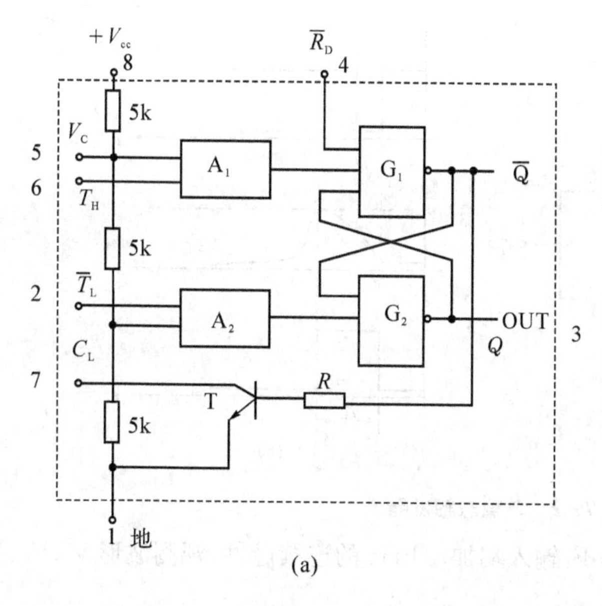

(a)

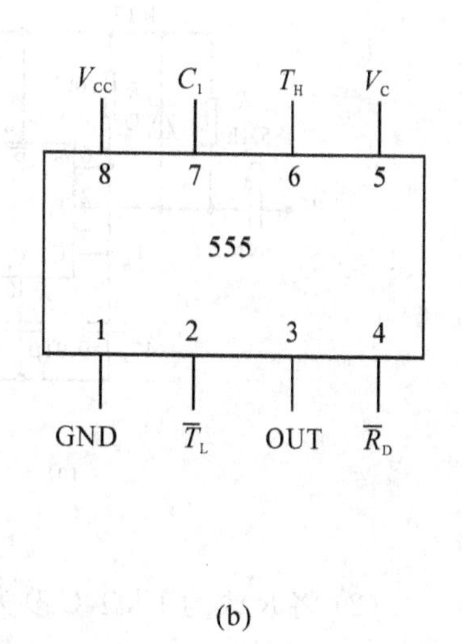

(b)

图 7-7-1　555 定时器内部电路方框图及引脚排列

V_c 是控制电压端(5 脚),平时输出(2/3)V_{cc}作为比较器 A_1 的参考电平,若在 5 脚外接一个输入电压,即改变了比较器的参考电平,就会实现对输出的另一种控制。在不接外加电压时,通常接一个 0.01 μF 的电容器到地,起滤波作用,以消除外来的干扰,以确保参考电平的稳定。

T 为放电管,当 T 导通时,将给接于 7 脚的电容器提供低阻放电通路。

555 定时器主要是与电阻、电容构成充放电电路,并由两个比较器来检测电容器上的电压,以确定输出电平的高低和放电开关管的通断。因此,通过 555 定时器,可以很方便地构成从微秒到数十分钟的延时电路,也可构成单稳态触发器、多谐振荡器、施密特触发器等脉冲产生或波形变换电路。

实训器材

+5 V 直流电源;双踪示波器;连续脉冲源;单次脉冲源;音频信号源;数字频率计;逻辑电平显示器;555×2、2CK13×2 电位器、电阻若干。

实训内容与步骤

1. 单稳态触发器

(1) 按图 7-7-2(a)连线,取 $R=100$ kΩ,$C=47$ μF,输入信号 V_i 由单次脉冲源提供,用双踪示波器观测 V_i、V_c、V_o 的波形。测定幅度与暂稳时间。

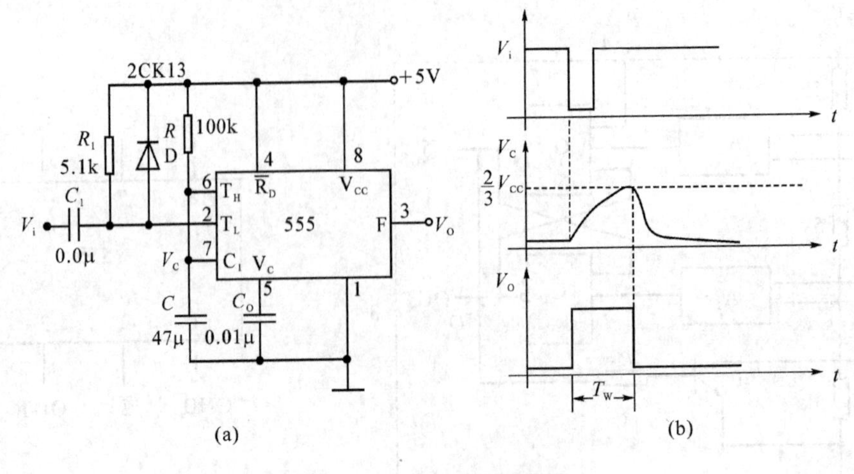

图 7-7-2　单稳态触发器

(2) 将 R 改为 1 kΩ，C 改为 0.1 μF，输入端加 1 kHz 的连续脉冲，观测波形 V_i、V_c、V_o，测定幅度及暂稳时间。

2. 多谐振荡器

(1) 按图 7-7-3(a)接线，用双踪示波器观测 V_c 与 V_o 的波形，测定频率。

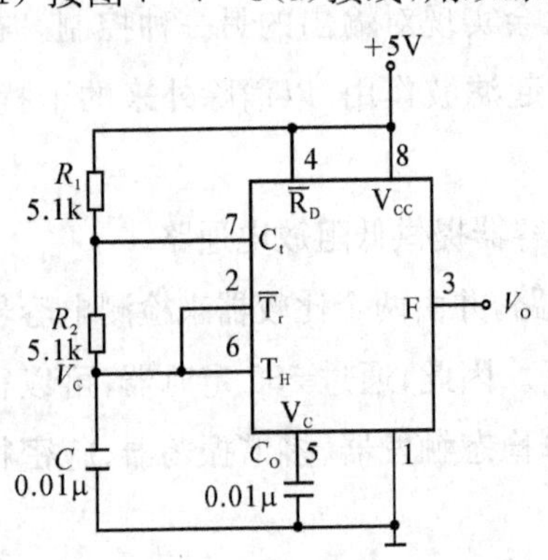

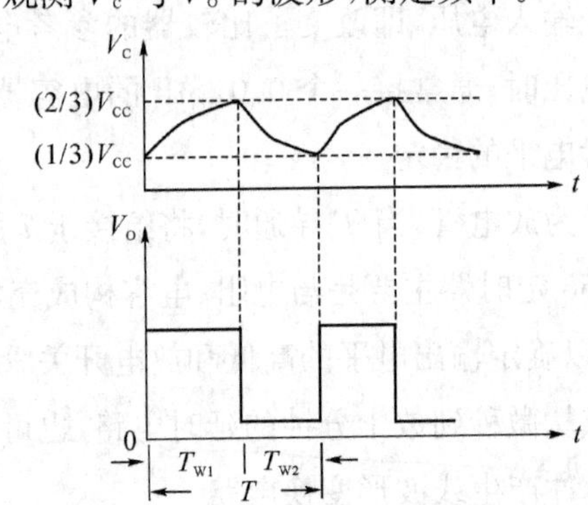

图 7-7-3　多谐振荡器

(2) 按图 7-7-4 接线，组成占空比为 50%的方波信号发生器。观测 V_c 与 V_o 的波形，测定波形参数。

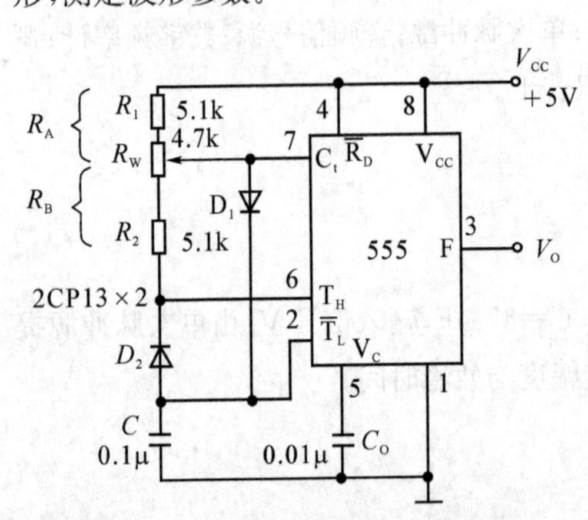

图 7-7-4　占空比可调的多谐振荡器

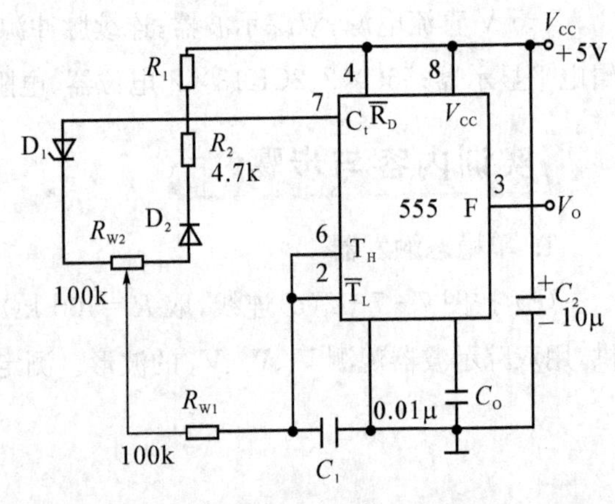

图 7-7-5　占空比与频率均可调的多谐振荡器

(3) 按图 7-7-5 接线，通过调节 R_{W1} 和 R_{W2} 来观测输出波形。

3. 施密特触发器

按图 7-7-6 接线，输入信号由音频信号源提供，预先将 V_s 的频率调为 1 kHz，接通电源，逐渐加大 V_s 的幅度，观测输出波形，测绘电压传输特性，算出回差电压 ΔU。

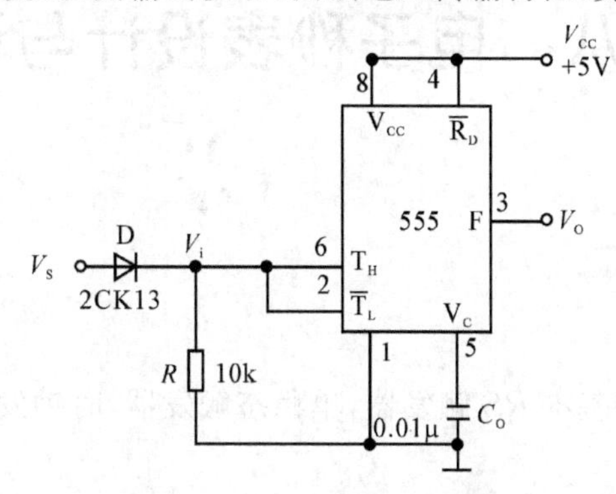

图 7-7-6　施密特触发器

4. 模拟声响电路

按图 7-7-7 接线，组成两级多谐振荡器，调节定时元件，使Ⅰ输出较低频率，Ⅱ输出较高频率，连好线，接通电源，试听音响效果。调换外接阻容元件，再试听音响效果。

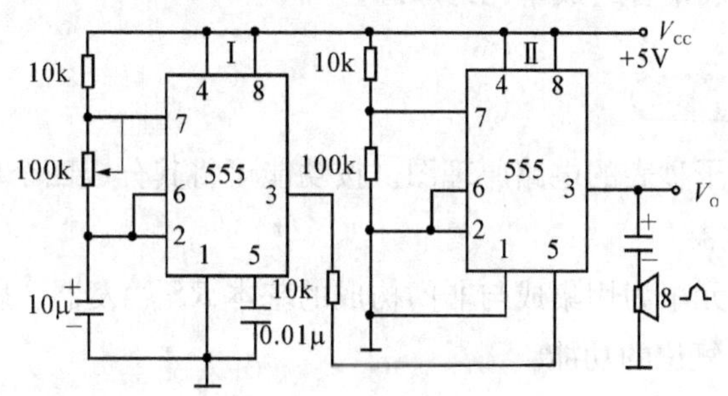

图 7-7-7　模拟声响电路

5. 实训记录与结果

(1) 给出详细的实验电路图，定量绘出观测到的波形。

(2) 分析、总结实验结果。

1. 总结有关 555 定时器的工作原理及其应用。
2. 拟定实验中所需的数据、表格等。
3. 掌握用示波器测定施密特触发器的电压传输特性曲线。

（余会娟）

实训八　电子秒表设计与调试

实训目标

1. 知识目标

(1) 学习数字电路中基本 RS 触发器，单稳态触发器，时钟发生器及计数、译码显示等单元电路的综合应用。

(2) 学习电子秒表的调试方法。

2. 技能目标

(1) 学会测量电子秒表的方法。

(2) 熟悉电子秒表中各组成单元的原理。

实训原理

图 7－8－1 为电子秒表的电路原理图。按功能可将其分成四个单元电路进行分析。

1. 基本 RS 触发器

图 7－8－1 中单元Ⅰ为用集成与非门构成的基本 RS 触发器。属低电平直接触发的触发器，有直接置位、复位的功能。

它的一路输出 $\overline{Q}$ 作为单稳态触发器的输入，另一路输出 Q 作为与非门 5 的输入控制信号。

按动按钮开关 K_2(接地)，则与非门 1 输出 $\overline{Q}=1$；与非门 2 输出 $Q=0$，K_2 复位后 Q、$\overline{Q}$ 状态保持不变。再按动按钮开关 K_1，则 Q 由 0 变为 1，与非门 5 开启，为计数器启动做好准备。$\overline{Q}$ 由 1 变为 0，送出负脉冲，启动单稳态触发器工作。

基本 RS 触发器在电子秒表中的职能是启动和停止秒表的工作。

2. 单稳态触发器

图 7－8－1 中单元Ⅱ为用集成与非门构成的微分型单稳态触发器，图 7－8－2 为各点波形图。

单稳态触发器的输入触发负脉冲信号 U_i 由基本 RS 触发器 $\overline{Q}$ 端提供，输出负脉冲 U_o 通过与非门加到计数器的清除端 R。

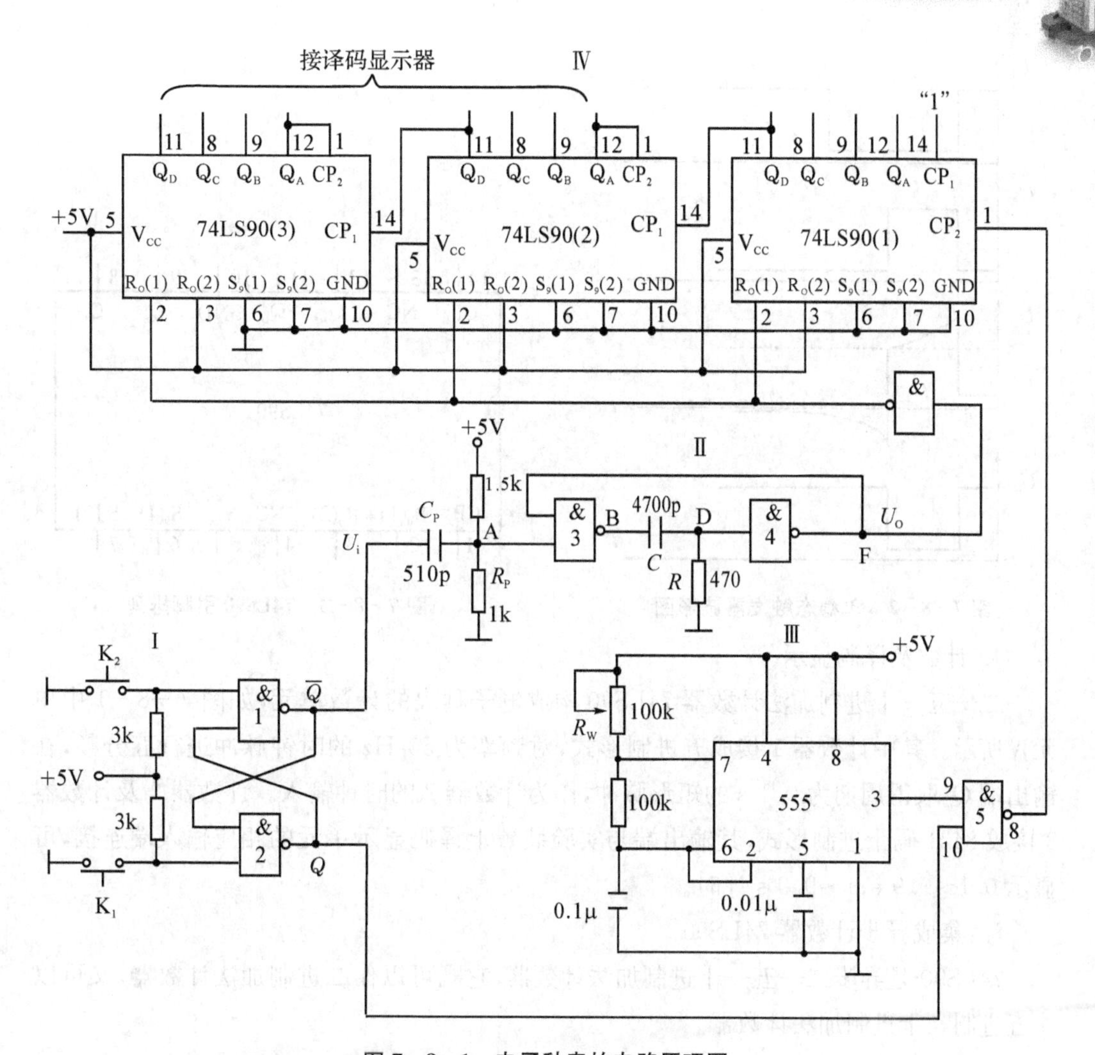

图 7－8－1 电子秒表的电路原理图

静态时，与非门 4 应处于截止状态，故电阻 R 必须小于与非门 4 的关门电阻 R_{off}。定时元件 RC 取值不同，输出的脉冲宽度也不同。当触发脉冲宽度小于输出脉冲宽度时，可以省去输入微分电路的 R_P 和 C_P。

单稳态触发器在电子秒表中的职能是为计数器提供清零信号。

3. 时钟发生器

图 7－8－1 中单元Ⅲ为用 555 定时器构成的多谐振荡器，是一种性能较好的时钟源。调节电位器 R_W，使在输出端 3 获得频率为 50 Hz 的矩形波信号，当基本 RS 触发器的 $Q=1$ 时，与非门 5 开启，此时 50 Hz 脉冲信号通过与非门 5 作为计数脉冲加于计数器 1 的计数输入端 CP_2。

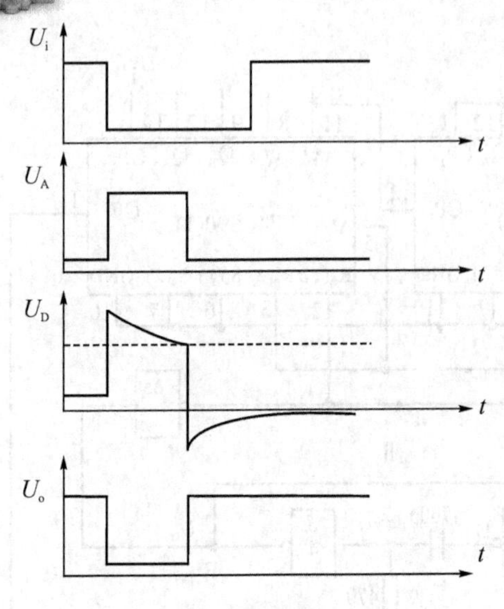

图 7-8-2　单稳态触发器波形图

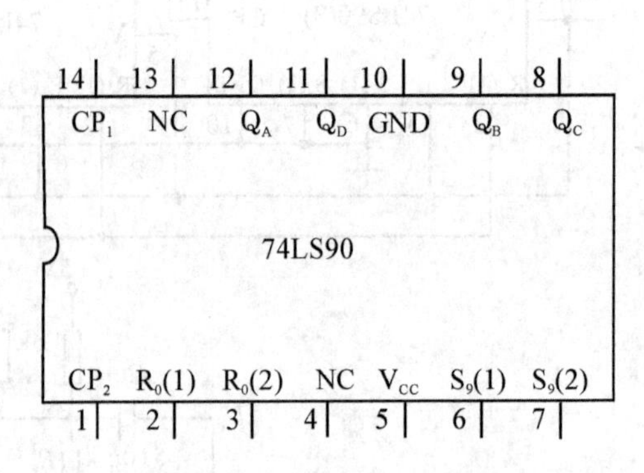

图 7-8-3　74LS90 引脚排列

4. 计数及译码显示

二—五—十进制加法计数器 74LS90 构成电子秒表的计数单元，如图 7-8-1 中单元Ⅳ所示。其中计数器 1 接成五进制形式，对频率为 50 Hz 的时钟脉冲进行五分频，在输出端 Q_D取得周期为 0.1 s 的矩形脉冲，作为计数器 2 的时钟输入。计数器 2 及计数器 3 接成 8421 码十进制形式，其输出端与实验装置上译码显示单元的相应输入端连接，可显示 0.1～0.9 s；1～9.9 s 计时。

注：集成异步计数器 74LS90

74LS90 是异步二—五—十进制加法计数器，它既可以作二进制加法计数器，又可以作五进制和十进制加法计数器。

图 7-8-3 为 74LS90 引脚排列，表 7-8-1 为其功能表。

通过不同的连接方式，74LS90 可以实现四种不同的逻辑功能，而且还可借助 R_0(1)、R_0(2)对计数器清零，借助 S_9(1)、S_9(2)将计数器置 9。其具体功能详述如下：

(1) 计数脉冲从 CP_1 输入，Q_A 作为输出端，为二进制计数器。

(2) 计数脉冲从 CP_2 输入，Q_D、Q_C、Q_B 作为输出端，为异步五进制加法计数器。

(3) 若将 CP_2 和 Q_A 相连，计数脉冲由 CP_1 输入，Q_D、Q_C、Q_B、Q_A 作为输出端，则构成异步 8421 码十进制加法计数器。

(4) 若将 CP_1 与 Q_D 相连，计数脉冲由 CP_2 输入，Q_A、Q_D、Q_C、Q_B 作为输出端，则构成异步 5421 码十进制加法计数器。

(5) 清零、置 9 功能。

①异步清零

当 R_0(1)、R_0(2)均为“1”；S_9(1)、S_9(2)中有“0”时，实现异步清零功能，即 $Q_DQ_CQ_BQ_A$ ＝0000。

②置 9 功能

当 $S_9(1)$、$S_9(2)$ 均为“1”；$R_0(1)$、$R_0(2)$ 中有“0”时，实现置 9 功能，即 $Q_DQ_CQ_BQ_A=1001$。

表 7-8-1 74LS90 功能表

<table>
<tr><th colspan="3">输 入</th><th>输 出</th><th rowspan="3">功 能</th></tr>
<tr><th>清 0</th><th>置 9</th><th>时钟</th><th rowspan="2">Q_D Q_C Q_B Q_A</th></tr>
<tr><th>$R_0(1)$、$R_0(2)$</th><th>$S_9(1)$、$S_9(2)$</th><th>CP_1 CP_2</th></tr>
<tr><td>1 1</td><td>0 ×
× 0</td><td>× ×</td><td>0 0 0 0</td><td>清 0</td></tr>
<tr><td>0 ×
× 0</td><td>1 1</td><td>× ×</td><td>0 0 0 0</td><td>置 9</td></tr>
<tr><td rowspan="5">0 ×
× 0</td><td rowspan="5">0 ×
× 0</td><td>↓ 1</td><td>Q_A 输出</td><td>二进制计数</td></tr>
<tr><td>1 ↓</td><td>Q_D Q_C Q_B 输出</td><td>五进制计数</td></tr>
<tr><td>↓ A</td><td>Q_D Q_C Q_B Q_A
输出 8421BCD 码</td><td>十进制计数</td></tr>
<tr><td>Q_D ↓</td><td>Q_A Q_D Q_C Q_B
输出 5421BCD 码</td><td>十进制计数</td></tr>
<tr><td>1 1</td><td>不 变</td><td>保 持</td></tr>
</table>

实训器材

+5 V 直流电源；双踪示波器；直流数字电压表；数字频率计；单次脉冲源；连续脉冲源；逻辑电平开关；逻辑电平显示器；译码显示器；74LS00×2、555×1、74LS90×3；电位器、电阻、电容若干。

实训内容与步骤

由于实验电路中使用的器件较多，实验前必须合理安排各器件在实验装置上的位置，使电路逻辑清楚，接线较短。

实验时，应按照实验任务的次序，将各单元电路逐个进行接线和调试，即分别测试基本 RS 触发器、单稳态触发器、时钟发生器及计数器的逻辑功能，待各单元电路工作正常后，再将有关电路逐级连接起来进行测试，直到测试电子秒表整个电路的功能。

这样的测试方法有利于检查和排除故障，保证实验顺利进行。

1. 单稳态触发器的测试

(1) 静态测试

用直流数字电压表测量 A、B、D、F 各点电位值，并列表将数据记录下来。

(2) 动态测试

输入端接 1 kHz 连续脉冲源，用示波器观察并描绘 D 点(V_D)和 F 点(V_0)的波形，如嫌单稳态输出脉冲持续时间太短，难以观察，可适当加大微分电容 C（如改为 0.1 μF）待测试完毕，再恢复 4 700 pF。

2. 时钟发生器的测试

用示波器观察输出电压波形并测量其频率，调节 R_W，使输出的矩形波频率为 50Hz。

3. 计数器的测试

(1) 将计数器 1 接成五进制形式，$R_0(1)$、$R_0(2)$、$S_9(1)$、$S_9(2)$ 接逻辑开关输出插口，CP_2 接单次脉冲源，CP_1 接高电平“1”，Q_D～Q_A 接实验设备上译码显示输入端 D、C、B、A，按表 7-8-1 测试其逻辑功能，并将数据记录下来。

(2) 计数器 2 及计数器 3 接成 8421 码十进制形式，同内容(1)进行逻辑功能测试，并将数据记录下来。

(3) 将计数器 1、2、3 级连，进行逻辑功能测试，并将数据记录下来。

4. 电子秒表的整体测试

各单元电路测试正常后，按图 7-8-1 把几个单元电路连接起来，进行电子秒表的总体测试。

先按一下按钮开关 K_2，此时电子秒表不工作，再按一下按钮开关 K_1，则计数器清零后便开始计时，观察数码管显示计数情况是否正常，如不需要计时或暂停计时，按一下开关 K_2，计时立即停止，但数码管保留所计时之值。

5. 实训记录与结果

(1) 总结电子秒表的整个调试过程。

(2) 分析调试中发现的问题及故障排除方法。

1. 总结数字电路中 RS 触发器、单稳态触发器、时钟发生器及计数器等部分内容。

2. 列出调试电子秒表的步骤。

（余会娟）

项目八　线性集成电路应用实训

实训一　运算放大器

实训目标

1. 加深对线性状态下集成运算放大器工作特点的理解。
2. 进一步巩固和理解集成运算放大器基本运算电路的构成及功能。
3. 学会集成运算放大器的正确使用方法。
4. 熟悉集成运放比例运算电路的调试和实验方法。

实训原理

1. 运算放大器是具有两个输入端、一个输出端的高增益、高输入阻抗、低漂移的直流放大器。在它的输出端和输入端之间加上反馈网络，就可以实现各种不同的电路功能，如反馈网络为线性电路时，运算放大器可以实现放大、加、减、微分和积分等；如反馈网络为非线性电路时，可以实现对数、乘法、除法等运算功能；另外还可以组成各种波形产生电路，如正弦波、三角波、脉冲波等。集成运算放大器是人们对"理想放大器"的一种实现。一般在分析集成运放的实用性能时，为了方便，通常认为运放是理想的。

2. 由于集成运放有两个输入端，因此按输入接入方式不同，可有三种基本放大组态，即反相放大、同相放大和差动放大组态，它们是构成集成运放系统的基本单元。

8	7	6	5
F007C 或μA741			
1	2	3	4

管脚排列图

图 8-1-1　集成运放 μA741

实训器材

直流电源；函数信号发生器；双踪示波器；集成运放 μA741；电阻、导线等其他相关设备。

实训内容与步骤

1. 按图 8－1－2 和 8－1－3 连接电路：

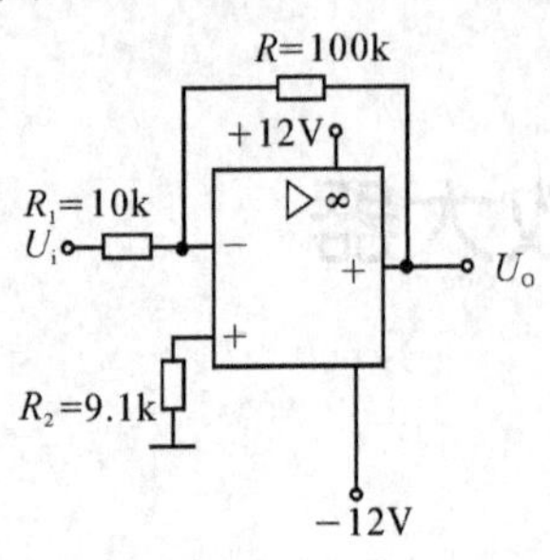

图 8－1－2　反相比例运算电路

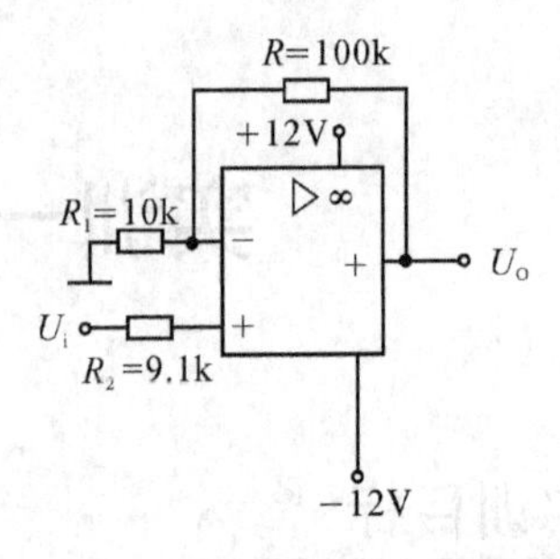

图 8－1－3　同相比例运算电路

2. 在实验台 D 组直流稳压电源处调出＋12 V 和－12 V 两个电压，并将其接入实验电路中芯片的引脚 7 和引脚 4，除固定电阻外，可变电阻用万用表欧姆挡调出电路所需数值，与对应位置相连。

3. 输入 f＝100 Hz 的正弦交流信号。观测电路，并将数据逐一记录在表 8－1－1 和表 8－1－2 中。

表 8－1－1

U_i	0.3	0.4	0.5	0.6
U_o				
$A_{uf}=-\frac{R_f}{R_1}$				

表 8－1－2

U_i	0.3	0.4	0.5	0.6
U_o				
$A_{uf}=1+\frac{R_f}{R_1}$				

思考题

1. 理论计算出的电路放大倍数为多少？
2. 分析电路输出和输入之间的关系是否满足各种运算。

（余会娟）

实训二　数字锁相环

实训目标

1. 了解数字锁相环的基本概念。
2. 熟悉数字锁相环的指标。
3. 熟悉数字锁相环的指标。

实训原理

数字锁相环位同步法是采用高稳定度的振荡器(信号钟)，从鉴相器所获得的与同步误差成比例的误差信号，通过一个控制器在信号钟输出的脉冲序列中附加或扣除一个或几个脉冲，这样可以调整加到减相器上的位同步脉冲序列的相位，达到同步的目的。其结构如图 8-2-1 所示，由参考时钟、多模分频器(三种模式：超前分频、正常分频、滞后分频)、双路相位比较，高倍时钟振荡器等组成。

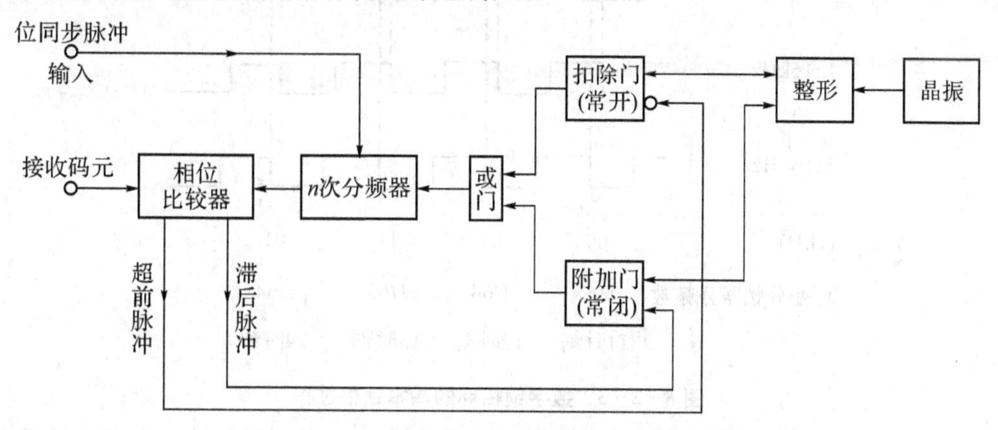

图 8-2-1　数字锁相原理框图

本实验系统数字锁相环的结构如图 8-2-2 所示。本实验系统数字锁相环均在 FPGA 内部实现。如图 8-2-2，采样器 1、2 构成一个数字鉴相器，时钟信号 E、F 对 D 信号进行采样，如果采样值为 01，则数字锁相环不进行调整(÷64)，如果采样值为 00，则下一个分频系数为(÷63)；如果采样值为 11，则下一个分频系数为(÷65)。数字锁相环调整的最终结果使本地分频时钟锁在输入的信道时钟上。

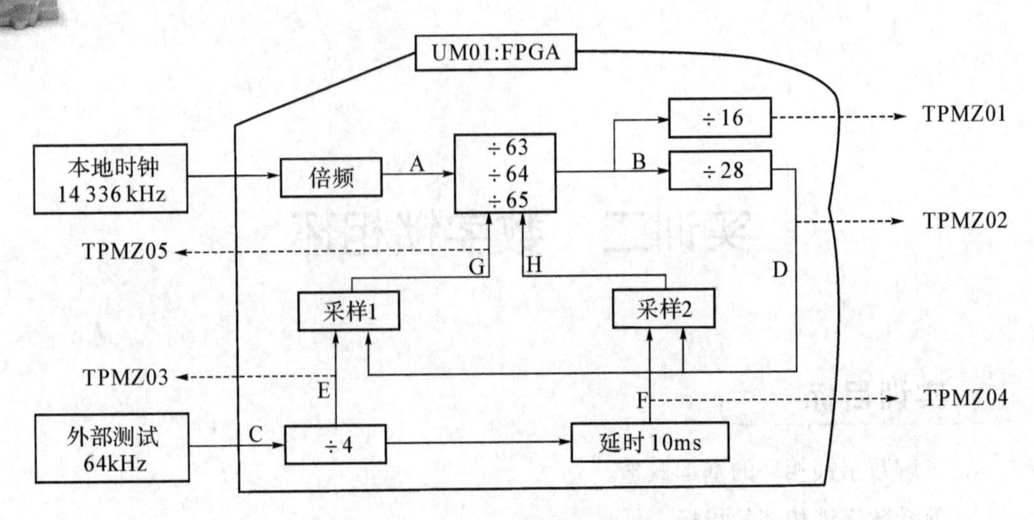

图 8-2-2　数字锁相环结构图

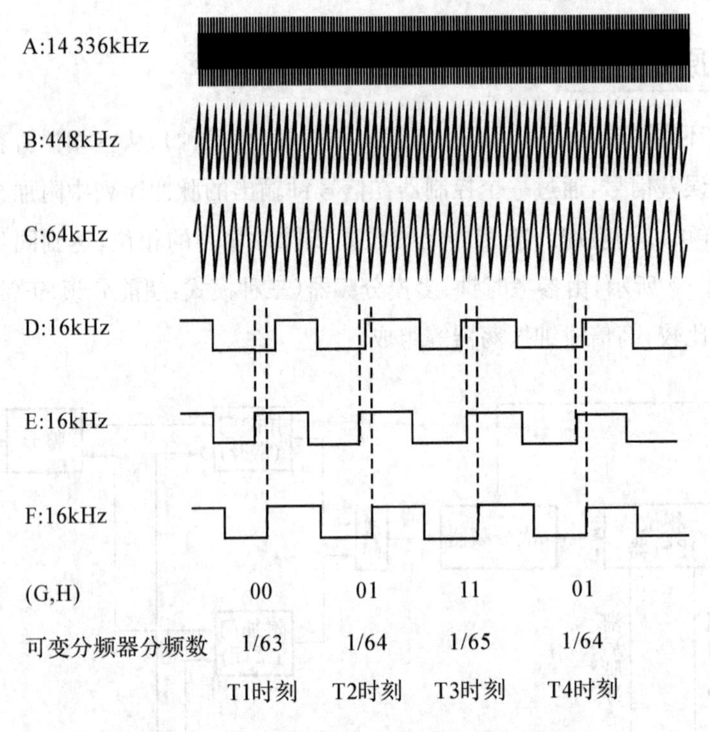

图 8-2-3　数字锁相环的基本锁相过程

如图 8-2-3，在锁相环开始工作之前的 T1 时刻，D 点的时钟与输入参考时钟 C 没有确定的相位关系，鉴相器输出为 00，则下一时刻分频器为÷63 模式，这样使 D 点信号上升沿提前。在 T2 时刻，鉴相器输出为 01，则下一时刻分频器为÷64 模式。由于振荡器为自由方式，因而在 T3 时刻，鉴相器输出为 11，则下一时刻分频器为÷65 模式，这样使 D 点信号上升沿滞后。这样，可变分频器不断在三种模式之间切换，最终使 D 点时钟信号的时钟沿在 E、F 时钟上升沿之间，从而使 D 点信号与外部参考信号达到同步。

本数字锁相环模块各测试点定义如下：

a. TPMZ01：本地经数字锁相环后输出时钟(56 kHz)；

b. TPMZ02：本地经数字锁相环后输出时钟(16 kHz)；

c. TPMZ03：外部输入时钟÷4 分频后信号(16 kHz)；

d. TPMZ04：外部输入时钟÷4 分频后延时的信号(16 kHz)；

e. TPMZ05：数字锁相环调整信号。

实训器材

JH5001 通信原理综合实验系统一套；20MHz 双踪示波器一台；函数信号发生器一台。

实训内容与步骤

用函数信号发生器产生一个 64 kHz 的 TTL 信号送入数字信号测试端口 J007。

1. 锁定状态测量

用示波器同时测量 TPMZ03、TPMZ02 的相位关系，测量时用 TPMZ03 同步。

2. 数字锁相环的相位抖动特性测量

以 TPMZ03 为示波器的同步信号，用示波器测量 TPMZ02，仔细调整示波器时基，使示波器刚好容纳 TPMZ02 的一个半周期，观察其上升沿。可以观察到其上升较粗(抖动)，其宽度与 TPMZ02 周期的比值的一半即为数字锁相环的时钟抖动。

3. 锁定过程观测

(1) 用示波器同时观测 TPMZ03、TPMZ02 的相位关系，测量时用 TPMZ03 同步；复位通信原理综合实验系统，则 FPGA 进行初始化，数字锁相环进行重锁状态，此时，观察它们的变化过程。

(2) 用示波器测量 TPMZ05 波形，复位通信原理综合实验系统，观察调整的变化过程。

4. 同步带测量

(1) 用函数信号发生器产生一个 64 kHz 的 TTL 信号送入数字信号测试端口 J007。用示波器同时观测 TPMZ03、TPMZ02 的相位关系，测量时用 TPMZ03 同步。

(2) 缓慢增加函数信号发生器输出频率，直至 TPMZ03、TPMZ02 两点波形失步，记录下失步前的频率。

(3) 调整函数信号发生器频率，使环路锁定。缓慢降低函数信号发生器输出频率，直至 TPMZ03、TPMZ02 两点波形失步，记录下失步前的频率。

(4) 计算同步带。

5. 捕捉带测量

(1) 用函数信号发生器产生一个 64 kHz 的 TTL 信号送入数字信号测试端口 J007。

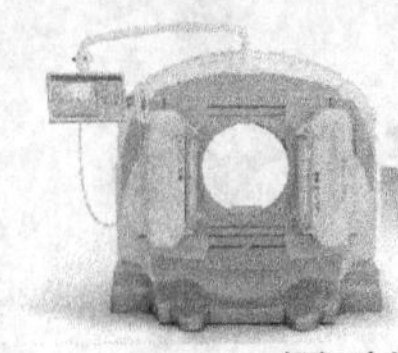

用示波器同时观测 TPMZ03 、TPMZ02 的相位关系，测量时用 TPMZ03 同步。

(2) 增加函数信号发生器输出频率，直至 TPMZ03 、TPMZ02 两点波形失步，然后缓慢降低函数信号发生器输出频率，直至 TPMZ03 、TPMZ02 两点波形同步，记录下同步一刻的频率。

(3) 降低函数信号发生器输出频率，直至 TPMZ03 、TPMZ02 两点波形失步，然后缓慢增加函数信号发生器输出频率，直至 TPMZ03 、TPMZ02 两点波形同步，记录下同步一刻的频率。

(4) 计算捕捉带。

6. 调整信号脉冲观测

(1) 用函数信号发生器产生一个 64 kHz 的 TTL 信号送入数字信号测试端口 J007。用示波器观测数字锁相环调整信号 TPMZ05 处波形。

(2) 增加或降低函数信号发生器输出频率，观测 TPMZ05 处波形的变化规律。

思考题

1. 画出数字锁相环的锁定过程。

2. 画出各测量点的波形。

3. 分析、总结数字锁相环同步带和捕捉带的特点。

（余会娟）

实训三　波形发生器

实训目标

1. 掌握正弦波、方波、三角波发生器的设计方法。
2. 学会安装、调试分立器件与集成电路组成的电子电路。
3. 学会使用能产生方波、三角波及正弦波等多种波形信号输出的波形发生器。
4. 熟悉正弦波等振荡电路的振荡条件。

实训原理

1. 波形发生器

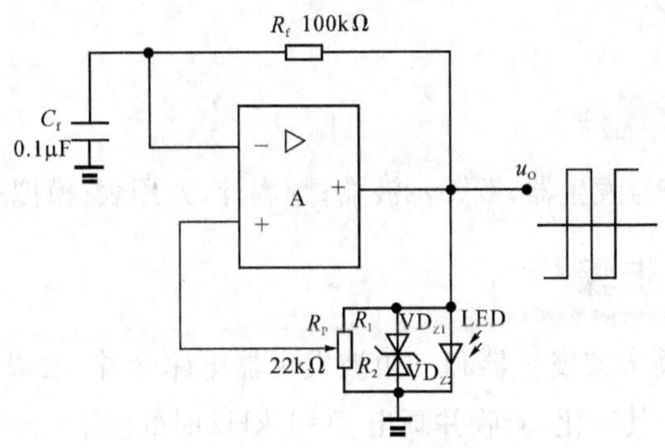

图 8-3-1　方波发生器

频率 $f_0=\dfrac{1}{2R_fC_f\ln\left(1+2\dfrac{R_2}{R_1}\right)}$

2. 三角波发生器

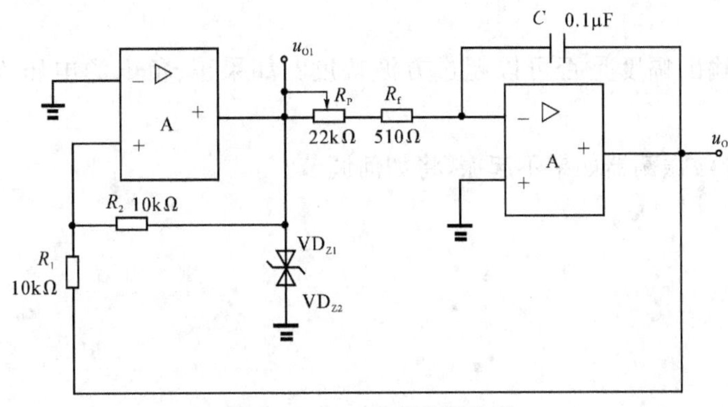

图 8-3-2　三角波发生器

频率 $f_0=\frac{R_2}{4R_1(R_f+R_p)C}$

3. 正弦波发生器

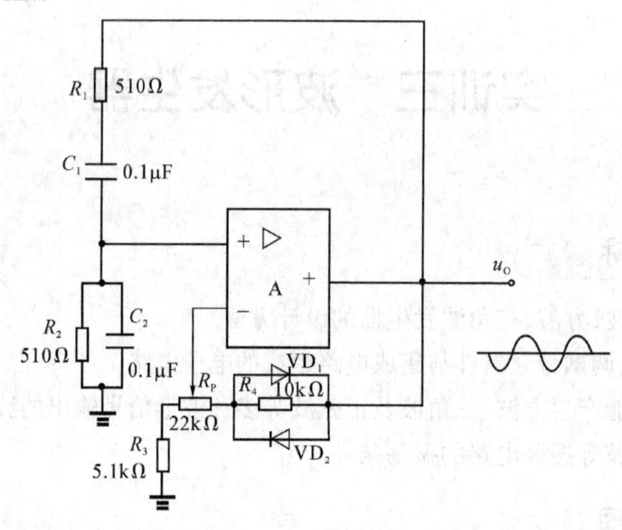

图 8-3-3 正弦波发生器

频率 $f_0=\frac{1}{2\pi R_1C_1}$

实训器材

直流电源;函数信号发生器;双踪示波器;频率计;万用表;模拟/数字实验箱。

实训内容与步骤

1. 按图连线后,将方波发生器和三角波发生器电路合并,改成调节电位器 R_p,用示波器观察 U_o 的波形及其变化,验收并画出 $f=1$ kHz 时的波形(要求记录幅值及周期)。

2. 正弦波发生器电路改成将两稳压管去掉,观察 U_o 的波形,并与第一次记录的 U_o 的波形进行比较,得出结论。记录按实验步骤中要求测出的波形。

思考题

1. 三角波输出幅度是否可以超过方波幅度?如果正、负电源电压不等,输出波形如何?

2. *RC* 正弦波振荡器如果不起振,将如何调节?

(余会娟)

实训四　有源开关电容滤波器

实训目标

1. 了解 RC 无源和有源滤波器的种类、基本结构及其特性。
2. 分析和对比无源和有源滤波器的滤波特性。
3. 了解示波器所测滤波器的实际幅频特性与理想幅频特性。
4. LPF、HPF、BPF、BEF 源滤波器之间的转换连接。

实训原理

滤波器是对输入信号的频率具有选择性的一个二端口网络，它允许某些频率(通常是某个频率范围)的信号通过，而其他频率的信号幅值均要受到衰减或抑制。这些网络可以是 RLC 组件或 RC 组件构成的无源滤波器，也可是 RC 组件和有源器件构成的有源滤波器。

根据幅频特性所表示的通过或阻止信号频率范围的不同，滤波器可分为低通滤波器(LPF)、高通滤波器(HPF)、带通滤波器(BPF)和带阻滤波器(BEF)四种。图 8－4－1 分别为四种滤波器的实际幅频特性的示意图及四种滤波器的幅频特性。

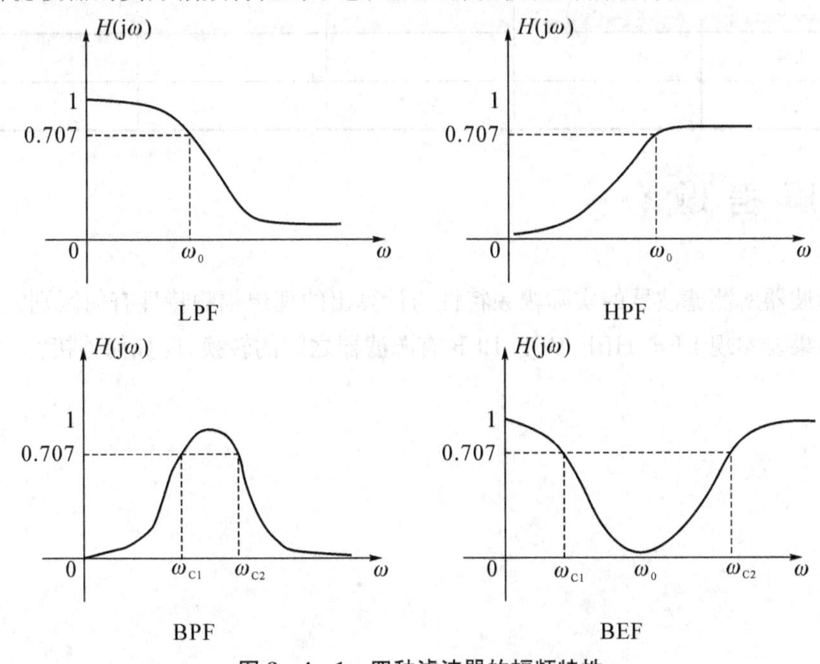

图 8－4－1　四种滤波器的幅频特性

实训器材

直流电源；函数信号发生器；双踪示波器；频率计；万用表；实验模块电路板 。

实训内容与步骤

1. 将基本实验模块电路板接通电源，用示波器从总体上先观察各类滤波器的滤波特性。

2. 实验时，在保持滤波器输入正弦波信号幅值(U_i)不变的情况下（取输入正弦波的最大值为 1 V），逐渐改变其频率，用示波器($f<15$ kHz)测量滤波器输出端的电压U_o。当改变信号源频率时，都应观测一下U_i是否保持稳定，数据如有改变应及时调整。

3. 按照以上步骤，分别测试无源、有源 LPF、HPF、BPF、BEF 的幅频特性。

（注意：滤波器的输入信号幅度不宜过大，对于有源滤波器，电压一般不要超过 5 V。）

4. 根据实验测量所得数据，绘制各类滤波器的幅频特性曲线。并计算出特征频率、截止频率和通频带。比较分析各类无源和有源滤波器的滤波特性。

5. 实训记录与结果

表 8-4-1　实验记录表格

频率 f(kHz)	有源低通 (u=8.8 V)	有源高通 (u=8.8 V)	有源带通 (u=8.8 V)	有源带阻 (u=8.8 V)
0.1				
0.2				
0.3				
0.4				
0.5				

思考题

1. 示波器所测滤波器的实际幅频特性与计算出的理想幅频特性有何区别？

2. 如果要实现 LPF、HPF、BPF、BEF 有源滤器之间的转换，应如何连接？

（余会娟）

实训五　集成稳压器

实训目标

1. 研究单相桥式整流、电容滤波电路的特性。
2. 了解集成三端稳压器的特性和使用方法。
3. 掌握集成稳压器主要性能指标的测试方法。
4. 了解相关章节的整流、滤波等内容。
5. 了解集成稳压器 7812 的主要技术参数。

实训原理

1. 集成稳压器 L7812

图 8－5－1 为 L7812 的外形和接线图，它有三个引出端：

输入端(不稳定电压输入端)　　　　标以“1”

输出端(稳定电压输出端)　　　　标以“3”

公共端　　　　标以“2”

本实验所用集成稳压器为三端固定正稳压器 L7812，它的主要参数有：输出直流电压 $U_o=+12$ V，输出电流 $I_o=0.1$ A，电压调整率 10 mV/V，输出电阻 $R_o=0.15\ \Omega$，输入电压 U_i 的范围 15～17 V 。一般 U_i 要比 U_o 大 3～5 V，才能保证集成稳压器工作在线性区。

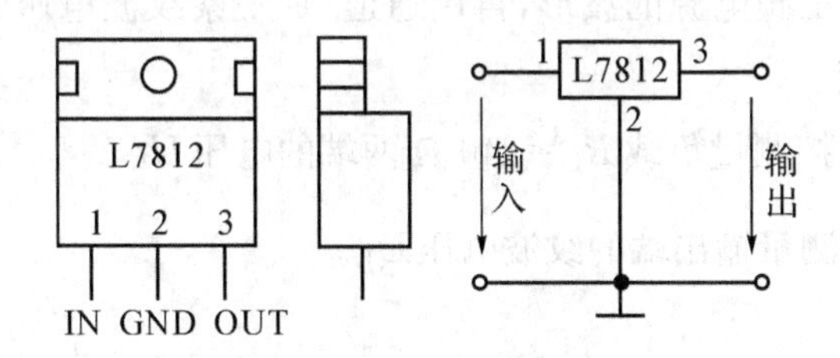

图 8－5－1　L7812 的外形及接线图

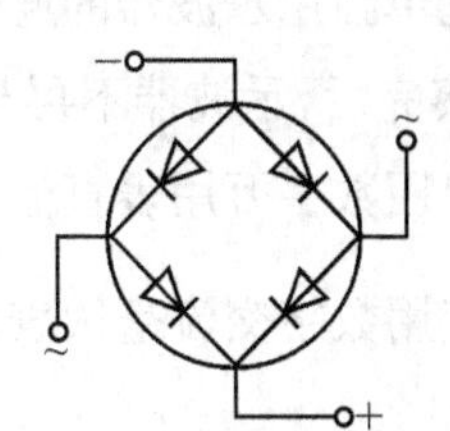

图 8－5－2　1QC－4B 桥堆管脚图

2. 桥堆

四个二极管组成的桥式整流器成品(又称桥堆),内部接线和外部管脚引线如图 8-5-2 所示,用于整流。

3. 输出电阻 R_o

输出电阻 R_o 定义为:当输入电压 U_i(指稳压电路输入电压)保持不变,由于负载变化而引起的输出电压变化量与输出电流变化量之比,即

$$R_o=\frac{\Delta U_o}{\Delta I_o}\bigg|U_i=常数$$

4. 稳压系数 S(电压调整率)

稳压系数 S 定义为:当负载保持不变,输出电压相对变化量与输入电压相对变化量之比,即

$$S=\frac{\Delta U_o/U_o}{\Delta U_i/U_i}\bigg|U_L=常数$$

其中,$U_o=12$ V,U_i 为 $U_o=12$ V 对应的稳压器输入电压。

由于工程上常把电网电压波动±10%作为极限条件,因此也有将此时输出电压的相对变化 $\Delta U_o/U_o$ 作为衡量指标,称为电压调整率。

5. 纹波电压

输出纹波电压是指在额定负载条件下,输出电压中所含交流分量的有效值(或峰值)。

实训器材

直流电源;函数信号发生器;双踪示波器;频率计;万用表;模拟电子实验箱。

实训内容与步骤

1. 整流滤波电路测试

(1) 按图 8-5-3 连接实验电路,取可调工频电源 14 V(应使用数字万用表的交流 20 V挡位测量其实际值)电压作为整流电路输入电压 u_2。

(2) 先单独用示波器的通道“1”观察工频电源的波形,再用通道“1”观察纹波电压的波形。观察完后,示波器不再与电路连接。

(3) 使用数字万用表直流电压 20 V 挡测量负载 $R_L=240\ \Omega$ 两端的电压 U_L。

(4) 使用数字交流毫伏表的通道“1”测量输出端的纹波电压 $\widetilde{U}_L$。

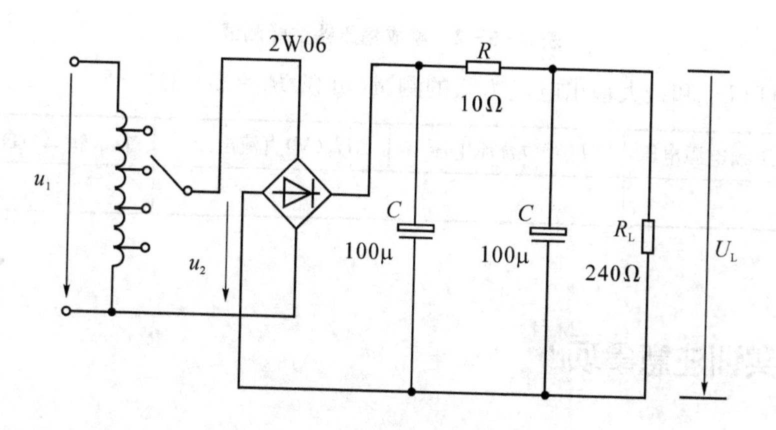

图 8－5－3　整流滤波电路

2. 集成稳压器性能测试

(1) 按图 8－5－3 连接实验电路，取负载电阻 $R_L=120\ \Omega$。

(2) 接通工频 14 V 电源，测量 U_2 的值；测量滤波电路输出电压 U_i（稳压器输入电压），集成稳压器输出电压 U_o 的数值应与理论值 12 V 接近，电流表的读数应为 100 mA 左右，否则说明电路出了故障。

(3) 输出电压 U_o 和最大输出电流 I_{omax} 的测量。在输出端接负载电阻 $R_L=120\ \Omega$，由于 7812 输出电压 $U_o=12$ V，因此流过 R_L 的电流 $I_{omax}=\frac{12}{120}=0.1\ \text{A}=100\ \text{mA}$。这时 U_o 应基本保持不变，若变化较大则说明集成块性能不良。

3. 实训记录与结果

表 8－5－1　整流滤波电路测试

	幅度（有效值）	波形
U_2(V)工频电源电压		u_2 — t
U_L(V)纹波电压		u_L — t
U_L(V)输出端直流电压		

表 8-5-2　集成稳压器性能测试

输出电压 U_o 和最大输出电流 I_{omax} 的测量(负载:$R_L=120\ \Omega$)

U_2(V)工频电源电压	U_I(V)直流电压	U_o(V)直流电压	I_{omax}(mA)直流电流

实训注意事项

虽然集成稳压器的内部有很好的保护电路,但在实际使用中仍会因为使用不当而损坏。故应特别注意以下几点:

1. 输入、输出不能接反,若反接电压超过 7 V,将会损坏稳压管。

2. 输入端不能短路,故应在输入、输出端接一个保护二极管。

3. 防止浮地故障。由于三端稳压器的外壳为公共端,当它装在设备底板或外机箱上时,应接上可靠的公共连接线。

(余会娟)

实训六　555 定时器

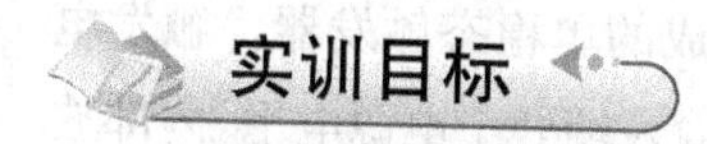

实训目标

1. 掌握 555 定时器的工作原理。
2. 掌握多谐振荡器的应用方法。
3. 掌握单稳态触发器的应用方法。
4. 学会测量并使用多谐振荡器。
5. 熟悉 555 定时器的测试方法。

实训原理

555 定时器有双极型和 CMOS 型两种电路。无论哪种类型均有单或双定时器电路：双极型产品型号的最后三位数码为 555(单)或 556(双)；CMOS 产品型号的最后四位数码为 7555(单)或 7556(双)。

它们的结构、工作原理以及外部管脚排列完全相同，其功能完全一样，不同之处是双极型定时器具有较大的驱动能力，而 CMOS 定时电路具有低功耗、输入阻抗高等优点。

555 定时器是一个模拟与数字混合的集成电路，可以将输入的模拟信号转化为一定的数字信号输出，因而广泛应用于生产实践的各个领域。555 定时器的电路原理图如图 8-6-1 所示，该电路只需外接少量的阻容元件，就可以实现多种应用，而基本的应用有多谐振荡器、单稳态触发器和施密特触发器。

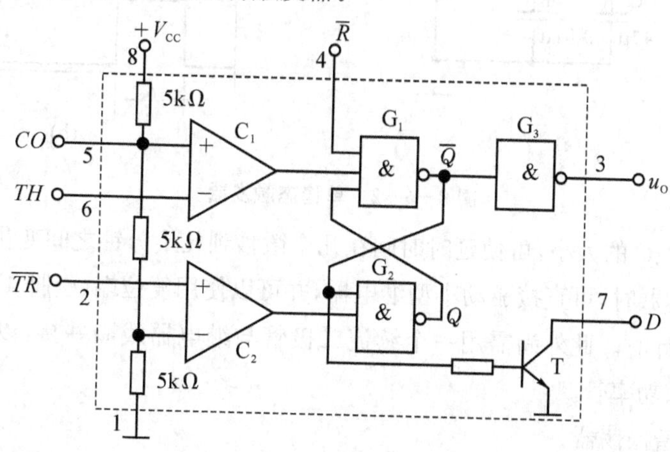

图 8-6-1　555 定时器的电路原理图

实训器材

直流电源;函数信号发生器;双踪示波器;频率计;万用表;555 定时器;电阻、电容若干。

实训内容与步骤

1. 构成单稳态触发器

图 8-6-2(a)为由 555 定时器和外接定时元件 R、C 构成的单稳态触发器。触发电路由 C_1、R_1、D 构成,其中 D 为钳位二极管,稳态时 555 电路输入端处于电源电平,内部放电开关和 T 导通,输出端 F 输出低电平,当有一个外部负脉冲触发信号经 C_1 接到引脚 2 端。并使 2 端电位瞬时降低,低电平比较器动作,单稳态电路即开始一个暂态过程,电容 C 开始充电,U_C 按指数规律增长。当 U_C 充电时,高电平比较器动作,比较器 A_1 翻转,输出电压 U_o 从高电平返回低电平,放电开关管 T 重新导通,电容 C 上的电荷很快经放电开关管放电,暂态结束,恢复稳态,为下个触发脉冲的来到做好准备。波形图如图 8-6-2(b)所示。

单稳态的持续时间 t_W(即为延时时间)决定于外接元件 R、C 值的大小。

$$t_W = 1.1RC$$

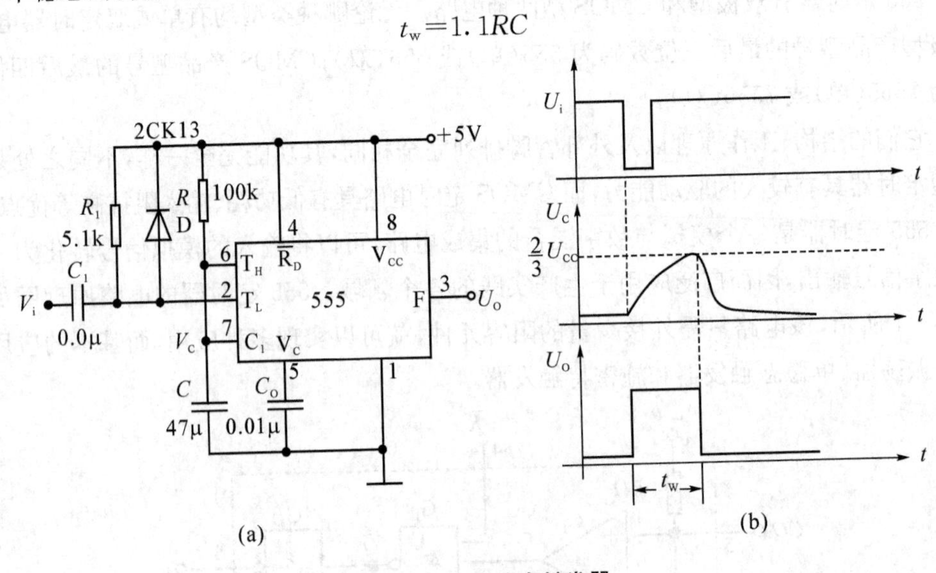

图 8-6-2 单稳态触发器

通过改变 R、C 的大小,可使延时时间在几个微秒到几十分钟之间变化。当这种单稳态电路作为计时器时,可直接驱动小型继电器,并可以使用复位端(引脚 4)接地的方法来终止暂态,重新计时。此外尚需用一个续流二极管与继电器线圈并接,以防继电器线圈反电势损坏内部功率管。

2. 构成多谐振荡器

如图 8-6-3(a)所示,是由 555 定时器和外接元件 R_1、R_2、C 构成的多谐振荡器,其中引脚 2 与引脚 5、引脚 6 直接相连。电路没有稳态，仅存在两个暂稳态，电路亦不需要外加触发信号，利用电源通过 R_1、R_2 向 C 充电，以及 C 通过 R_2 向放电端 C_1 放电，使电路产生振荡。电容 C 在 $(1/3)V_{cc}$ 和 $(2/3)V_{cc}$ 之间充电和放电。其波形如图 8－6－3(b)所示。输出信号的时间参数是

$$T=t_{w1}+t_{w2},\quad t_{w1}=0.7(R_1+R_2)C,\quad t_{w2}=0.7R_2C$$

555 电路要求 R_1 与 R_2 均应大于或等于 1 kΩ，但 R_1+R_2 应小于或等于 3.3 MΩ。

外部元件的稳定性决定了多谐振荡器的稳定性，555 定时器配以少量的元件即要获得较高精度的振荡频率和具有较强的功率输出能力。因此这种形式的多谐振荡器应用很广。

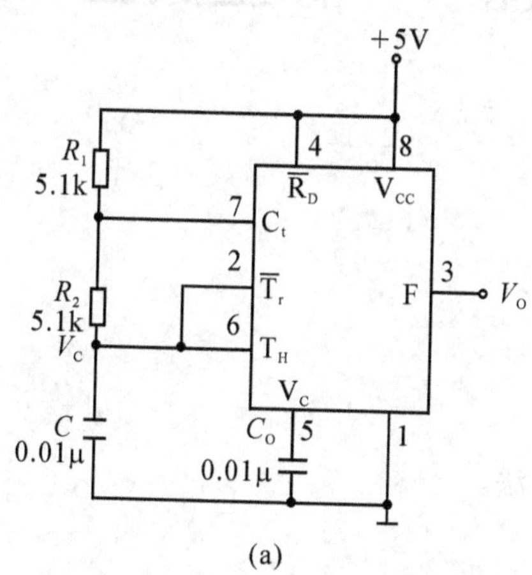

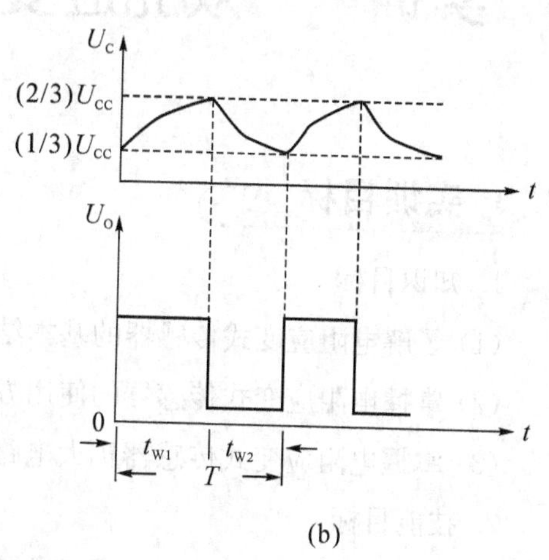

图 8－6－3　多谐振荡器

3. 实训记录与结果

(1) 给出详细的实验线路图，定量绘出观测到的波形。

(2) 分析、总结实验结果。

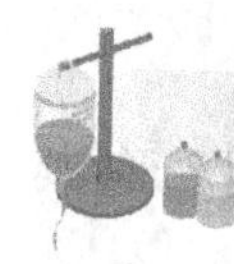

思考题

1. 如何用示波器测定施密特触发器的电压传输特性曲线？
2. 拟定各次实验的步骤和方法。

（余会娟）

项目九 传感器实训

实训一 双孔应变传感器——称重实验

实训目标

1. 知识目标

(1) 了解电阻应变式传感器的基本结构。

(2) 掌握电阻应变式传感器的使用方法。

(3) 掌握电阻应变式传感器扩大电路的调试方法。

2. 技能目标

(1) 学会测量并调整电阻应变式传感器。

(2) 熟悉传感器实验装置操作流程。

实训原理

1. 电阻式传感器的结构和工作原理。

2. 应变片是最常用的测力传感器，测件受力发生形变，应变片的敏感栅随同变形，其电阻值也随之发生相应的变形。通过测量电路，转换成电信号输出。

电桥电路是最常用的测量电路中的一种，当电桥平衡时，桥路对臂电阻乘积相等，电桥输出为零，在桥臂的 4 个电阻 R_1、R_2、R_3、R_4 中，电阻相对变化率分别为$\frac{\Delta R_1}{R_1}$、$\frac{\Delta R_2}{R_2}$、$\frac{\Delta R_3}{R_3}$、$\frac{\Delta R_4}{R_4}$。

当弹性体受力时，根据电桥的加减特性，其输出电压：

$$V=\frac{E}{4}\left(\frac{\Delta R_1}{R_1}-\frac{\Delta R_2}{R_2}+\frac{\Delta R_3}{R_3}-\frac{\Delta R_4}{R_4}\right)$$

$$=4\times\frac{E}{4}\times\frac{\Delta R}{R}$$

实训器材

直流稳压电源(±4 V)、应变式传感器实验模块、传感器综合实验台、称重砝码 6 个。

实训内容与步骤

(一) 实训步骤

1. 连接主机(如图 9-1-1 所示)与模块电路电源连接线。这时要注意实验连线插头为灯矩状簧片结构,插入插孔即能保证接触良好,不需旋转锁紧,使用时应避免摇晃。

2. 开启主机电源,用调零电位器高速差放输出电压为零,然后拔掉实验线,调零后的"增益、调零"电位器均不再变动。

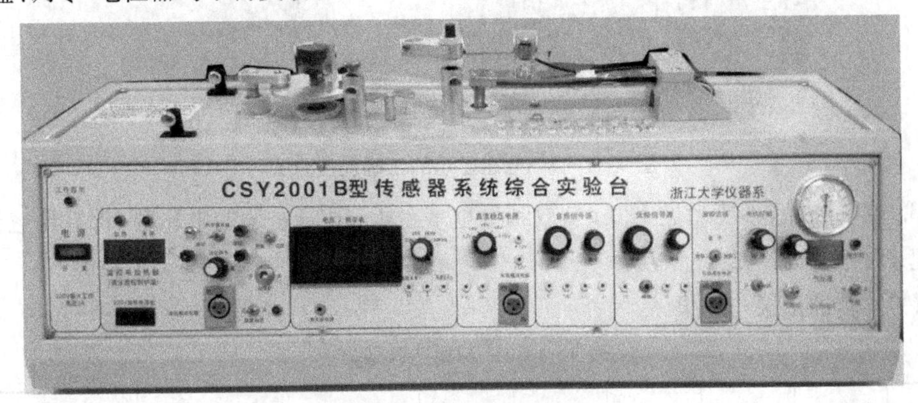

图 9-1-1　传感器综合实验台

3. 按图 9-1-2 所示将所需实验部件接成测试桥路,图中 R_1、R_2、R_3 分别为模块上的固定标准电阻,R 为应变计(可任选上梁或下梁中的一个工作片),注意连接方式,勿使直流激励电源短路。

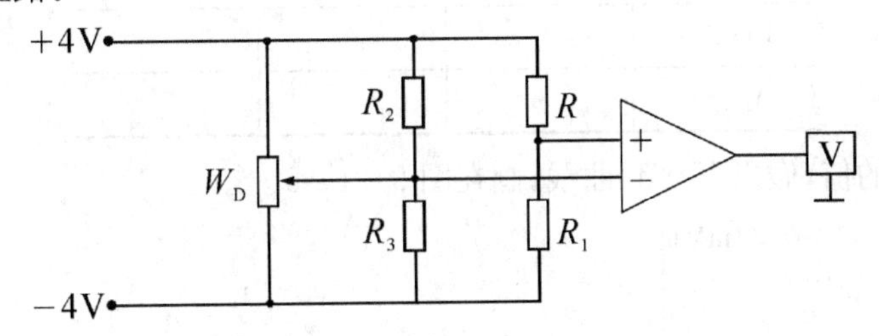

图 9-1-2　称重实验电路

4. 观察称重传感器弹性体结构及贴片位置,连接主机与实验模块的电源连接线,开启主机电源,称重传感器工作电压选用±4 V,将差动放大器的增益调到最大(100 倍),输出端接电压表。调节电桥 W_D 调零电位器使无负载时的称重传感器输出为零。

5. 逐一将砝码放上传感器称重平台,调节增益电位器,使 V_0 端与所称重量成一定比例,记录 W(g)与 V(mV)的对应值,并将数据填入表 9-1-1 中。

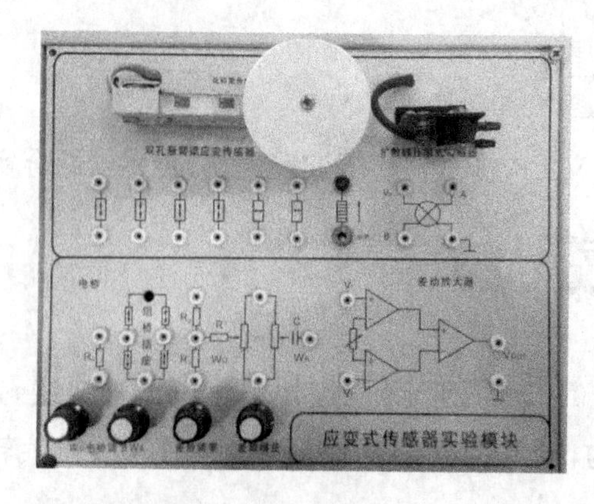

图 9-1-3　实验模块

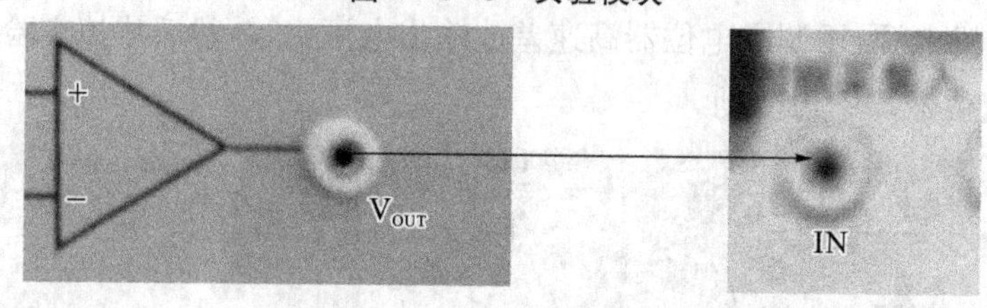

图 9-1-4　电压显示的正确连接方式

6. 取一物品(不能超过 120 g),放到称重平台上,根据显示的电压值,计算出它的重量,记录在表 9-1-2 中。

(二) 实训记录与结果

表 9-1-1　称重实验数据 1

W(g)										
V(mV)										

表 9-1-2　称重实验数据 2

物品	手机	钢笔	笔记本
V(mV)			
W(g)			

根据 W、V 的值,做出 $V-W$ 曲线,画在图 9-1-5 上。

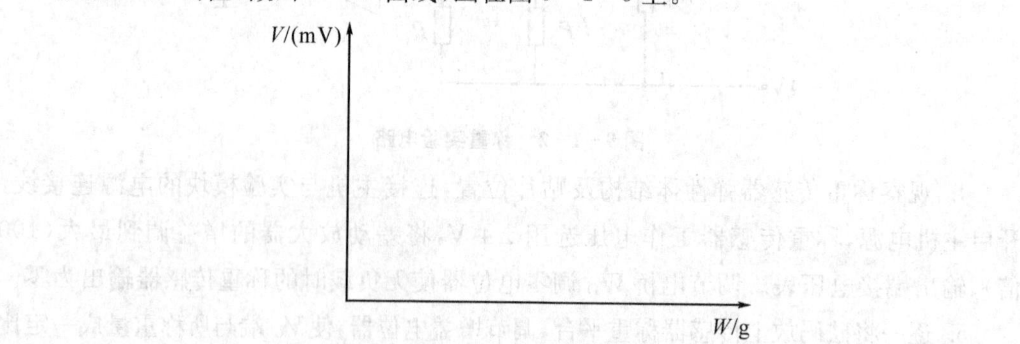

图 9-1-5　$V-W$ 特性曲线

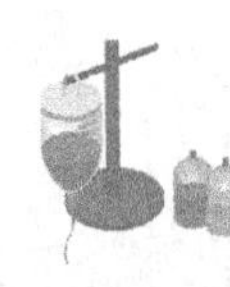

实训注意事项

1. 称重平台不能按压或上抬。
2. 称重传感器的激励电压不能随意提高。
3. 保护传感器的引线及应变片使之不受损伤。

思考题

对生成的 $V-W$ 曲线进行灵敏度、线性度与重复性的比较。

实训二 光纤传感器的位移测量

实训目标

1. 知识目标

(1) 了解光纤传感器的结构和工作原理。

(2) 了解反射光的强弱与反射物及与光纤探头的距离的关系。

2. 技能目标

(1) 培养学生严谨的操作习惯及仔细的观察能力。

(2) 熟悉螺旋测微仪的使用。

实训原理

1. 光电传感器和超声波传感器的工作原理。

2. 反射式光纤传感器的工作原理如图 9-2-1 所示，光纤采用 Y 形结构，两束多模光纤合并于一端组成光纤探头，一束作为接收，另一束为光源发射，近红外二极管发出的近红外光经光源光纤照射至被测物，由被测物反射的光信号经接收光纤传输至光电转换器转换为电信号，反射光的强弱与反射物与光纤探头的距离成一定的比例关系，通过对光强的检测就可得知位置量的变化。

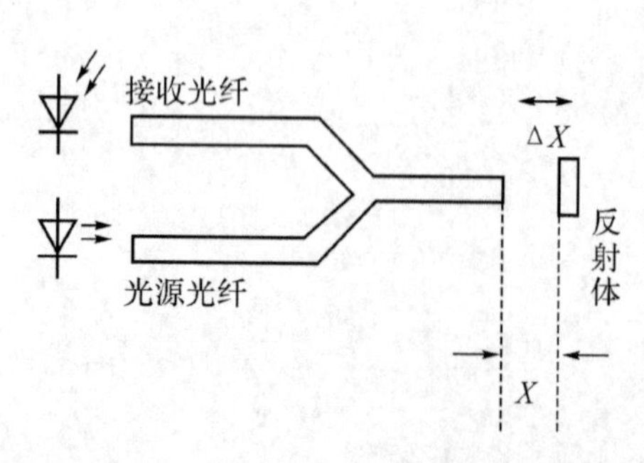

图 9-2-1 反射式光纤位移传感器原理图

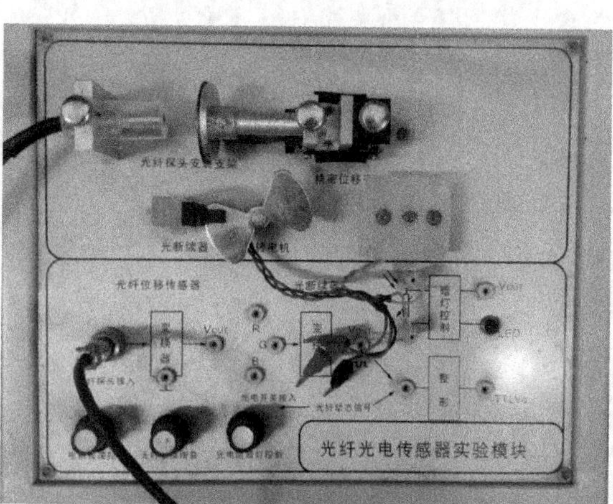

图 9-2-2 光纤实验模块

实训器材

传感器综合实验台；光纤光电传感器实验模块；螺旋测微仪；反射镜片；光纤探头。

实训内容与步骤

（一）实训步骤

1. 观察光纤结构，本实验仪所配的光纤探头为半圆形结构，由数百根导光纤维组成，一半为光源光纤，一半为接收光纤。

2. 连接主机与实验模块电源及光纤变换器探头接口，光纤探头装上探头支架，探头垂直对准反射片中央（镀铬圆铁片），螺旋测微仪装上支架，以带动反射镜片位移。

3. 开启主机电源，实验时注意调节增益，输出最大信号以 3 V 左右为宜，避免过强的背景光照射。光电变换器的 V_o 端接电压表，首先旋动测微仪使探头紧贴反射镜片（如果表面不平行可稍许扳动光纤探头角度使两平面吻合），此时输出电压 $V_o=0$，然后旋动测微仪，使反射镜片离开探头，每隔 1 mm 记录一数值并记入表 9-2-1 中。

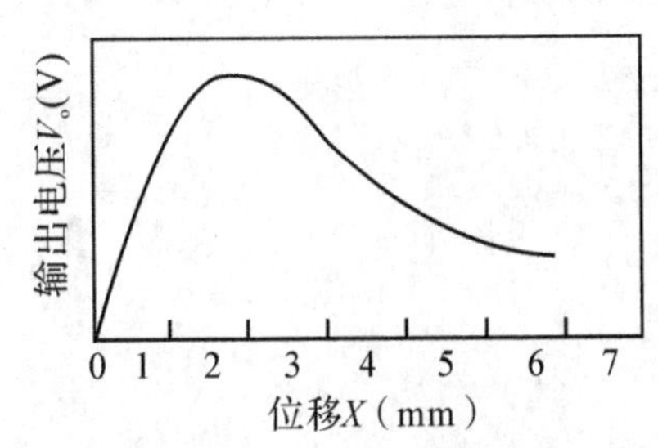

图 9-2-3　输出特性曲线

4. 位移如再加大，就可观察到光纤传感器输出特性曲线的前坡与后坡波形，参照图示输出特性曲线，根据表 9-2-1 的实验数据，作出 $V-X$ 特性曲线，画在图 9-2-3 中。通常测量用的是线性较好的前坡范围。

（二）实训记录与结果

表 9-2-1　光纤反射实验数据

X(mm)										
V(V)										

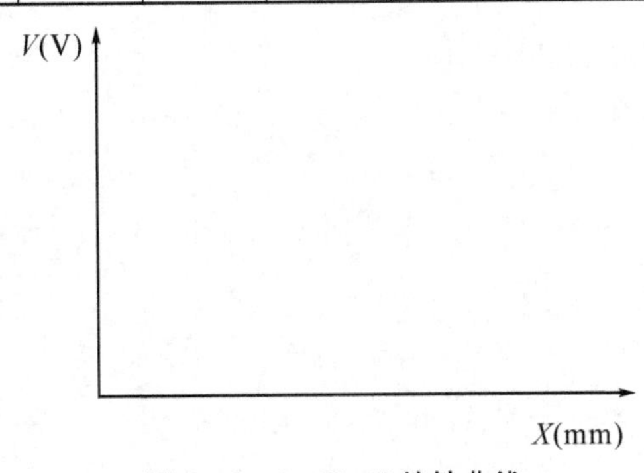

图 9-2-4　V-X 特性曲线

此曲线选用的是__________________________________。

实训注意事项

1. 预习实验操作规范，记住光纤勿成锐角曲折，以免造成内部断裂，端面尤要注意保护，否则会使光通量衰耗加大造成灵敏度下降。

2. 每台仪器的光电转换器(包括光纤)与转换电路都是单独调配的，实验前注意检查与仪器编号是否配对。

思 考 题

更换不同材料的反射镜片，结果有没有不同？为什么？

实训三　霍尔传感器

实训目标

1. 知识目标

（1）掌握霍尔式传感器及其应用技术。

（2）熟悉霍尔效应，霍尔电势 $U_{H}=K_{H}I_{B}$，当霍尔元件处在梯度磁场中运动时，它就可以进行位移测量。

2. 技能目标

（1）掌握螺旋测微仪的使用。

（2）学生能够根据实验指导书合理选择测量元件和电路模块。

实训原理

1. 磁敏传感器的结构和工作原理。

2. 霍尔元件是根据霍尔效应原理制成的磁电转换元件，当霍尔元件位于由两个环形磁钢组成的梯度磁场中时就形成了霍尔位移传感器。

3. 霍尔元件通以恒定电流时，就有霍尔电势输出，霍尔电势的大小正比于磁场强度（磁场位置），当所处的磁场方向改变时，霍尔电势的方向也随之改变。

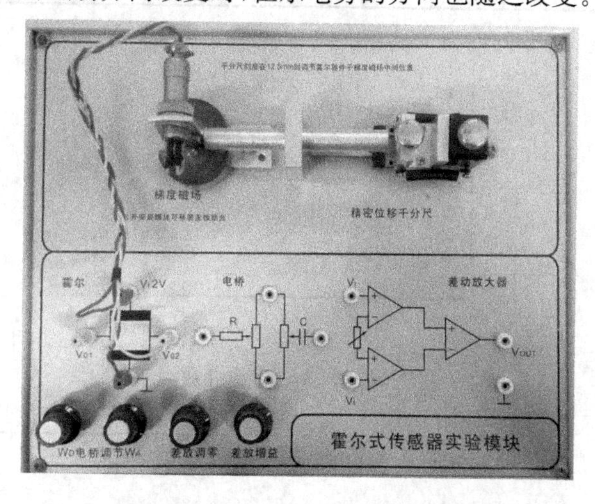

图 9－3－1　霍尔传感器的实验模块

实训器材

传感器综合实验台；霍尔传感器实验模块；螺旋测微仪；直流稳压电源(2V)；霍尔元件。

实训内容与步骤

（一）实训步骤

1. 安装好模块上的梯度磁场及霍尔传感器，连接主机与实验模块电源及传感器接口，确认霍尔元件直流激励电压为 2 V，霍尔元件另一激励端接地，实验接线按图 9-3-2 所示，差动放大器增益 10 倍左右。

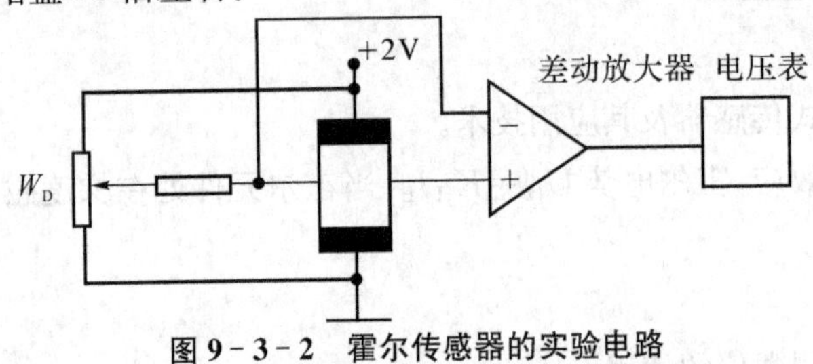

图 9-3-2　霍尔传感器的实验电路

2. 用螺旋测微仪调节精密装置使霍尔元件置于梯度磁场中间，并调节电桥直流电位器 W_D，使输出为零。

3. 从中点开始，调节螺旋测微仪，前后移动霍尔元件 3.5 mm，每变化 0.5 mm 读取相应的电压值，并记入表 9-3-1 中。

4. 在图 9-3-3 中作出 $V-X$ 曲线，分析其灵敏度和线性工作范围。

（二）实训记录与结果

表 9-3-1　霍尔传感器实验数据

X(mm)							0						
V_o(mV)							0						

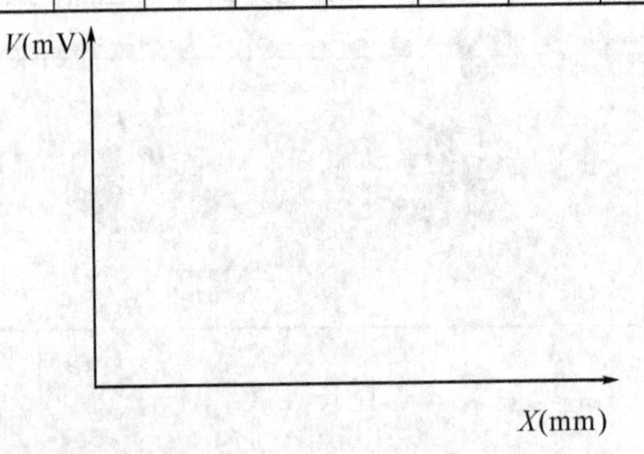

图 9-3-3　V-X 特性曲线

灵敏度和线性工作范围分析：________________________________。

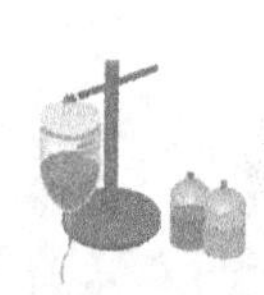

实训注意事项

1. 记住操作步骤，严格按照操作步骤进行，直流激励电压只能是 2 V，不能接±2 V（4 V），否则锑化铟霍尔元件会烧坏。

2. 复习关于磁传感器的相关知识，特别是霍尔元件。

思 考 题

特性曲线如果出现非线性情况，请查找原因。

实训四　电容式传感器性能

实训目标

1. 知识目标

(1) 了解差动式同轴变面积电容的结构；

(2) 掌握差动式电容器的工作原理。

2. 技能目标

能独立完成实验项目，完成完整的实验报告。

实训原理

1. 电容式传感器的工作原理。

2. 差动式同轴变面积电容的两组电容片 C_{x1} 与 C_{x2} 作为双 T 电桥的两臂，当电容量发生变化时，桥路输出电压发生变化。

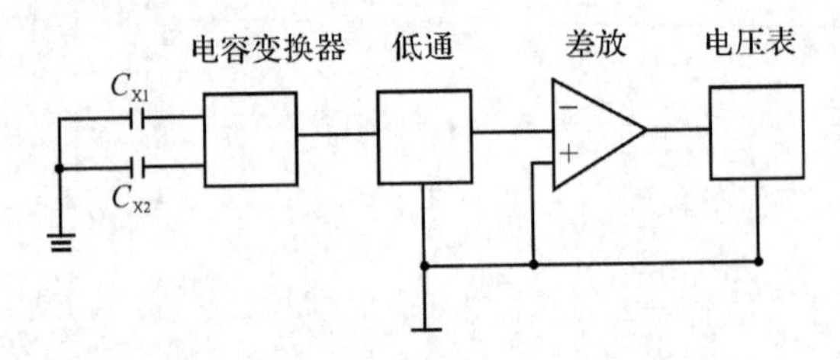

图 9-4-1　差动式电容传感器的工作原理

实训器材

传感器综合实验台；电容传感器实验模块；螺旋测微仪；电容传感器；双踪示波器。

实训内容与步骤

(一)实训步骤

1. 观察电容传感器结构，如图 9-4-2 所示：传感器由一个动极与两个定极组成，连接主机与实验模块的电源线及传感器接口，按图 9-4-1 接好实验线路，调节增益到适当数值。

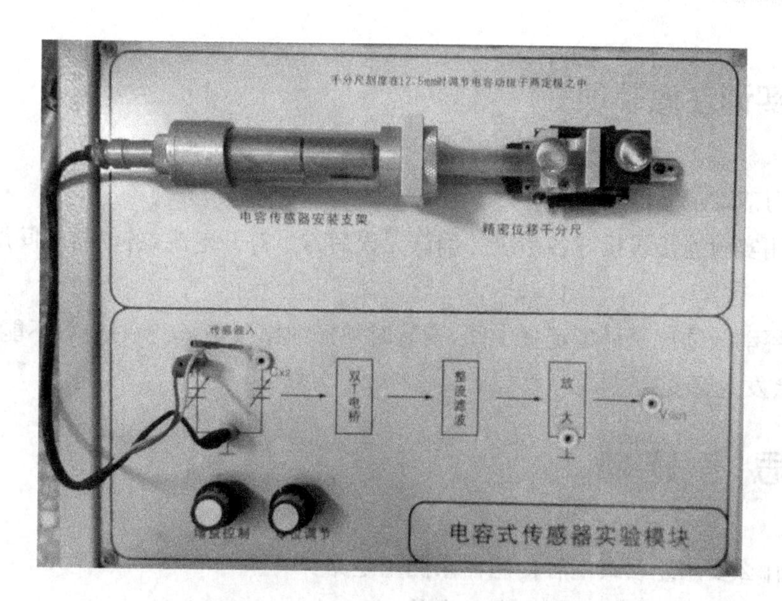

图 9－4－2　电容式传感器实验模块

2. 打开主机电源，用螺旋测微仪带动传感器动极移位至两组定极中间，调整调零电位器，此时模块电路输出为零。前后移动动极，每次 1 mm，直至动静极完全重合为止，将数据记录到表 9－4－1 中。

3. 在图 9－4－3 中作出 $V-X$ 曲线，求出灵敏度。

4. 移开测微仪，在主机振动平台旁的安装支架上装上电容传感器，在振动平台上装好传感器动极，用手按动平台，使平台振动时电容动极与定极不碰擦为宜。

5. 开启“激振 I”开关，振动台带动动极在定极中上下振动，用示波器观察输出波形。

（二）实训记录与结果

表 9－4－1　电容传感器实验数据

X(mm)													
V_o(V)													

V(V)

X(mm)

图 9－4－3　$V-X$ 特性曲线

灵敏度：________________________。

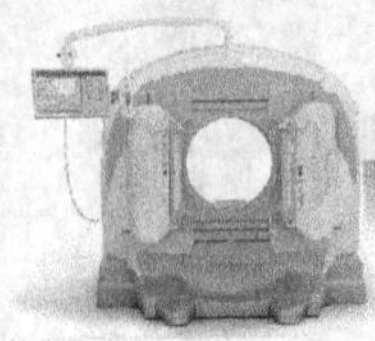

实训注意事项

1. 复习双踪示波器的使用。

2. 在用实验连接线接好各系统并确认无误后方可打开电源，各信号之间严禁用边线接短路。

3. 电容动极须位于环型定极中间，安装时须仔细作调整，实验时电容不能发生擦片，否则信号会发生突变。

思考题

1. 为什么要用差动式电容传感器来测量电路?

2. 实验得出的灵敏度与哪些条件有关?

实训五　MPX 扩散硅压阻式传感器

实训目标

1. 知识目标

(1) 了解压阻式传感器的结构特点。

(2) 掌握气压与电压之间的特性关系。

2. 技能目标

(1) 熟悉气囊的使用。

(2) 通过改变交流全桥的激励频率以提高和改善测试系统的抗干扰性和灵敏度。

实训原理

1. 电阻式传感器的各种结构和工作原理。

2. MPX 压阻式传感器芯片是集成工艺技术在硅片上制造出四个由 X 形的等值电阻组成的电路，它的工作原理图如图 9－5－1 所示：

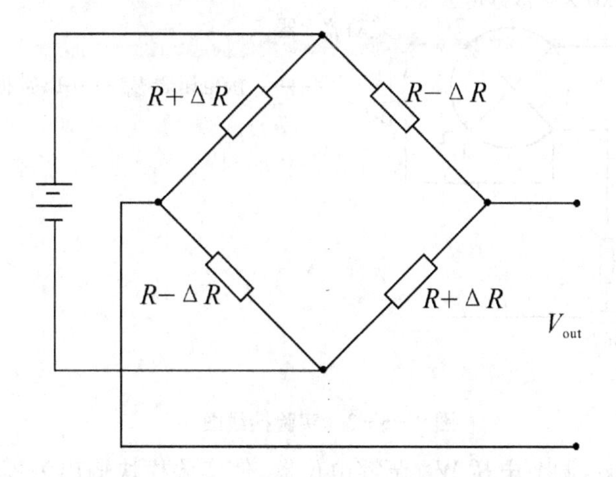

图 9－5－1　MPX 压阻式传感器的工作原理

实训器材

传感器综合实验台；应变式传感器实验模块；气压表；MPX 压阻传感器；气囊。

实训内容与步骤

(一) 实训步骤

1. 连接主机与实验模块的电源线与探头连接线，电压表拨在＋2 V 挡，电源给定＋4 V。胶管连接气压源输出与压力传感器输入口(传感器另一端空置感受大气压力)，如图 9－5－2 所示。

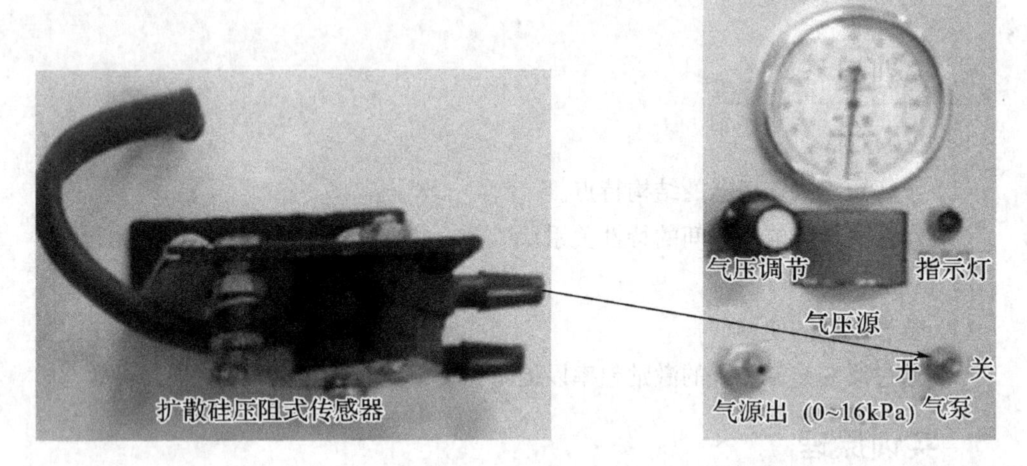

图 9－5－2 气压源的提供

2. 将差动放大器的增益调置最大位置(顺时针旋到底)。

3. 接好实验接线，如图 9－5－3 所示。

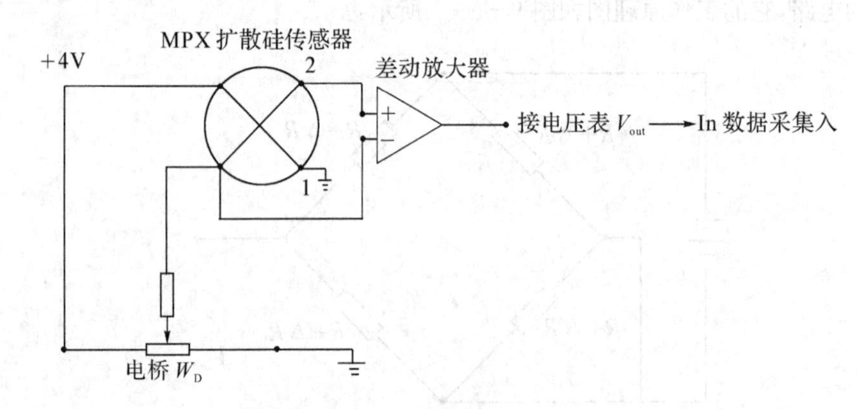

图 9－5－3 实验接线图

4. 开启主机电源，调节电桥 W_D 调零电位器，使实验模块输出为零，开启气源开关，逐步加大气压，观察随气压上升模块电压输出的变化情况。

5. 待到气压相对稳定后，调节模块增益使电压值与气压值成一定比例关系，并记录 p(kPa)与 V(mV)的对应值，填到表 9－5－1 中。

6. 根据 p、V 值，在坐标上做出 $p-W$ 曲线，标在图 9－5－4 中。

7. 利用气囊，观察气压下降到某一固定值时相对的电压值。

（二）实训记录与结果

表 9-5-1

p(kPa)										
V(mV)										

p(kPa)

V(mV)

图 9-5-4　$p-V$ 特性曲线

气压下降到某一固定值时相对的电压值为____________________。

实训注意事项

1. 学习并掌握本次实验的操作流程，注意气源平时是否关闭，以免影响其他电路工作。

2. 实验前检查胶管有没有老化破坏。

思考题

1. 气源平时常开状态对其他电路工作有没有影响？

2. 气囊破损怎么办？

（曹　彦）

项目十 单片机实训

实训一 I/O 口输入输出实训

实训目标

1. 知识目标

(1) 掌握指令系统的应用。

(2) 学习延时程序的编写和应用。

2. 技能目标

(1) 学习 P0～P3 作为普通 I/O 口的使用方法。

(2) 了解发光二极管(LED)的工作原理及驱动方法。

实训原理

1. 振荡周期、时钟周期、机器周期、指令周期。
2. 指令系统。
3. 单片机的输入、输出控制。
4. 参考程序框图。

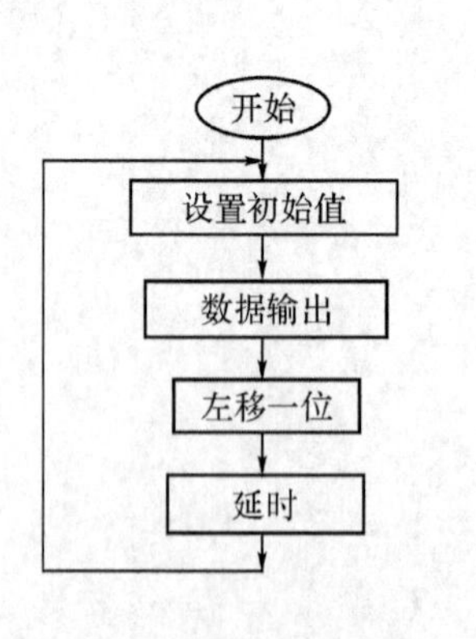

(a) P1 口循环点灯框图

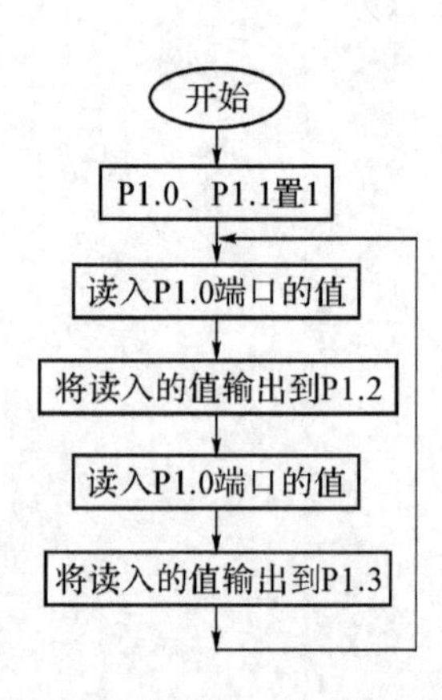

(b) P1 口输入、输出框图

图 10-1-1 P1 口程序框图

实训器材

单片机实训箱；计算机；Keil 软件；开关电源等。

实训内容与步骤

1. P1 口作输出口，接八只发光二极管（其输入端为高电平时发光二极管点亮），编写程序，使发光二极管循环点亮。

2. P1.0、P1.1 作输入口接两个拨动开关 S0、S1；P1.2、P1.3 作输出口，接两个发光二极管，编写程序读取开关状态，将此状态在发光二极管上显示出来。编程时应注意 P1.0、P1.1 作为输入口时应先置 1，才能正确读入值。

3. C 语言源程序示例：

```
#include <reg51.h>
main ( )
{
unsigned  int  i;
unsigned  int  j;
while(1)
{
P0=~(1<<j++);
for(i=0;i<20000;i++);
if(j==8)
{j=0;}
}
}
```

思考题

1. P1 口是准双向口，它作为输出口时与一般的双向口使用方法相同。由准双向口结构可知当 P1 口用作输入口时必须先对它置“1”。若不先对它置“1”，读入的数据是不正确的。

2. 延时子程序的延时计算问题。

（余会娟）

实训二　数码管实训

实训目标

1. 知识目标

(1) 掌握七段 LED 数码管的结构及工作原理。

(2) 掌握共阴极 LED 数码管连接方法及其静态和动态显示方法。

2. 技能目标

(1) 掌握定时/计数器的基本使用和编程方法。

(2) 掌握数码管显示的工作原理。

实训原理

如图 10-2-1 所示,LED 数码管由 7 个发光二极管组成,此外,还有一个圆点型发光二极管(在图中以 dp 表示),用于显示小数点。通过七段发光二极管亮暗的不同组合,可以显示多种数字、字母以及其他符号。LED 数码管中的发光二极管共有两种连接方法。

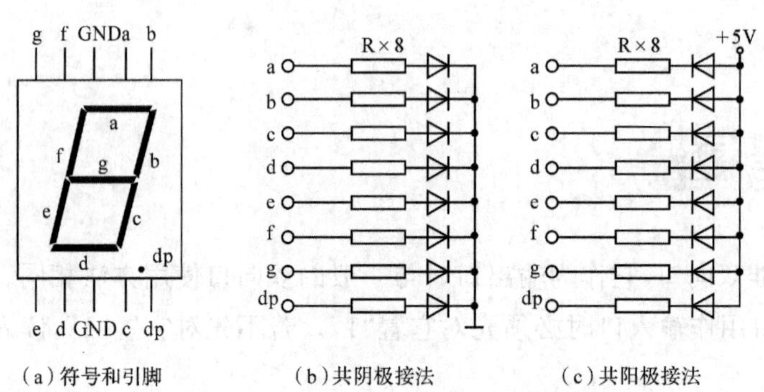

(a) 符号和引脚　(b) 共阴极接法　(c) 共阳极接法

图 10-2-1　7 段 LED 数码管的符号、引脚图及连接方法

(1) 共阴极接法:把发光二极管的阴极连在一起构成公共阴极。使用时公共阴极接地,这样阳极端输入高电平的发光二极管导通点亮,而输入低电平的则不亮。实训中使用的 LED 显示器为共阴极接法。

(2) 共阳极接法:把发光二极管的阳极连在一起构成公共阳极。使用时公共阳极接

+5V。这样阴极端输入低电平的发光二极管导通点亮，而输入高电平的则不亮。

为了显示数字或符号，要为 LED 显示器提供代码，因为这些代码是为了显示字形，因此称为字形代码。七段发光二极管，再加上一个小数点位，共计八段。因此提供给 LED 显示器的字形代码正好是一个字节。若 a、b、c、d、e、f、g、dp 8 个显示段依次对应一个字节的低位到高位，即 D_0、D_1、D_2、D_3、D_4、D_5、D_6、D_7，则用共阴极 LED 数码管显示十六进制数时所需的字形代码如表 10-2-1 所示。

表 10-2-1　共阴极 LED 数码管的字形代码

字型	共阴极字形代码	字型	共阴极字形代码	字型	共阴极字形代码
0	3FH	6	7DH	C	39H
1	06H	7	07H	d	5EH
2	5BH	8	7FH	E	79H
3	4FH	9	6FH	F	71H
4	66H	A	77H	灭	00H
5	6DH	b	7CH		

实训器材

单片机实训箱；PC 机；Keil 软件；开关电源等。

实训内容与步骤

1. 静态显示

按图 10-2-2(a)连接线路，将键盘输入的一位十进制数用 LED1 静态显示出来。实训台上的两个 LED 为共阴极结构，而位码用反相驱动器驱动，因此，S1 接+5 V 使 LED1 被选中，S0 接地使 LED0 未被选中(不工作)。要显示字符的字形码经 8255 中 A 口的 PA0～PA6 输出到七段数码管的段码驱动器输入端 a～g，dp 接地(不显示小数点)。编程实现将键盘输入的一位十进制数(或一位十六进制数)在 LED1 上显示，程序流程图如图 10-2-3(a)所示。

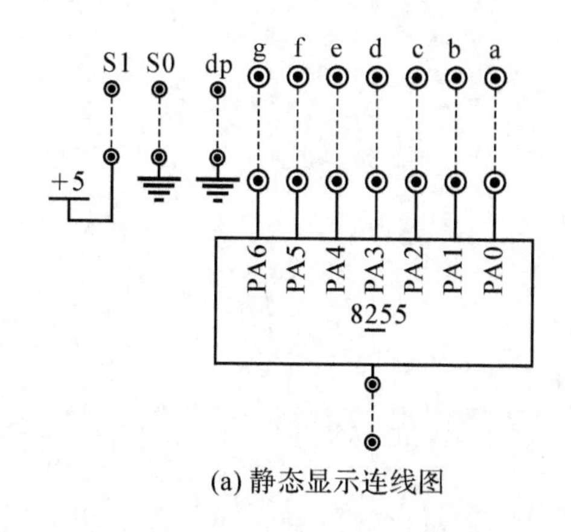

(a) 静态显示连线图

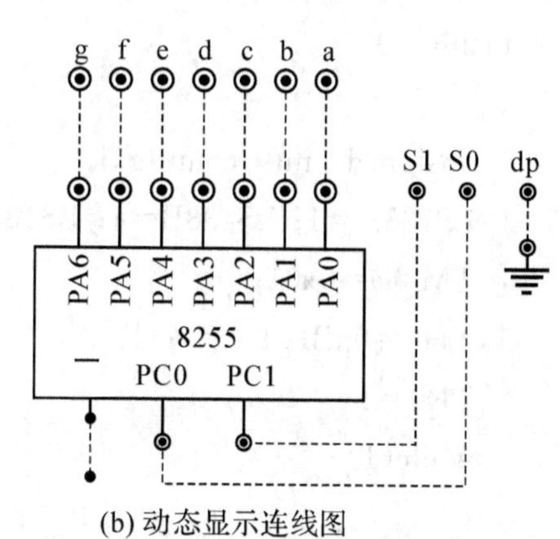

(b) 动态显示连线图

图 10-2-2　静态、动态显示连线图

2. 动态显示

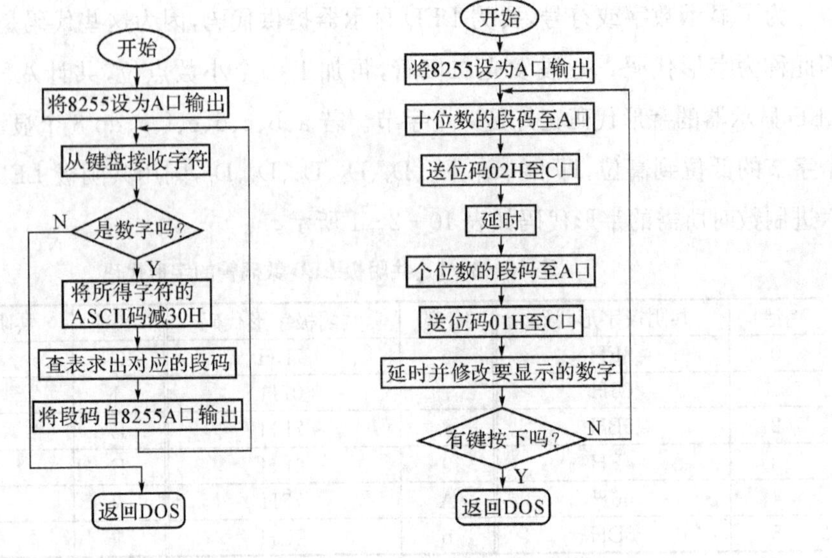

(a) 静态显示程序流程图　　(b) 动态显示程序流程图

图 10－2－3　静态、动态显示程序流程图

按图 10－2－2(b)连接线路,通过交替选中 LED1 和 LED0 循环显示两位十进制数。七段数码管段码连接不变,位码驱动输入端 S1、S0 接 8255 中 C 口的 PC1、PC0,通过这两位交替输出 1 和 0,以便交替选中 LED1 和 LED0,从而实现两位十进制数的交替显示。请编程实现在两个 LED 数码管上循环显示 00～99,程序流程图如图 10－2－3(b)所示。

3. C 语言源程序例程:

```
#include <reg51. h>
unsigned int number[]={0x3F,0x06,0x5B,0x4F,0x66,0x6D,0x7D,0x07,
0x7F,0x6F,0x77,0x7C,0x39,0x5E,0x79,0x71};
sbit LED=P0^0; sbit LS138A=P2^2; sbit LS138B=P2^3; sbit LS138C=P2
^4;
main( )
{
  unsigned int counter,i;
  LS138A=1; LS138B=1; LS138C=1;
  TMOD=0x01;
  TH0=0xB1;TL0=0xE0;
  TR0=1;
  while(1)
  {
```

```
    if(TF0==1)
    {TF0=0;TH0=0xB1;TL0=0xE0; counter++;}
      if(counter==50)
      {P0=number[i++];counter=0;}
    if(i==16) {i=0;}
    }
}
```

思考题

1. 根据流程图参考示例编写实训程序，并说明在实训过程中遇到了哪些问题，是如何处理的。

2. 总结共阴极 LED 数码管显示器的使用方法。

（余会娟）

实训三 LED 点阵实训

实训目标

1. 知识目标

(1) 掌握移位寄存器 74HC595 的工作原理及控制方法。

(2) 掌握译码器 74LS154 的工作原理及控制方法，学习延时程序的编写和应用。

2. 技能目标

(1) 掌握 LED 点阵显示的工作原理及显示方法。

(2) 掌握延时程序的编写和应用。

实训原理

点阵显示模块 WTD3088 的列输入线接至内部 LED 的阴极端，行输入线接至内部 LED 的阳极端(若阳极端输入高电平，阴极端输入低电平，则该 LED 点亮)。发光点的分布如图 10-3-1 所示。

通过编程控制各显示点对应 LED 阳极和阴极端的电平，就可以有效地控制各显示点的亮灭。

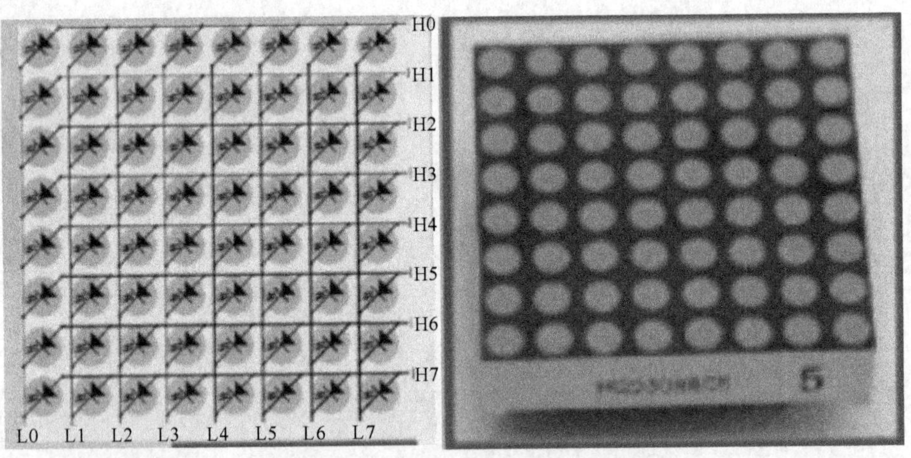

图 10-3-1 Fig22-0WTD3088LED 分布

实训器材

单片机实训箱；PC 机；Keil 软件；开关电源等。

实训内容与步骤

1. 实训连线如图 10－3－2 所示：P0—J12，P1—J20，P2—J19

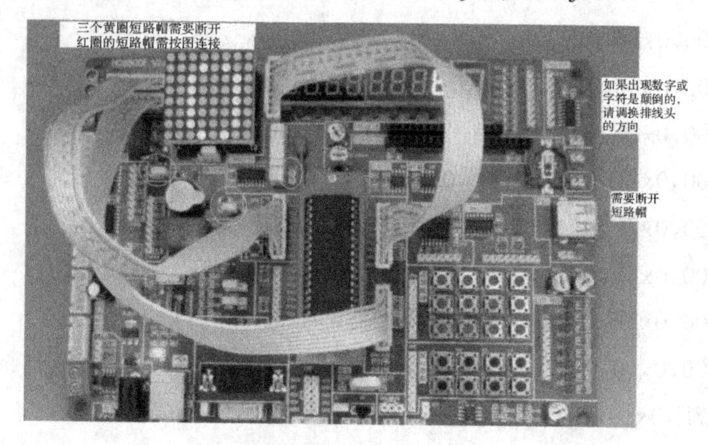

图 10－3－2　实训连线图

2. 参考实训程序框图

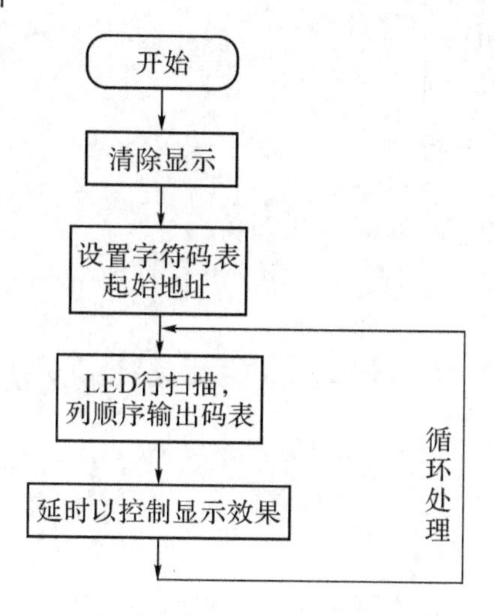

图 10－3－3　程序框图

3. C 语言点阵数字、字母显示源程序示例：

```
#include<reg51. h>
unsigned char code tab[]={0xfe,0xfd,0xfb,0xf7,0xef,0xdf,0xbf,0x7f};
unsigned char code digittab[18][8]={
{0x00,0x00,0x3e,0x41,0x41,0x41,0x3e,0x00}, //0
{0x00,0x00,0x00,0x00,0x21,0x7f,0x01,0x00}, //1
{0x00,0x00,0x27,0x45,0x45,0x45,0x39,0x00}, //2
{0x00,0x00,0x22,0x49,0x49,0x49,0x36,0x00}, //3
{0x00,0x00,0x0c,0x14,0x24,0x7f,0x04,0x00}, //4
```

```
{0x00,0x00,0x72,0x51,0x51,0x51,0x4e,0x00}, //5
{0x00,0x00,0x3e,0x49,0x49,0x49,0x26,0x00}, //6
{0x00,0x00,0x40,0x40,0x40,0x4f,0x70,0x00}, //7
{0x00,0x00,0x36,0x49,0x49,0x49,0x36,0x00}, //8
{0x00,0x00,0x32,0x49,0x49,0x49,0x3e,0x00}, //9
{0x00,0x00,0x7F,0x48,0x48,0x30,0x00,0x00}, //P
{0x00,0x00,0x7F,0x48,0x4C,0x73,0x00,0x00}, //R
{0x00,0x00,0x7F,0x49,0x49,0x49,0x00,0x00}, //E
{0x00,0x00,0x3E,0x41,0x41,0x62,0x00,0x00}, //C
{0x00,0x00,0x7F,0x08,0x08,0x7F,0x00,0x00}, //H
{0x00,0x00,0x00,0xFF,0xFF,0x00,0x00,0x00}, //I
{0x00,0x7F,0x10,0x08,0x04,0x7F,0x00,0x00}, //N
{0x7C,0x48,0x48,0xFF,0x48,0x48,0x7C,0x00}  //中
};
unsigned int timecount;
unsigned char cnta;——列
unsigned char cntb;——行
void main(void)
{TMOD=0x01;
TH0=0xF4;
TL0=0x48;3ms
TR0=1;
ET0=1;
EA=1;
cntb=0;
while(1) ;
}
void t0(void) interrupt 1
{  TH0=0xF4;
   TL0=0x48;
  if(cntb<18)
  {
    P1=0xFF;
    P2=tab[cnta];
    P0=digittab[cntb][cnta];
```

```
    }
else
    {   P2=0xFF;
        P1=tab[cnta];
        P0=digittab[cntb-18][cnta];
    }
if(++cnta>=8) cnta=0;
if(++timecount>=333)//1s
{ timecount=0;
   if(++cntb>=36)cntb=0;
}
}
```

思考题

1. 掌握程序的设计、调试并保证其正确运行。
2. 掌握 LED 点阵显示方法。

（余会娟）

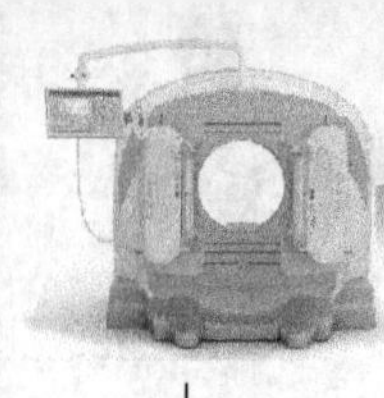

实训四　按键实训

实训目标

1. 知识目标

(1) 掌握单片机独立键盘接口的设计方法。

(2) 掌握单片机键盘扫描程序的设计方法。

2. 技能目标

(1) 掌握按键功能的设计方法。

(2) 掌握用软件消除按键抖动的方法。

实训原理

如图 10－4－1 所示，实训板上提供 4 个独立按键与单片机接口，每个按键单独接单片机一个 I/O 接口。只要将相应端口设为 1，然后判断端口状态，如果仍为 1，则按键处于断开（释放）状态，如果为 0，则按键处于接通（闭合）状态。

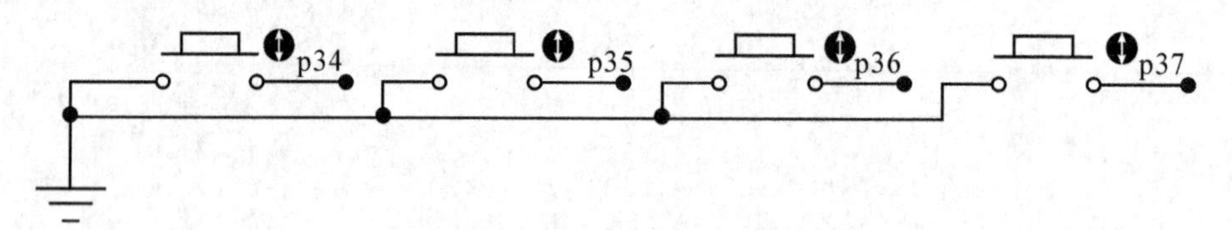

图 10－4－1　独立键盘电路原理图

实训器材

单片机实训箱；PC 机；Keil 软件；开关电源等。

实训内容

1. 开机时数码管显示 100。

2. 按键 key0 一次数字加 1，按键 key1 一次数字减 1。加到 999 时再加 1 归零，减到 000 时再减 1 得 999。

3. 按住键 key2 不放实现连加功能，每 0.2 s 加 1。

4. 按住键 key3 不放实现连减功能，每 0.2 s 减 1。

5. 打开 Keil uVision2 仿真软件，首先建立本实训的项目文件，接着添加阵列 KEY.

ASM 源程序，进行编译，直到编译无误。

6. 进行软件设置，选择硬件仿真，选择串行口，设置波特率为 38 400。在键盘上按下某个键，观察数显是否与按键值一致。16 位键盘的键值从左至右、从上至下依次为 0～F（16 进制数）。

7. 参考流程图

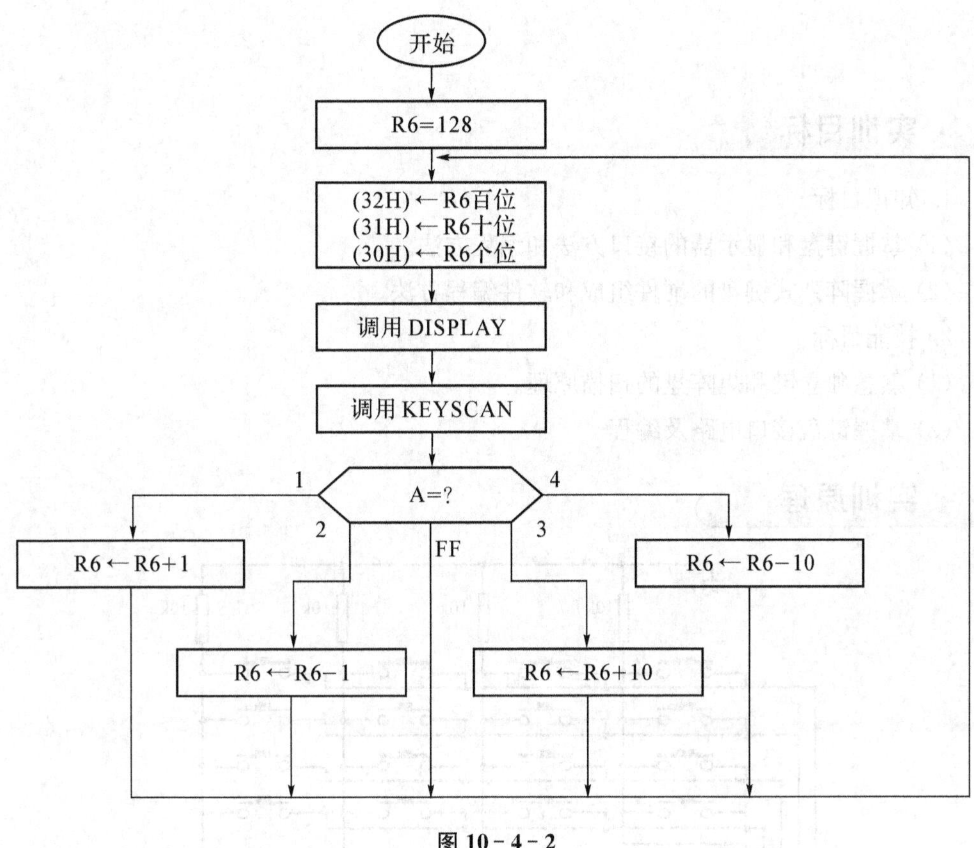

图 10-4-2

思考题

一般用长按键盘设置数值时，为兼顾设置的准确性和速度，键盘刚开始按下时数据的变化速度是比较慢的，随着按键时间的增加，数据变化的速度应该越来越快。我们在实训中是按照固定的速度，每 0.2 s 加/减一来设置的，那么如何实现先慢后快？比如按键按下的前 3 s 每 0.2 s 加/减一，以后每 0.1 s 加/减一。试分析算法并绘制流程图。

（余会娟）

实训五　矩阵键盘实训

实训目标

1. 知识目标

(1) 掌握键盘和显示器的接口方法和编程方法。

(2) 掌握阵列式键盘的硬件组成和软件编程方法。

2. 技能目标

(1) 熟悉独立键和矩阵盘的扫描原理。

(2) 掌握键盘接口电路及编程。

实训原理

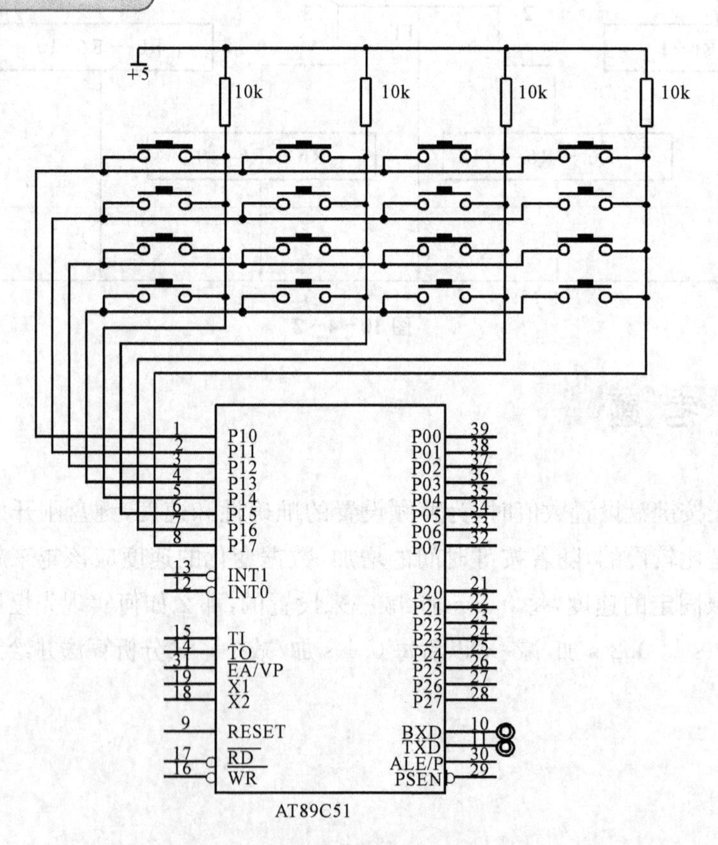

图 10-5-1　键盘接口电路原理图

使用 4×4 键盘，向 P0 口的低四位逐个输出低电平，如果有键盘按下，则相应输出为低，如果没有键按下时，则输出为高。通过输出的列码和读取的行码来判断按下什么键。有键按下后，要有一定的延时，防止由于键盘抖动而引起误操作。

实训器材

单片机实训箱；PC 机；Keil 软件；开关电源等。

实训内容与步骤

1. 用一根 8 位数据线连接阵列式键盘实训模块与 LED 及单片机接口模块。无键按下或有键按下时，发光二极管全亮。若将 A1～A4 接地，则发光二极管显示 0000XXXX；若 B1 线上有键按下，则发光二极管显示 0000XXX；若 B2 线上有键按下，则发光二极管显示 0000X0XX；若 B1 和 B2 均有键按下，则发光二极管显示 000000XX……同样可将 B1 与 B4 接地，按键与发光二极管显示情况，用户可以自行判断，自由操作。

2. 用一根 8 位数据线连接阵列式键盘实训模块与扫描显示实训模块。无键按下或有键按下时，八段 LED 全亮。用户参照 1，观察键盘与八段 LED 亮熄的关系。

3. 使用静态串行显示模块显示键值。单片机最小应用系统 1 的 P1 口接阵列式键盘的 A1～B4 口，P3.6 接静态数码显示 DIN，P3.7 接 CLK。

4. 用串行数据通信线连接计算机与仿真器，把仿真器插到模块的锁紧插座中，请注意仿真器的方向：缺口朝上。

5. 打开 Keil uVision2 仿真软件，首先建立本实训的项目文件，接着添加阵列 KEY.ASM 源程序，进行编译，直到编译无误。

6. 进行软件设置，选择硬件仿真，选择串行口，设置波特率为 38 400。在键盘上按下某个键，观察数显是否与按键值一致。16 位键盘的键值从左至右、从上至下依次为 0～F（16 进制数）。

7. 参考流程图如图 10－5－2 所示。

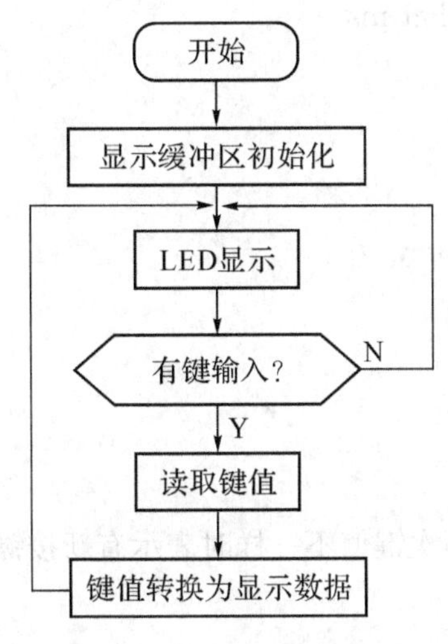

图 10－5－2　主程序框图

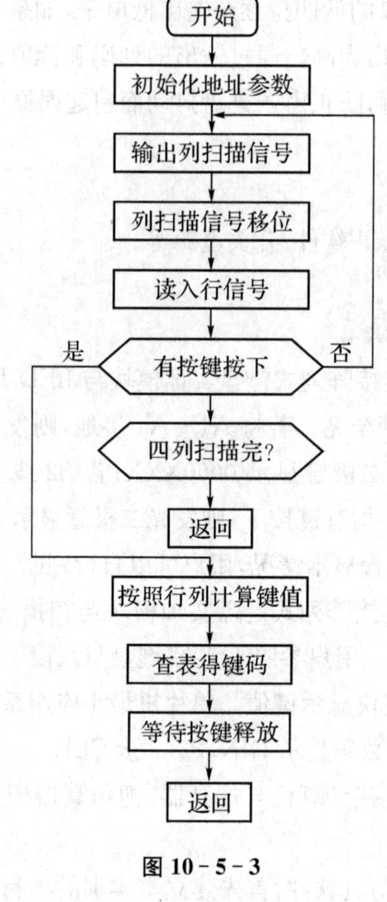

图 10-5-3

8. C语言源程序例程：

```
#include <reg51.h>
#include <intrins.h>
unsigned char scan_key();//矩阵键盘扫描函数
void proc_key(unsigned char key_v);//由键值对应动作
void delayms(unsigned char ms);
sbit K1=P0^0;
sbit K2=P0^1;
main()
  {unsigned char key_s,key_v;
  key_v=0x03; 00000011
  P2=0xfe;
  while(1)
{   key_s=scan_key();
if(key_s ! =key_v)//两次键值不一样时表示有新按键,否则作抖动处理
{delayms(10);
```

```
key_s=scan_key(); //延时 1.2 ms 后再一次键值
if(key_s ! =key_v) //确定是新键按下
        {key_v=key_s;//更新按键状态
      proc_key(key_v); //根据键值完成相应动作
          }
  }
  }
}
unsigned char scan_key()
{   unsigned char key_s;
  key_s=0x00;00000000
  key_s |=K2;  0000000k2
  key_s <<=1; 000000k20
  key_s |=K1;  000000k2k1
  return key_s;
}
  void proc_key(unsigned char key_v)
  {if((key_v & 0x01)==0)00000001
    {P2=_cror_(P2,1);} //右
    else if((key_v & 0x02)==0)00000010
    {P2=_crol_(P2, 1);}//左
     }
void delayms(unsigned char ms)
{unsigned char i;
  while(ms--)
  {for(i=0; i < 120; i++);}
}
```

思考题

1. 字符与段码的软件实训程序已很清楚，问 LED 数码显示器是共阴极还是共阳极，对 SEGTAB 的影响如何？

2. 程序如何确保每按一次键，只处理一次。

（余会娟）

实训六　中断实训

实训目标

1. 知识目标

(1) 学习 8051 内部计数器的使用和编程方法。

(2) 进一步掌握中断处理程序的编写方法。

2. 技能目标

利用单片机的中断 INT0 控制 8 个 LED,进而熟练掌握单片机中断的应用。

实训原理

1. 定时常数的确定

定时器/计数器的输入脉冲周期与机器周期一样，为振荡频率的 1/12。本实训中时钟频率为 6.0 MHz,现要采用中断方法来实现 0.5 s 延时,要在定时器 1 中设置一个时间常数,使其每隔 0.1 s 产生一次中断,CPU 响应中断后将 R_0 中计数值减一,令 R_0＝05H,即可实现 0.5 s 延时。

时间常数可按下述方法确定:

机器周期＝12÷晶振频率＝$12/(6\times10^6)=2\ (\mu s)$

设计数初值为 X,则$(2^{16}-X)\times2\ \mu s=0.1\ s$。

化为十六进制,则 X＝3CAFH,故初始值为 TH1＝3CH,TL1＝AFH。

2. 初始化程序

包括定时器初始化和中断系统初始化,主要是对 IP、IE、TCON、TMOD 的相应位进行正确的设置,并将时间常数送入定时器中。由于只有定时器中断,IP 便不必设置。

3. 设计中断服务程序和主程序

中断服务程序除了要完成计数减一工作外,还要将时间常数重新送入定时器中,为下一次中断做准备。主程序则用来控制发光二极管按要求顺序亮灭。

实训器材

单片机实训箱;PC 机;Keil 软件;开关电源等。

实训内容与步骤

1. 用AT89C51设计一个2位LED数码显示“秒表”，显示时间为00～99 s，每秒自动加一。另设计一个“开始”按键和一个“复位”按键。再增加一个“暂停”按键和一个“快加”按键(每10 ms快速加一)。按键说明：按“开始”按键，开始计数，数码管显示从00开始每秒自动加一；按“复位”按键，系统清零，数码管显示00；按“暂停”按键，系统暂停计数，数码管显示当时的计数；按“快加”按键，系统每10 ms快速加一，即数码显示管在原先的计数上快速加一。

2. C语言源程序示例：

```
#include <reg51.h>
code unsigned  int  number[]={0x3F,0x06,0x5B,0x4F,0x66,0x6D,0x7D,
0x07,0x7F,0x6F,0x77,0x7C,0x39,0x5E,0x79,0x71};
sbit  LS138A=P2^2; sbit  LS138B=P2^3; sbit  LS138C=P2^4;
unsigned  int a[6];
unsigned  int  counter=0;
void  timer1_init()
{TMOD|=0x10;
TMOD&=0xdf;    TMOD=0x10;
TH1=0xD8;TL1=0xF0;TR1=1;}
void  int_init()
{ET1=1;EA=1;}
void refresh_led()
{static  unsigned  char  j=0;
switch(j)
{ case 0:LS138A=0; LS138B=0; LS138C=0; j++;P0=number[a[0]];
break;
case 1:LS138A=1; LS138B=0; LS138C=0; j++;P0=number[a[1]]; break;
case 2:LS138A=0; LS138B=1; LS138C=0; j++; P0=number[a[2]];break;
case 3:LS138A=1; LS138B=1; LS138C=0; j++; P0=number[a[3]];break;
case 4:LS138A=0; LS138B=0; LS138C=1; j++; P0=number[a[4]];break;
case 5:LS138A=1; LS138B=0; LS138C=1; j=0;P0=number[a[5]]; break;
}
}
main()
{timer1_init();
```

```
int_init();
while(1);
}
void  interrupt_timer1()   interrupt  3
{static unsigned  long  sec=0;
TF1=0;TH1=0xD8;TL1=0xF0;counter++;
if(counter==100)
{sec++;counter=0;
a[0]=sec%10;
a[1]=sec/10%10
a[2]=sec/100%10;
a[3]=sec/1000%10;
a[4]=sec/10000%10;
a[5]=sec/100000%10;}
refresh_led();
}
```

思考题

1. 通过修改程序,怎样可以使中断程序改为 8 个 LED 的流水灯?
2. 延时子程序的延时计算问题。

(余会娟)

项目十一　综合实训项目

实训一　简易光控电路的组装与调试

实训目标

1. 知识目标

(1) 让学生学会识图，学会认识各种元件，学会读准各种元件的具体大小。

(2) 掌握光敏传感器的各种结构和工作原理。

2. 技能目标

(1) 让学生熟练使用各种器具对电路进行安装，培养学生的动手能力。

(2) 培养学生的思维能力、文字处理能力以及查阅资料的习惯。

实训原理

本实训所用的简易光控电路如图 11－1－1 所示。

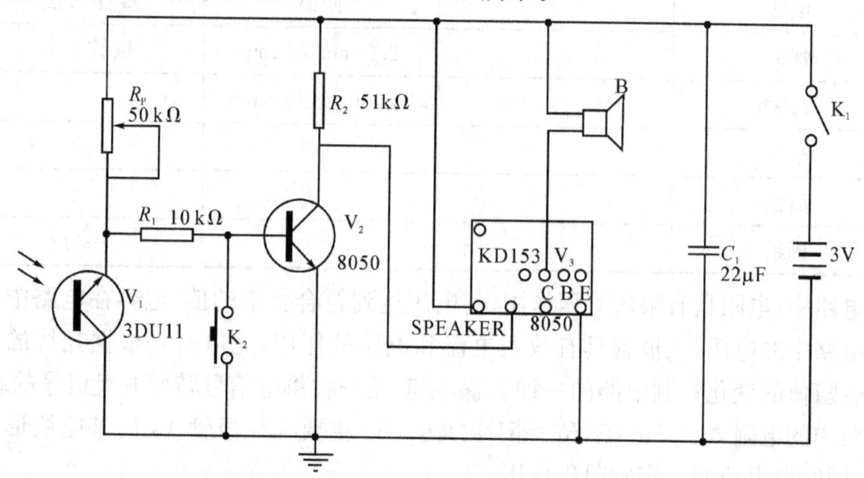

图 11－1－1　简易光控电路原理图

工作原理：开关闭合时电路导通，音乐芯片响三声表示电路处于正常工作状态，当用手遮挡光敏三极管 3DU11 时，其电阻大，V_1 截止，V_2 导通，音乐芯片工作，喇叭工作；没有遮挡光敏三极管 3DU11 时，其电阻小，V_1 导通，V_2 不工作，音乐芯片不工作，喇叭不工作。

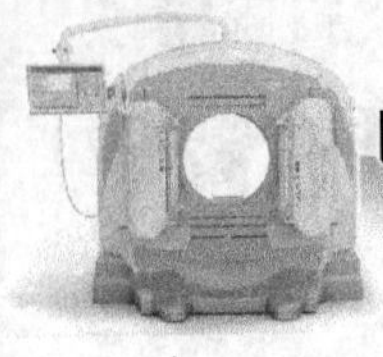

实训器材

直流稳压电源；电烙铁套件；实验器材套件；实验图纸；万用表。

实训内容与步骤

（一）实训步骤

1. 检查元器件，明确器件在电路中起到的作用。

表 11-1-1　光探电路元件

名称	位号	规格型号	备注
电阻器	R_1	10 k	
电阻器	R_2	51 k	
可变电阻器	R_P	50 k	
电容器	C_1	22 μF	33μF—47μF
三极管	V_1	3DU11	
三极管	V_2	8050	
三极管	V_3	8050	
集成电路	IC	KD153	
扬声器	B	58 mm	
开关	K_1	专用	
电池片		一套	正极片、负弹簧
电线		四根	2 红、2 黑
螺钉		2.5 mm×6 mm	镀锌 2 个
线路板		58 mm×20 mm	
塑框			一个
后盖			一个
图纸			一份

在电路中，电阻具有限流分压作用，使电压达到符合要求的值，电容在电路中的作用是维持电路中的电压，三极管具有放大电流和电压的作用，光电管是根据光线的明暗改变来改变阻值的变化控制电路的一种装置，喇叭是一种将电信号转变成光信号的装置。

电路中的电阻 $R_1=10\ \text{k}\Omega$，$R_2=51\ \text{k}\Omega$，R_1、R_2 主要在三极管 V_2 的基电极形成合适的电压，同时对电流起一定的阻碍作用。

电阻的主要参数：

①标称阻值：标称在电阻器上的电阻值称为标称值，单位：Ω、kΩ、MΩ，标称值是根据国家制定的标准标注的。

②允许误差：电阻器的实际阻值与标称值的最大允许偏差范围称为允许误差。

2. 根据电路原理图及印制板图，进行焊接

认真阅读图 11-1-1 简易光控原理图，按图中所示选择正确的元器件在电路板上安装好，焊接时，注意严格按照焊接步骤进行，同时要注意 KD153 音乐芯片与主电路板的连接。待一切步骤结束后，按下开关，若听见扬声器发出一声之后，即停止鸣叫或者一直鸣叫，则表示电路不受光电二极管控制。其可能的原因是由于焊接时不规范导致电路接触不良，或者是由于光线原因，加上 R_P 值的影响，导致最终结果出现异常。值得注意的是在简易光控原理图上，我们发现，关上 K_2 并未实际接上，这可能也是导致最终结果出现异常的原因。

将各元器件按如图 11-1-1 所示的电路图安装好，并焊接牢固，装上电池并打开开关。正确的电路为：此时蜂鸣器会发出几声响然后停止，用手遮住光电管时，蜂鸣器再次响起。手移走，蜂鸣器不响。

3. 焊接安装过后的调试、检测过程

可能会出现其他的结果或者在焊接的过程中元器件损坏，这时就要求学生查找资料，找到相关元件的替代产品，如三极管 8050 坏了怎么办，用哪种常用的三极管替代，完成后检测电路中各部分的电位，并将数值写在结果中。

（二）实训记录与结果

测量电阻阻值，检测电路中各部分的电位，R_1＝_ kΩ，R_2＝_ kΩ，R_P＝_ kΩ，V_3＝_ mV，V_2＝_ mV，K_2 闭合时 V_2＝____ mV，二极管电压 V＝_ mV。

在安装调试过程中的问题及解决办法：

1. 在实验中

（1）因光敏二极管工作在反向击穿区，二极管 3DU11 应反接。

（2）音乐芯片 KD153 的接地端要接地。

（3）忽略了：KD153 的触发极。

2. 理论和实际的差别

（1）实际电路板中的 B 极和 R_1 相连，而理论框图不相连。

（2）理论中 V_2 中 E 极和 V_3 中的 E 极不相连，而实际却要相连。

3. 在最后的安装调试中调节 R_P，使 KD153 正常工作。

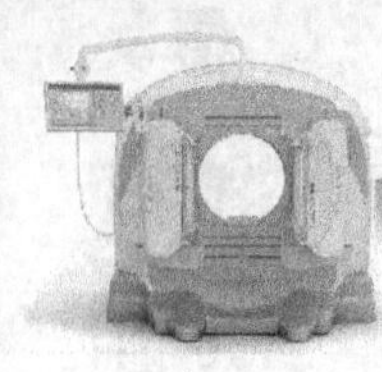

实训二 六管超外差式收音机组装与调试

实训目标

1. 知识目标

(1) 掌握超外差式收音机的工作原理。

(2) 了解收音机的主要性能指标。

(3) 了解电子整机产品生产工艺文件的种类和作用。

2. 技能目标

(1) 学会识读收音机电路原理图,看懂接线电路图。

(2) 对照电路原理图,认识各元器件的电路符号,并与实物相对照。

(3) 熟练使用各种器具对电路进行安装,培养动手能力。

(4) 掌握元器件和电路性能检测与调试的一般方法。

(5) 推行"6S管理"理念,培养学生严谨、认真、负责的工作态度。

实训原理

1. 什么是超外差式收音机

将收音机收到的广播电台的高频信号都变换为一个固定的中频载波频率,然后再对此固定的中频进行放大、检波,再加上低放级、功放级,就成了超外差式收音机。

2. 电路组成模块

电路的组成原理框图如图 11-2-1 所示。

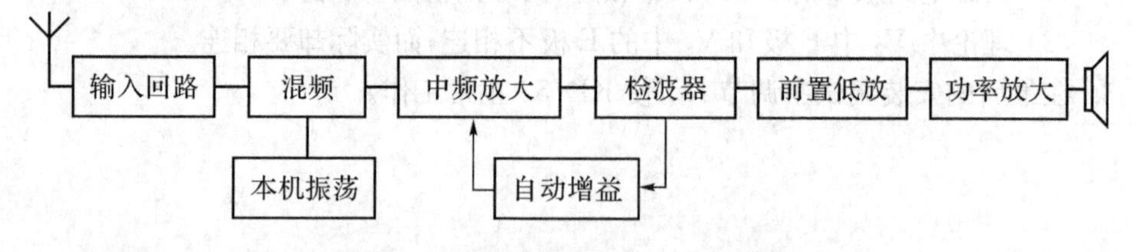

图 11-2-1 超外差式收音机电路原理框图

3. 电路的工作原理及过程

电路的工作过程如图 11-2-1 所示,结合图 11-2-2 所示的超外差式六管收音机电路原理图,可以将电路的工作原理和过程描述如下。

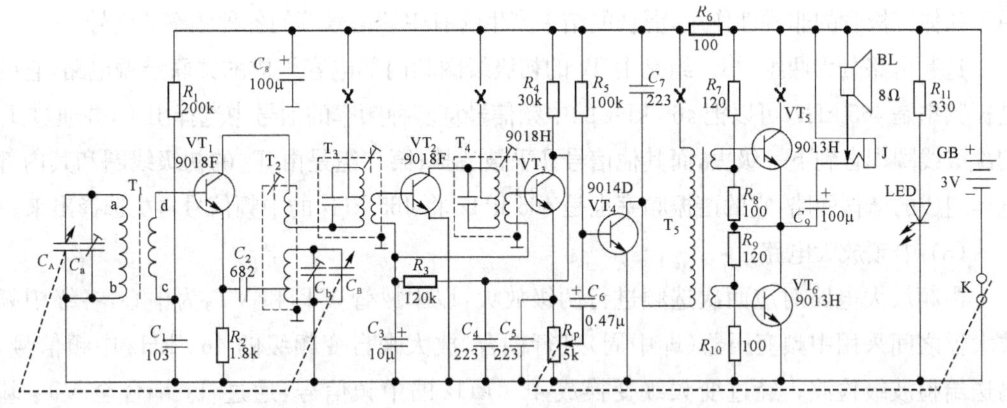

图 11-2-2 超外差式六管收音机电路原理图

(1) 输入回路

收音机输入回路的任务是接收广播电台发射的无线电波,并从中选择出所需电台信号。输入回路是由收音机内部的 T_1 磁性天线线圈与调台旋钮相连的可变电容构成的 LC 调谐电路,从天线接收进来的高频信号,通过输入调谐电路的谐振选出需要的电台信号,因为电台信号频率是 $f=\dfrac{1}{2\pi\sqrt{L_{ab}C_A}}$,所以改变 C_A 时,就能收到不同频率的电台信号。输入调幅信号波形如图 11-2-3 所示。

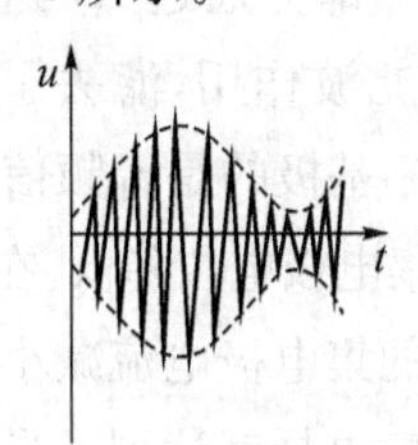

图 11-2-3 输入信号波形

(2) 变频电路

变频电路是由本机振荡电路混频电路和选频电路组成,把通过输入调谐电路收到的不同频率电台信号(高频信号)变成固定的 465 kHz 的中频信号。

本机振荡电路是由 VT_1、T_2、C_B 等元件组成,始终产生一个比输入信号频率高 465 kHz的等幅高频振荡信号。C_1 的作用是将高频信号过滤掉,T_1 的次级 Lcd 的电感量又很小,对高频信号提供了通路,所以本机振荡电路是共基极电路。由于振荡频率由 T_2、C_b 控制,C_b 是双连电容器的另一连,调节它会改变本机振荡频率,这样就使得在收取不同的电台时始终有:本振频率－输入频率＝中频信号(465 kHz)。T_2 是振荡线圈,其初次绕在同一磁芯上,它们把 VT_1 集电极输出的放大了的振荡信号以正反馈的形式耦合到振荡回路,本机振荡的电压由 T_2 的初级的抽头引出,通过 C_2 耦合到 VT_1 的发射极上。

混频电路由 VT_1、T_3 的初级线圈等组成,是共发射极电路。其工作过程是:(磁性天线接收的电台信号)通过输入调谐电路接收到电台信号,通过 T_1 的次级线圈 L_{cd} 送到 VT_1 的基极,本机振荡信号又通过 C_2 送到 VT_1 和发射极,两种频率的信号在 VT_1 中进行混频,由于晶体三极管的非线性作用，混合的结果产生含有中频信号等的各种频率的信号。

选频电路分为两组，第一组是由 T_3 的初级线圈和内部电容组成的并联谐振电路，它的谐振频率是 465 kHz，可以把 465 kHz 的中频信号从多种频率的信号中选择出来，并通过 T_3 的次级线圈耦合到下一级去，而其他信号几乎被滤掉；第二组是由 T_4 的初级线圈和其内部电容组成的谐振回路，它的谐振频率也是 465 kHz，将 465 kHz 的中频信号再次选择出来。

(3) 中频放大电路

中频放大电路对应两次选频进行两级放大，以中放管 VT_2 和 VT_3 为中心，各级中频放大器之间采用中频变压器(即中周)进行耦合，放大来自变频级的 465 kHz 中频信号，输送给检波级检波。经过变频级变换成 465 kHz 的中频信号，通过 T_2 耦合至 VT_2 基极，经过 VT_2 第一次放大后，由 T_3 耦合到 VT_3 进行第二次中频放大。

(4) 检波和自动增益控制电路

检波级以 VT_3 为中心，VT_3 既是第二中放的放大管，又是检波管。主要任务是把中频调幅信号还原成音频信号，经 VT_3 放大后的中频信号利用 VT_3 的 b、e 极间 PN 结的单向导电性进行检波。R_3 是第一中放管 VT_2 的偏置电路，C_4 用来旁路中频信号；R_4、R_3、R_P 是第二中放管 VT_3 的偏置电路，由 R_3、C_4 组成，检波后音频信号的一部分通过 R_3 送回到第一中放管 VT_2 的基极。由于 C_4 的滤波作用，滤去了音频信号中的交流成分，实际上送回到 VT_2 基极的是音频信号中的直流成分。当检波输出的音频信号增大的时候，I_{C3} 增大，VT_3 的集电极电位降低，在 R_3 上形成流向 VT_3 集电极的反馈电流，削弱了 VT_2 的基极电流，VT_2 的集电极电流减小，把第一中放的增益减下来，从而保持检波输出的音频信号大小基本不变，这样就达到了自动增益控制的目的。检波后的信号波形如图 11-2-4 所示。

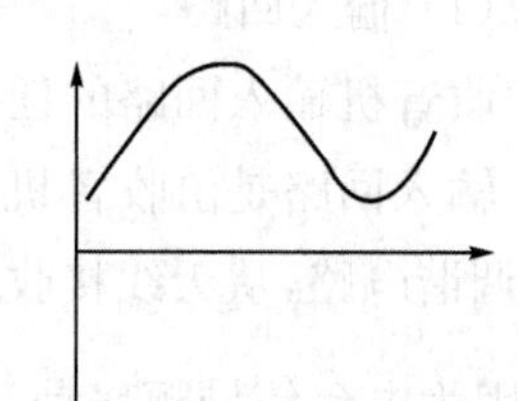

图 11-2-4　检波后的信号波形图

(5) 前置低放电路

检波滤波后的音频信号由电位器 R_P 送出，经 C_6 隔直流后，将信号送到前置低放管 VT_4，经过低放可将音频信号电压放大几十到几百倍，旋转电位器 R_P 可以改变 VT_4 的基极对地的信号电压的大小，可调节音量。但是音频信号经过放大后带负载能力还不强，不足以直接推动扬声器工作，所以还需进行功率放大。低放电路后的波形图如图 11-2-5 所示。

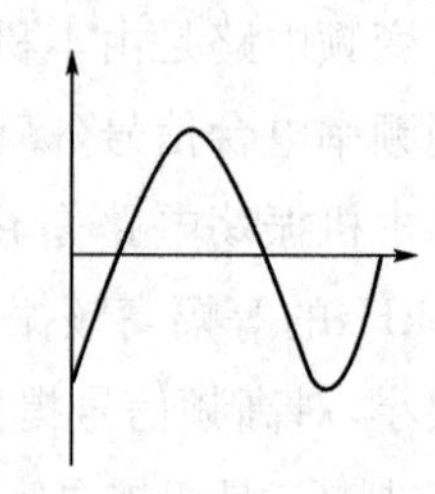

图 11-2-5　低放后的波形图

(6) 功率放大器(OTL 电路)

功率放大器不仅能输出较大的电压，而且能够输出较大的电流，可以直接推动扬声器工作。本电路采用无输出变压器功率放大器，可以消除输出变压器引起的失真和损耗，频率特性好，还可以减小放大器的体积和重量，VT_5、VT_6 组成同类型晶体管的推挽电路，R_7、R_8 和 R_9、R_{10} 分别是 VT_5、VT_6 的偏置电阻。变压器 T_5 做倒相耦合，C_9 是隔直

电容，也是耦合电容。为了减小低频失真，电容 C_9 选大些好。

实训器材

实训器材套件；手工焊接工具箱；直流稳压电源；数字万用表；高频信号发生器；双踪示波器。

实训内容与步骤

1. 按材料清单清点全套零件，并负责保管。

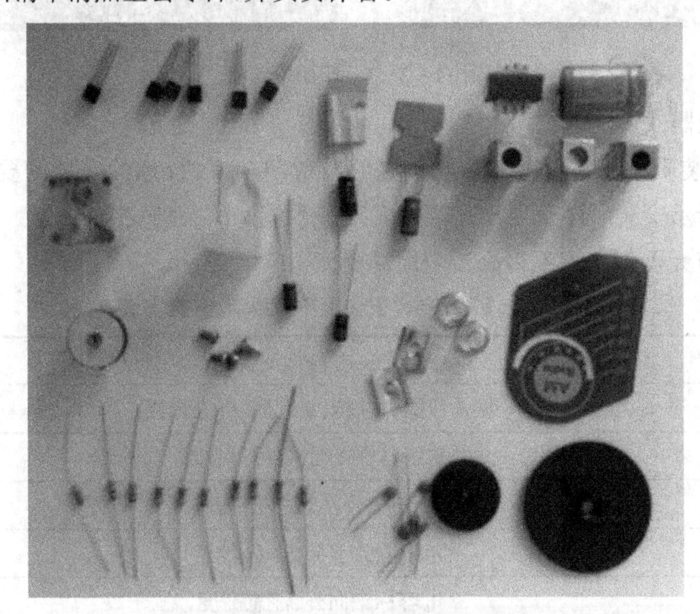

图 11－2－6　收音机组件(部分)

2. 用万用表检测元器件，将测量结果记入实训报告。

注意：

①为防止变压器原边与副边之间短路，要测量变压器原边与副边之间的电阻；

②要注意区分变压器的初次级，可通过测量线圈内阻来进行区分；

③VT_5、VT_6 的 h_{FE}(放大倍数)相差应不大于 20%，同学间可调整使其配对。

3. 对元器件引线或引脚进行镀锡处理。

注意：镀锡层未氧化(可焊性好)时可以不再处理。

4. 检查印制电路板的铜箔线条是否完好，有无断线及短路，特别要注意板的边缘是否完好。

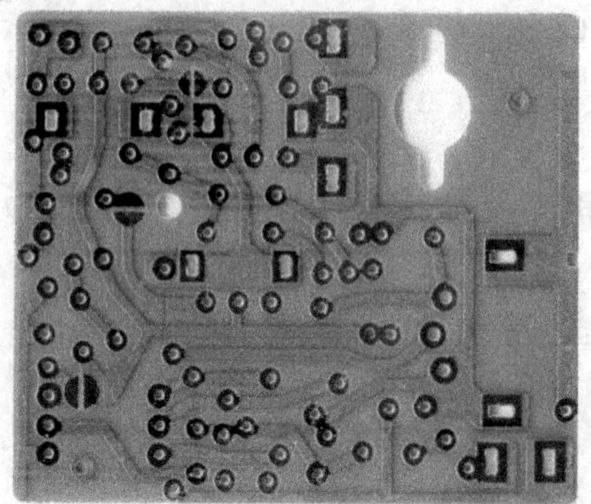

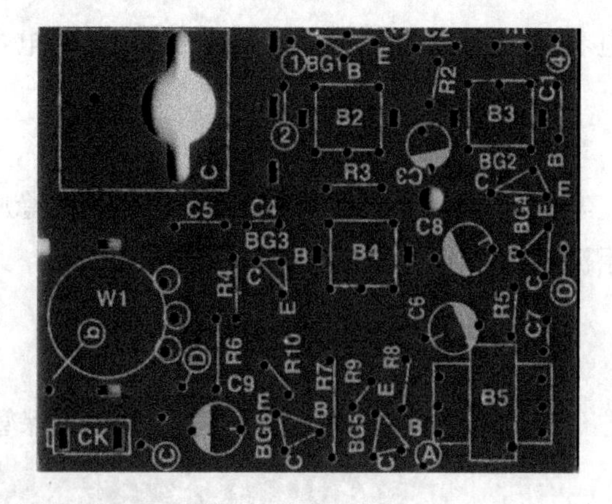

图 11－2－7　印制电路板

5. 安装元器件

元器件安装质量及顺序直接影响整机的质量与功率，合理的安装需要思考和经验。表 11－2－1 所示安装顺序及要点是经过实践证明较好的一种安装方法。

注意：所有元器件高度不得高于中周的高度。

表 11－2－1　元器件安装顺序及要点（分类安装）

序号	安装内容及要点
1	振荡线圈、中周安装到底，外壳焊接
2	变压器检查无误再焊引线
3	6 个三极管注意色标、极性
4	电阻立式安装、注意高度
5	电容标记向外、注意高度
6	双连电容、电位器、磁棒架在双连和板之间
7	修整焊点，引线勿留过长
8	检查焊点有无漏焊、虚焊、连焊
9	天线线圈、电池引线、装磁棒注意大小线圈引线位置
10	安装拨盘、喇叭、音量调节器，喇叭要粘牢，可用热熔胶粘

6. 安装电路板，外壳组装

图 11－2－8　电路板安装

实训内容与步骤

1. 检测

(1) 通电前的准备工作

自检、互检，使得焊接及印制板质量达到要求，特别注意各电阻阻值是否与图纸相同，各三极管、二极管是否有极性焊错，注意 9013、9018 的区别；位置有无装错以及电路板铜箔线条断线或短路，焊接时有无焊锡造成电路短路现象。

接入电源前必须检查整机正负极间的电阻是否大于 500 Ω；电池有无输出电压(3 V)；引出线正负极是否正确。

(2) 初测

首先接入电源(注意正、负极性)，将本振回路短路或将频率盘拨到 530 kHz 无台区，在收音机开关不打开的情况下首先测量整机静态工作总电流。

接着将收音机开关打开，在"×"标志处，分别测量三极管 VT_1、VT_2、VT_4、VT_5 的集电极电流(即静态工作点)，将测量结果填到表 11-2-2 中。测量时注意防止表笔将要测量的点与其相邻点短接。

各集电极电流符合要求后，用焊锡把测试点连接起来。

注意：该项工作很重要，在收音机开始正式调试前该项工作必须要做。下面表格中给出了各三极管的集电极电流参考值。

表 11-2-2　各级参考测量值(工作电压：3 V，测量单位：mA)

I_{C1}	I_{C2}	I_{C4}	I_{C5}、I_{C6}
0.25～0.4	0.4～0.6	1.5～3	4～7

(3) 试听

如果元器件完好，安装正确，初测也正确，即可试听。焊接好断点，接通电源，慢慢转动调谐盘，应能听到广播声，可以对线圈在磁棒的位置进行粗调便可收听到电台，否则应重复前面要求的各项检查内容，找出故障并改正，注意在此过程不要调中周及微调电容。

2. 调试

经过通电检查并正常发声后，可收听到电台还不算完全合格，还要进行精确的调试工作。

(1) 调中频频率(俗称调中周)

目的是将中周的谐振频率都调整到固定的中频频率"465 kHz"这一点上，尽可能提高中放增益。一般出厂时已调整到 465 kHz。

首先要将双连动片全部旋入，并将本振回路中电感线圈初级短接，使它停振。再将音量控制电位器 W 旋在最大位置。

①将信号发生器(XGD－A)的频率选择在 MW(中波)位置，频率指针放在 465 kHz 位置上。

②打开收音机开关，频率盘放在最低位置(530 kHz)，将收音机靠近信号发生器。

③用改锥按顺序微微调 T_4、T_3、T_2，使收音机信号最强，这样反复调 T_4、T_3、T_2(2～3 次)，使信号最强，使扬声器发出的声音(1 kHz)达到最响为止(此时可把音量调到最小)，后面两项调整同样可使用此法。

(2) 调整频率范围(通常叫调频率覆或对刻度)

目的：使双联电容从全部旋入到全部旋出，所接收的频率范围恰好是整个中波波段，即 525 kHz～1 605 kHz。

①低端调整：将双连电容器全部旋进，音量电位器 W 仍保持最大。信号发生器调至 525 kHz，收音机调至 530 kHz 位置上，此时用无感旋具调节 T_2 磁帽使收音机声信号出现并至最强。

②高端调整：再将信号发生器调到 1 600 kHz，收音机调到高端 1 600 kHz，把双连电容器全部旋出，用无感旋具调节振荡回路补偿电容 C_b，使声信号出现并至最强。

③反复调整上述①、②两项 2～3 次，使信号最强。

(3) 统调(调灵敏度，跟踪调整)

使本机振荡频率始终比输入回路的谐振频率高出一个固定的中频频率 465 kHz。

低端：信号发生器调至 600 kHz，收音机低端调至 600 kHz，调整线圈 T_1 在磁棒上的位置使信号最强。

高端：信号发生器调至 1 500 kHz，收音机高端调至 1 500 kHz，调输入电路中的补偿电容 C_a，使高端信号最强。

在高低端反复调 2～3 次，调完后即可用蜡将线圈固定在磁棒上。

3. 验收要求

按产品出厂要求：

(1) 外观：机壳及频率盘清洁完整，不得有划伤、烫伤及缺损。

(2) 印制板安装整齐美观，焊接质量好，无损伤。

(3) 导线焊接要可靠，不得有虚焊，特别是导线与正负极片间的焊接位置和焊接质量要好。

(4) 整机安装合格：转动部分灵活，固定部分可靠，后盖松紧合适。

(5) 性能指标要求：

①频率范围 525～1 605 kHz；

②灵敏度较高(相对)；

③音质清晰、洪亮，噪音低。

实训注意事项

1. 仔细识读元器件，特别是电解电容、二极管正负极及三极管 e、c 引脚要安装正确，

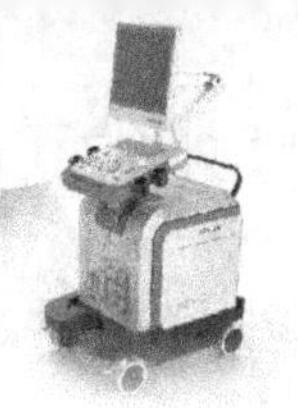

9013、9018管的位置要正确。电源正负极连线不能接反。

2. 磁棒线圈中间2个抽头要区分开，即用万用表欧姆挡检测时②和①间为通路，阻值小；③和④间也为通路。焊接时要注意将线圈有效地接入电路，避免焊接到有绝缘层部分的导线。

3. 电路板中有3处断点，是方便检测集电极偏置电流是否合适的，完成检测后需要将断点焊接上，否则电路不能正常工作。

4. 焊接时要注意防止虚焊、漏焊、桥焊，特别是需要拆焊时不能用力拉拽元器件引脚以免损坏焊盘。

5. 整机调试时要耐心细致，反复调几次以达到理想效果。

思考题

1. 如何识别色环电阻？

2. 若三极管集电极和发射极接反，对电路有何影响？

3. 测各三极管集电极电流的目的是什么？

4. 若各三极管的集电极电流符合要求，却仍收不到台，可能的原因是什么？

实训三　脉搏测试仪电路设计与制作

实训目标

1. 结合实例了解医用电子仪器设计的过程，初步掌握计算机辅助设计的方法。
2. 学会利用仿真软件 NI Multisim 10 验证各单元电路功能。
3. 掌握 Protel 99 SE 原理图和 PCB 板图绘制方法。
4. 熟练掌握手工焊接技术。
5. 掌握利用仪器设备运行和调试电路系统的方法。
6. 初步学会制作 PCB 单面板。
7. 培养团队协作精神。

实训原理

1. Protel 99 SE 原理图设计流程

Protel 99 SE 原理图设计是在充分准备设计方案的基础上，将设计方案用原理图的方式在 Protel 99 SE 的原理图设计系统 Advanced Schematic 99 中实现的。原理图设计主要是利用原理图编辑器来绘制原理图，即利用系统提供的各种原理图绘制工具、在线库及强大的全局编辑功能完成原理图的设计。原理图设计的实现决定了后续工作（如网络表的生成等）的进展，是电路设计成功的基石。因此，原理图设计工作就显得尤为重要。

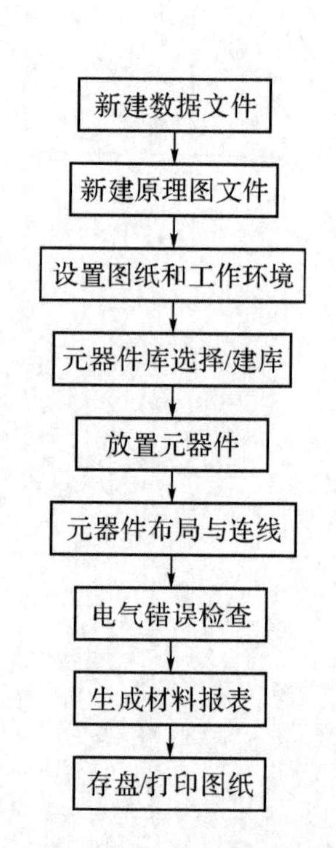

图 11-3-1　电路原理图设计流程

2. 设计案例——脉搏测试仪电路

脉搏测试仪是用来测量人体心脏跳动频率的有效工具。心脏跳动频率通常用每分钟心跳的次数来表示。

(1) 方案论证与系统框图

正常成年人的脉搏次数约为每分钟 60～100 次，显然这种信号属于低频范畴。因此脉搏测试仪是用来测量低频信号的装置。根据设计要求，脉搏测试仪电路原理框图如图 11-3-2 所示。

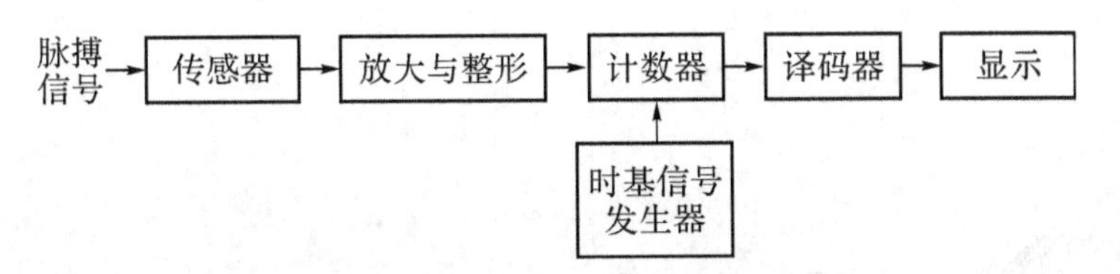

图 11-3-2　脉搏测试仪电路原理框图

(2) 各单元电路功能

①传感器:为了把脉搏信号转换成电信号,采用压电传感器。目前使用较多的是压电陶瓷片,其优点是压电系数大、灵敏度高、价格便宜。压电陶瓷片作为脉搏传感器,贴在人体测试部位时,可以把脉搏信号转换为电信号。

②放大与整形电路:由于脉搏信号转换成的电信号很微弱,故由数字电路系统中常用的与非门与电阻、电容构成线性放大器。它具有功耗小、稳定性高和成本低等特点。放大的信号再经过与非门进行整形,以输出便于计数的脉冲信号。

③时基信号发生器:由 555 定时器电路产生具有一定频率和脉宽的时基信号,进行 1 分钟的精确定时,控制计数器在此期间计数。

④计数器与译码器:采用 HCC40110BF 完成十进制计数功能,不仅具有计数和译码功能,而且能直接驱动小型 LED 共阴数码管。

⑤显示电路:采用两片七段 LED 共阴数码管显示测得的数据。

实训器材

实训器材套件;直流稳压电源;函数信号发生器;数字万用表;计算机仿真系统;双踪示波器。

实训内容与步骤

1. 方案论证,绘出系统框图。
2. 设计各单元电路,绘出电路原理图。
3. 利用仿真软件 NI Multisim 10 对单元电路功能进行验证。
4. 绘制脉搏测试仪电路系统的 Protel 99 SE 原理图,生成元器件清单。
5. 进行 PCB 电路板设计,并制作 PCB 板。
6. 根据元器件清单准备制作材料套件,进行实物制作。
7. 系统上电运行调试,记录系统运行结果,分析性能并总结。

(1) 运行结果记录:工作电压、测量范围、时基、显示等。

(2) 性能测试与分析:稳定性、精确度、灵敏度等。

8. 完善设计方案,完成脉搏测试仪电路系统制作与调试。
9. 撰写实训报告。
10. 成品验收。

(李小红)

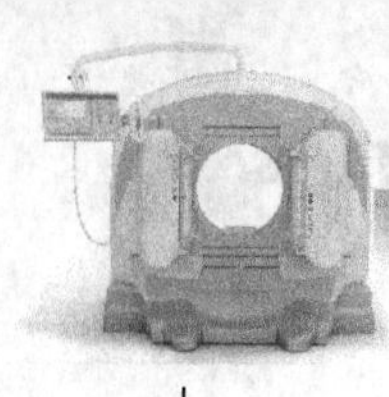

附 录 常用电子元器件参考资料

第一节 部分电气图形符号

一、电阻器、电容器、电感器和变压器

附表 1-1 电阻器、电容器、电感器和变压器图形符号及说明

图形符号	名称与说明	图形符号	名称与说明
	电阻器一般符号		电感器、线圈、绕组或扼流图。注:符号中半圆数不得少于3个
	可变电阻器或可调电阻器		带磁芯、铁芯的电感器
	滑动触点电位器		带磁芯连续可调的电感器
+	极性电容		双绕组变压器 注:可增加绕组数目
	可变电容器或可调电容器		绕组间有屏蔽的双绕组变压器 注:可增加绕组数目
	双联同调可变电容器 注:可增加同调联数		在一个绕组上有抽头的变压器
	微调电容器		

二、半导体管

附表 1-2　半导体管图形符号及说明

图形符号	名称与说明	图形符号	名称与说明
	二极管	(1) (2)	JFET 结型场效应管 (1) N 沟道 (2) P 沟道
	发光二极管		
	光电二极管		PNP 型晶体三极管
	稳压二极管		NPN 型晶体三极管
	变容二极管		全波桥式整流器

三、其他电气图形符号

附表 1-3　其他电气图形符号及说明

图形符号	名称与说明	图形符号	名称与说明
	具有两个电极的压电晶体 注:电极数目可增加	或	接机壳或底板
	熔断器		导线的连接
	指示灯及信号灯		导线的不连接
	扬声器		动合(常开)触点开关
	蜂鸣器		动断(常闭)触点开关
	接大地		手动开关

第二节　常用电子元器件型号命名法及主要技术参数

一、电阻器和电位器

1. 电阻器和电位器的型号命名方法

附表 2-1　电阻器型号命名方法

第一部分:主称		第二部分:材料		第三部分:特征分类			第四部分:序号
符号	意义	符号	意义	符号	意义		
					电阻器	电位器	
R	电阻器	T	碳膜	1	普通	普通	对主称、材料相同,仅性能指标、尺寸大小有差别,但基本不影响互换使用的产品,给予同一序号;若性能指标、尺寸大小明显影响互换时,则在序号后面用大写字母作为区别代号
W	电位器	H	合成膜	2	普通	普通	
		S	有机实芯	3	超高频	—	
		N	无机实芯	4	高阻	—	
		J	金属膜	5	高温	—	
		Y	氧化膜	6	—	—	
		C	沉积膜	7	精密	精密	
		I	玻璃釉膜	8	高压	特殊函数	
		P	硼碳膜	9	特殊	特殊	
		U	硅碳膜	G	高功率	—	
		X	线绕	T	可调	—	
		M	压敏	W	—	微调	
		G	光敏	D	—	多圈	
		R	热敏	B	温度补偿用	—	
				C	温度测量用	—	
				P	旁热式	—	
				W	稳压式	—	
				Z	正温度系数	—	

示例:

(1) 精密金属膜电阻器

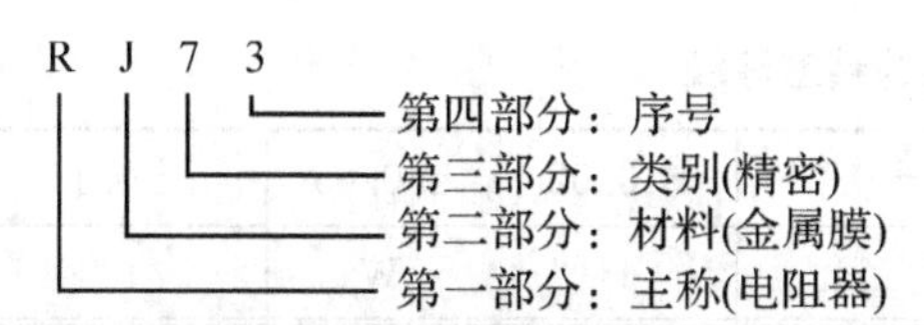

(2) 多圈线绕电位器

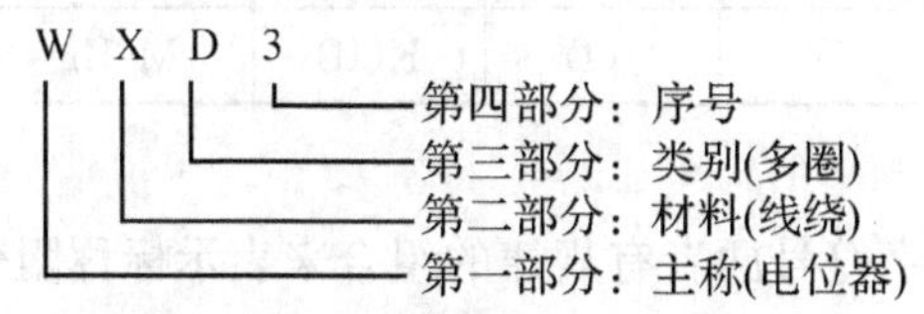

2. 电阻器的主要技术指标

(1) 额定功率

电阻器在电路中长时间连续工作不损坏，或不显著改变其性能所允许消耗的最大功率称为电阻器的额定功率。电阻器的额定功率并不是电阻器在电路中工作时一定要消耗的功率，而是电阻器在电路工作中所允许消耗的最大功率。不同类型的电阻具有不同系列的额定功率，如附表 2-2 所示。

附表 2-2　电阻器的功率等级

名称	额定功率(W)					
实芯电阻器	0.25	0.5	1	2	5	—
线绕电阻器	0.5 25	1 35	2 50	6 75	10 100	15 150
薄膜电阻器	0.025 2	0.05 5	0.125 10	0.25 25	0.5 50	1 100

(2) 标称阻值

阻值是电阻的主要参数之一，不同类型的电阻，阻值范围不同，不同精度的电阻其阻值系列亦不同。根据国家标准，常用的标称电阻值系列如附表 2-3 所示。E24、E12 和 E6 系列也适用于电位器和电容器。

附表 2-3　标称值系列

标称值系列	精度	电阻器(Ω)、电位器(Ω)、电容器标称值(pF)							
E24	±5%	1.0 2.2 4.7	1.1 2. 4 5.1	1.2 2.7 5.6	1.3 3.0 6.2	1.5 3.3 6.8	1.6 3.6 7.5	1.8 3.9 8.2	2.0 4.3 9.1
E12	±10%	1.0 3.3	1.2 3.9	1.5 4.7	1.8 5.6	2.2 6.8	2.7 8.2	—	—
E6	±20%	1.0	1.5	2.2	3.3	4.7	6.8	8.2	—

表中数值再乘以 10^n，其中 n 为正整数或负整数。

(3) 允许误差等级

附表 2-4　电阻的精度等级

允许误差(%)	±0.001	±0.002	±0.005	±0.01	±0.02	±0.05	±0.1
等级符号	E	X	Y	H	U	W	B
允许误差(%)	±0.2	±0.5	±1	±2	±5	±10	±20
等级符号	C	D	F	G	J(I)	K(II)	M(III)

3. 电阻器的标志内容及方法

(1) 文字符号直标法:用阿拉伯数字和文字符号两者有规律的组合来表示标称阻值,额定功率、允许误差等级等。符号前面的数字表示整数阻值,后面的数字依次表示第一位小数阻值和第二位小数阻值,其文字符号所表示的单位如附表 2-5 所示。如 1R5 表示1.5 Ω,2K7 表示 2.7 kΩ。

附表 2-5　符号及表示的单位

文字符号	R	K	M	G	T
表示单位	欧姆(Ω)	千欧姆(10^3 Ω)	兆欧姆(10^6 Ω)	千兆欧姆(10^9 Ω)	太兆欧姆(10^{12} Ω)

例如:

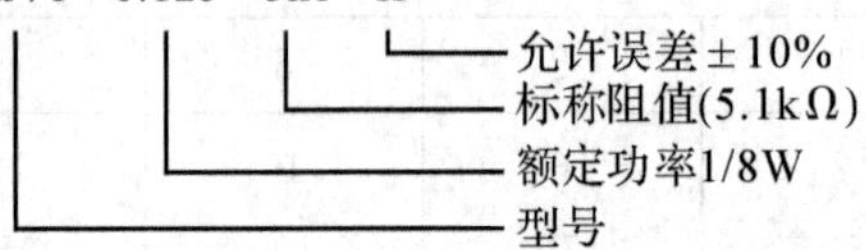

由标号可知,它是精密金属膜电阻器,额定功率为 1/8 W,标称阻值为 5.1 kΩ,允许误差为±10%。

(2) 色标法:色标法是将电阻器的类别及主要技术参数的数值用颜色(色环或色点)标注在它的外表面上。色标电阻(色环电阻)器可分为三环、四环、五环三种标法。其含义如附图 2-1 和附图 2-2 所示。

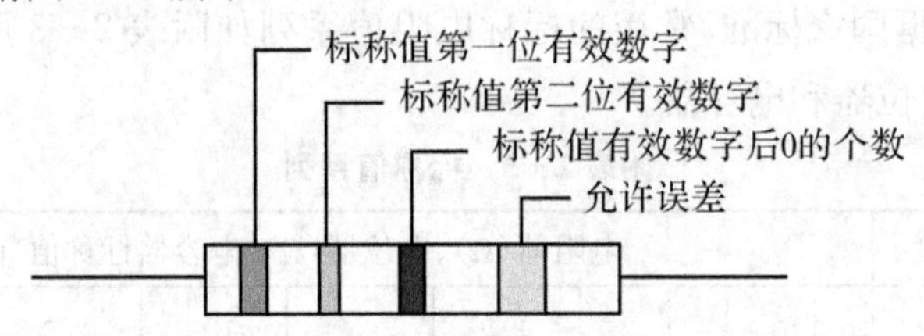

附图 2-1　两位有效数字阻值的色环表示法

附表 2-6

颜　色	第一位有效值	第二位有效值	倍 率	允许误差
黑	0	0		
棕	1	1		
红	2	2		
橙	3	3		

续表

颜　色	第一位有效值	第二位有效值	倍 率	允许误差
黄	4	4		
绿	5	5		
蓝	6	6		
紫	7	7		
灰	8	8		
白	9	9		−20% ～+50%
金				±5%
银				±10%
无色				±20%

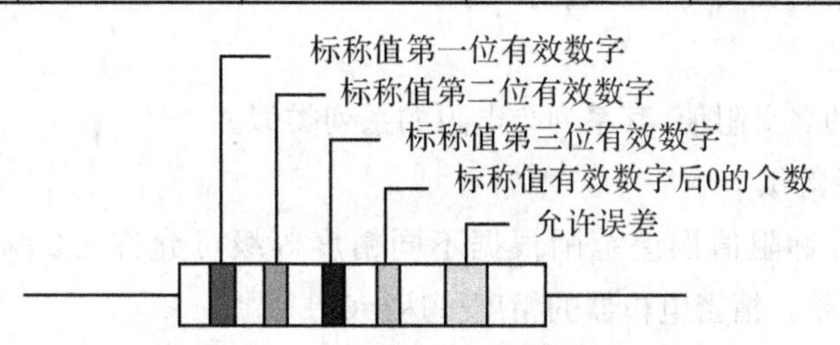

附图 2-2　三位有效数字阻值的色环表示法

附表 2-7

颜色	第一位有效值	第二位有效值	第三位有效值	倍率	允许误差
黑	0	0	0		
棕	1	1	1		±1%
红	2	2	2		±2%
橙	3	3	3		
黄	4	4	4		
绿	5	5	5		±0.5%
蓝	6	6	6		±0.25
紫	7	7	7		±0.1%
灰	8	8	8		
白	9	9	9		
金					
银					

三色环电阻器的色环表示标称电阻值(允许误差均为±20%)。例如,色环为棕黑红,表示 $10\times10^2=1.0\ k\Omega\pm20\%$的电阻器。

四色环电阻器的色环表示标称值(两位有效数字)及精度。例如,色环为棕绿橙金表示 $15\times10^3=15\ k\Omega\pm5\%$的电阻器。

五色环电阻器的色环表示标称值(三位有效数字)及精度。例如,色环为红紫绿黄棕表示 $275\times10^4=2.75\ M\Omega\pm1\%$的电阻器。

一般四色环和五色环电阻器表示允许误差的色环的特点是该环离其他环的距离较远。较标准的表示应是表示允许误差的色环的宽度是其他色环的(1.5～2)倍。

有些色环电阻器由于厂家生产不规范,无法用上面的特征判断,只能借助万用表判断。

4. 电位器的主要技术指标

(1) 额定功率

电位器的两个固定端上允许耗散的最大功率为电位器的额定功率。使用中应注意额定功率不等于中心抽头与固定端的功率。

(2) 标称阻值

标在产品上的名义阻值,其系列与电阻的系列类似。

(3) 允许误差等级

实测阻值与标称阻值误差范围根据不同精度等级可允许±20%、±10%、±5%、±2%、±1%的误差。精密电位器的精度可达±0.1%。

(4) 阻值变化规律

指阻值随滑动片触点旋转角度(或滑动行程)之间的变化关系,这种变化关系可以是任何函数形式,常用的有直线式、对数式和反转对数式(指数式)。

在使用中,直线式电位器适合于作分压器;反转对数式(指数式)电位器适合于作收音机、录音机、电唱机、电视机中的音量控制器。维修时若找不到同类品,可用直线式代替,但不宜用对数式代替。对数式电位器只适合于作音调控制等。

5. 电位器的一般标志方法

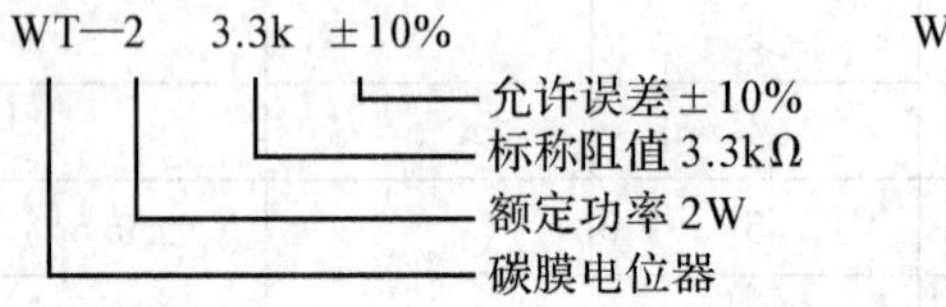

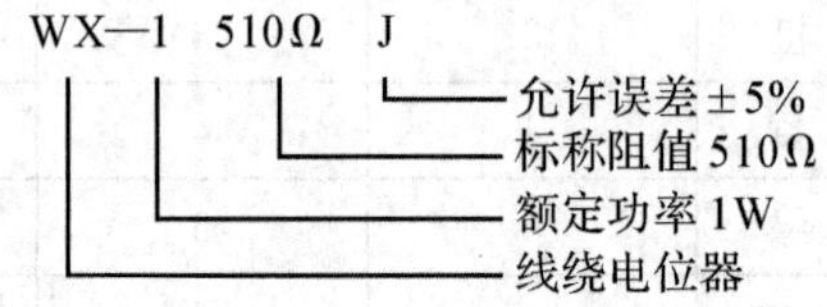

二、电容器

1. 电容器型号命名法

附表 2-8　电容器型号命名法

第一部分：主称		第二部分：材料		第三部分：特征、分类						第四部分：序号
符号	意义	符号	意义	符号	意义					
					瓷介	云母	玻璃	电解	其他	
C	电容器	C	瓷介	1	圆片	非密封	—	箔式	非密封	对主称、材料相同，仅尺寸、性能指标略有不同，但基本不影响使用的产品，给予同一序号；若尺寸性能指标的差别明显，影响互换使用时，则在序号后面用大写字母作为区别代号
		Y	云母	2	管形	非密封	—	箔式	非密封	
		I	玻璃釉	3	迭片	密封	—	烧结粉固体	密封	
		O	玻璃膜	4	独石	密封	—	烧结粉固体	密封	
		Z	纸介	5	穿心	—	—	—	穿心	
		J	金属化纸	6	支柱	—	—	—	—	
		B	聚苯乙烯	7	—	—	—	无极性	—	
		L	涤纶	8	高压	高压	—	—	高压	
		Q	漆膜	9	—	—	—	特殊	特殊	
		S	聚碳酸酯	J	金属膜					
		H	复合介质	W	微调					
		D	铝							
		A	钽							
		N	铌							
		G	合金							
		T	钛							
		E	其他							

示例：

(1) 铝电解电容器

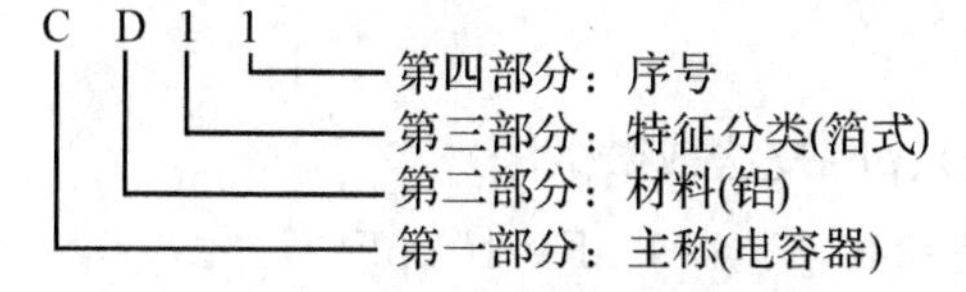

(2) 圆片形瓷介电容器

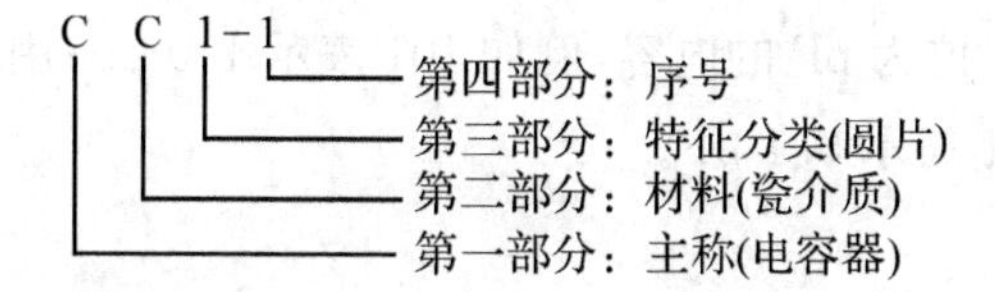

(3) 纸介金属膜电容器

C Z J X
第四部分：序号
第三部分：特征分类(金属膜)
第二部分：材料(纸介)
第一部分：主称(电容器)

2. 电容器的主要技术指标

(1) 电容器的耐压

常用固定式电容的直流工作电压系列为：6.3 V、10 V、16 V、25 V、40 V、63 V、100 V、160 V、250 V、400 V。

(2) 电容器容许误差等级

常见的有七个等级，如附表 2-9 所示。

附表 2-9　电容器容许误差等级

容许误差	±2%	±5%	±10%	±20%	+20% −30%	+50% −20%	+100% −10%
级别	0.2	Ⅰ	Ⅱ	Ⅲ	Ⅳ	Ⅴ	Ⅵ

◆电容常用字母代表误差：B：±0.1%；C：±0.25%；D：±0.5%；F：±1%；G：±2%；J：±5%；K：±10%；M：±20%；N：±30%；Z：+80%～−20%。

(3) 标称电容量

附表 2-10　固定式电容器标称容量系列和容许误差

系列代号	E24	E12	E6
容许误差	±5%(I)或(J)	±10%(II)或(K)	±20%(III)或(m)
标称容量对应值	10,11,12,13,15,16,18,20,22,24,27,30,33,36,39,43,47,51,56,62,68,75,82,90	10, 12, 15, 18, 22, 27, 33, 39, 47, 56, 68,82	10,15,22,23,47,68

注：标称电容量为表中数值或表中数值再乘以 10^n，其中 n 为正整数或负整数，单位为 pF。

3. 电容器的标志方法

(1) 直标法

电容单位：F(法拉)、μF(微法)、nF(纳法)、pF(皮法或微微法)。

1 F=10^6 μF=10^{12} pF，1 μF=10^3 纳法=10^6 pF，1 nF=10^3 pF

例如：4n7——表示 4.7 nF 或 4 700 pF，0.22——表示 0.22 μF，51——表示 51 pF。

有时用大于 1 的两位以上的数字表示单位为 pF 的电容，例如 101 表示 100 pF；用小于 1 的数字表示单位为 μF 的电容，例如 0.1 表示 0.1 μF。

(2) 数码表示法

一般用三位数字来表示容量的大小，单位为 pF。前两位为有效数字，后一位表示位率。即乘以 10^i，i 为第三位数字，若第三位数字为 9，则乘 10^{-1}。如 223J 代表 22×10^3 pF $=22\ 000$ pF$=0.022\ \mu$F，允许误差为±5%；又如 479K 代表 47×10^{-1} pF，允许误差为±5%的电容。这种表示方法最为常见。

(3) 色码表示法

这种表示法与电阻器的色环表示法类似，颜色涂于电容器的一端或从顶端向引线排列。色码一般只有三种颜色，前两环为有效数字，第三环为位率，单位为 pF。有时色环较宽，如红红橙，两个红色环涂成一个宽的，表示 22 000 pF。

三、电感器

1. 电感器的分类

常用的电感器有固定电感器、微调电感器、色码电感器等。变压器、阻流圈、振荡线圈、偏转线圈、天线线圈、中周、继电器以及延迟线和磁头等，都属电感器的种类。

2. 电感器的主要技术指标

(1) 电感量

在没有非线性导磁物质存在的条件下，一个载流线圈的磁通量 Φ 与线圈中的电流 I 成正比，其比例常数称为自感系数，用 L 表示，简称为电感。即：

$$L=\Phi/I$$

(2) 固有电容

线圈各层、各匝之间、绕组与底板之间都存在着分布电容。统称为电感器的固有电容。

(3) 品质因数

电感线圈的品质因数定义为：

$$Q=\omega L/R$$

式中：ω——工作角频率，L——线圈电感量，R——线圈的总损耗电阻。

(4) 额定电流

线圈中允许通过的最大电流。

(5) 线圈的损耗电阻

线圈的直流损耗电阻。

3. 电感器电感量的标志方法

(1) 直标法

单位：H(亨利)、mH(毫亨)、μH(微亨)、

(2) 数码表示法

与电容器的表示方法相同。

(3) 色码表示法

这种表示法也与电阻器的色标法相似，色码一般有四种颜色，前两种颜色为有效数字，第三种颜色为倍率，单位为 μH，第四种颜色是误差位。

四、半导体分立器件

1. 半导体分立器件的命名方法

(1) 我国半导体分立器件的命名法

附表 2-11　国产半导体分立器件型号命名法

第一部分		第二部分		第三部分				第四部分	第五部分
用数字表示器件电极的数目		用汉语拼音字母表示器件的材料和极性		用汉语拼音字母表示器件的类型					
符号	意义	符号	意义	符号	意义	符号	意义		
2	二极管	A	N型,锗材料	P	普通管	D	低频大功率管 (f_a<3 MHz,P_C≥1 W)	数字表示器件序号	用汉语拼音表示规格的区别代号
		B	P型,锗材料	V	微波管				
		C	N型,硅材料	W	稳压管	A	高频大功率管 (f_a≥3 MHz,P_C≥1 W)		
		D	P型,硅材料	C	参量管				
				Z	整流管	T	半导体闸流管（可控硅整流器）		
3	三极管	A	PNP型,锗材料	L	整流堆				
		B	NPN型,锗材料	S	隧道管	Y	体效应器件		
		C	PNP型,硅材料	N	阻尼管	B	雪崩管		
		D	NPN型,硅材料	U	光电器件	J	阶跃恢复管		
		E	化合物材料	K	开关管	CS	场效应器件		
				X	低频小功率管 (f_a<3 MHz, P_C<1 W)	BT	半导体特殊器件		
						FH	复合管		
						PIN	PIN型管		
				G	高频小功率管 (f_a≥3 MHz P_C<1 W)	JG	激光器件		

例：

①锗材料 PNP 型低频大功率三极管

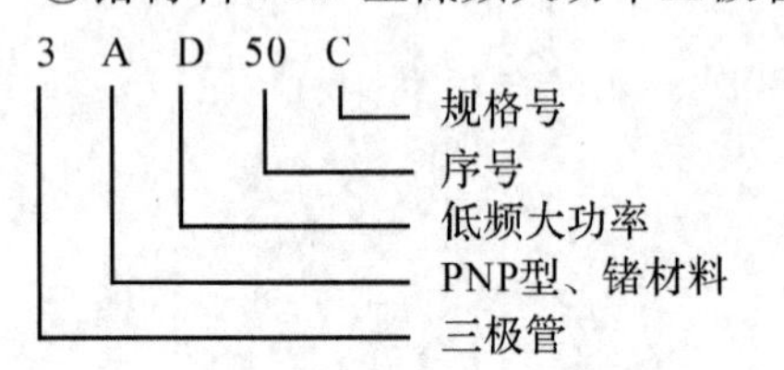

②硅材料 NPN 型高频小功率三极管

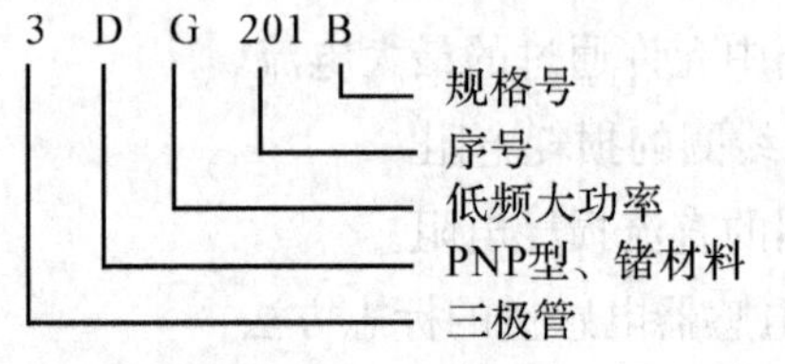

③N 型硅材料稳压二极管

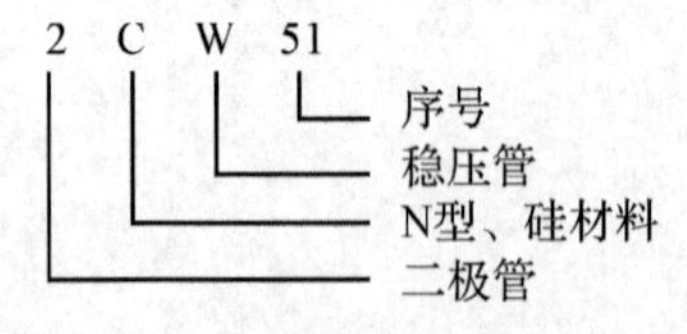

④单结晶体管

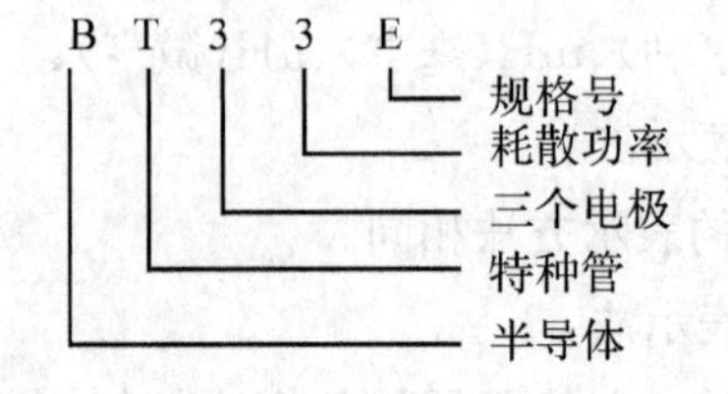

（2）国际电子联合会半导体器件命名法

附表 2-12　国际电子联合会半导体器件型号命名法

第一部分		第二部分				第三部分		第四部分	
用字母表示使用的材料		用字母表示类型及主要特性				用数字或字母加数字表示登记号		用字母对同一型号者分挡	
符号	意义	符号	意义	符号	意义	符号	意义	符号	意义
A	锗材料	A	检波、开关和混频二极管	M	封闭磁路中的霍尔元件	三位数字	通用半导体器件的登记序号（同一类型器件使用同一登记号）	A B C D E …	同一型号器件按某一参数进行分挡的标志
		B	变容二极管	P	光敏元件				
B	硅材料	C	低频小功率三极管	Q	发光器件				
		D	低频大功率三极管	R	小功率可控硅				
C	砷化镓	E	隧道二极管	S	小功率开关管	一个字母加两位数字	专用半导体器件的登记序号（同一类型器件使用同一登记号）		
		F	高频小功率三极管	T	大功率可控硅				
D	锑化铟	G	复合器件及其他器件	U	大功率开关管				
		H	磁敏二极管	X	倍增二极管				
R	复合材料	K	开放磁路中的霍尔元件	Y	整流二极管				
		L	高频大功率三极管	Z	稳压二极管即齐纳二极管				

示例（命名）：

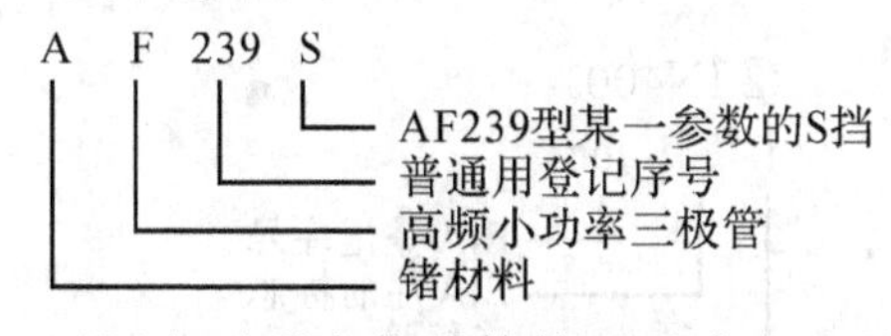

国际电子联合会晶体管型号命名法的特点：

①这种命名法被欧洲许多国家采用。因此，凡型号以两个字母开头，并且第一个字母是 A、B、C、D 或 R 的晶体管，大都是欧洲制造的产品，或是按欧洲某一厂家专利生产的产品。

②第一个字母表示材料（A 表示锗管，B 表示硅管），但不表示极性（NPN 型或 PNP 型）。

③第二个字母表示器件的类别和主要特点。如C表示低频小功率管，D表示低频大功率管，F表示高频小功率管，L表示高频大功率管等等。若记住了这些字母的意义，不查手册也可以判断出类别。例如BL49型，一见便知是硅大功率专用三极管。

④第三部分表示登记顺序号。三位数字者为通用品，一个字母加两位数字者为专用品。顺序号相邻的两个型号的特性可能相差很大。例如，AC184为PNP型，而AC185则为NPN型。

⑤第四部分字母表示对同一型号的某一参数（如 h_{FE} 或 N_F）进行分挡。

⑥型号中的符号均不反映器件的极性（指NPN或PNP）。极性的确定需查阅手册或测量。

（3）美国半导体器件型号命名法

美国晶体管或其他半导体器件的型号命名法较混乱。这里介绍的是美国晶体管标准型号命名法，即美国电子工业协会（EIA）规定的晶体管分立器件型号的命名法。如附表2-13所示。

附表2-13　美国电子工业协会半导体器件型号命名法

第一部分		第二部分		第三部分		第四部分		第五部分	
用符号表示用途的类型		用数字表示PN结的数目		美国电子工业协会（EIA）注册标志		美国电子工业协会（EIA）登记顺序号		用字母表示器件分挡	
符号	意义	符号	意义	符号	意义	符号	意义	符号	意义
JAN或J	军用品	1	二极管	N	该器件已在美国电子工业协会注册登记	多位数字	该器件在美国电子工业协会登记的顺序号	A B C D …	同一型号的不同挡别
		2	三极管						
无	非军用品	3	三个PN结器件						
		n	n个PN结器件						

例：

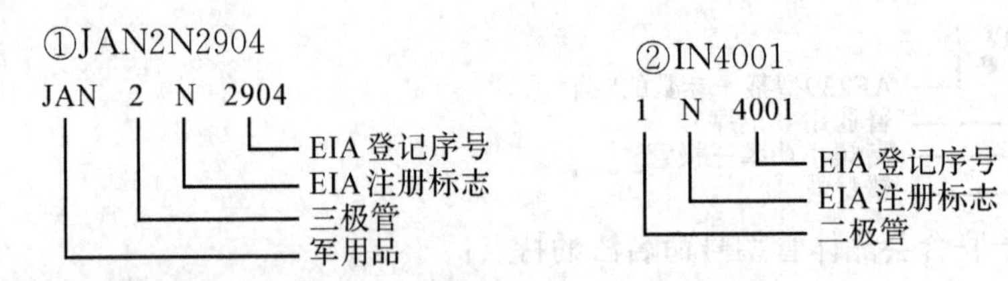

美国晶体管型号命名法的特点：

①型号命名法规定较早，又未作过改进，型号内容很不完备。例如，对于材料、极性、主要特性和类型，在型号中不能反映出来。例如，2N开头的既可能是一般晶体管，也可能是场效应管。因此，仍有一些厂家按自己规定的型号命名法命名。

②组成型号的第一部分是前缀，第五部分是后缀，中间的三部分为型号的基本部分。

③除去前缀以外，凡型号以 1N、2N 或 3N 开头的晶体管分立器件，大都是美国制造的，或按美国专利在其他国家制造的产品。

④第四部分数字只表示登记序号，而不含其他意义。因此，序号相邻的两器件可能特性相差很大。例如，2N3464 为硅 NPN，高频大功率管，而 2N3465 为 N 沟道场效应管。

⑤不同厂家生产的性能基本一致的器件，都使用同一个登记号。同一型号中某些参数的差异常用后缀字母表示。因此，型号相同的器件可以通用。

⑥登记序号数大的通常是近期产品。

(4) 日本半导体器件型号命名法

日本半导体分立器件（包括晶体管）或其他国家按日本专利生产的这类器件，都是按日本工业标准(JIS)规定的命名法(JIS−C−702)命名的。

日本半导体分立器件的型号，由五至七部分组成。通常只用到前五部分。前五部分符号及意义如附表 2-14 所示。第六、七部分的符号及意义通常是各公司自行规定的。第六部分的符号表示特殊的用途及特性，其常用的符号有：

M——松下公司用来表示该器件符合日本防卫厅海上自卫队参谋部有关标准登记的产品。

N——松下公司用来表示该器件符合日本广播协会(NHK)有关标准的登记产品。

Z——松下公司用来表示专用通信用的可靠性高的器件。

H——日立公司用来表示专为通信用的可靠性高的器件。

K——日立公司用来表示专为通信用的塑料外壳可靠性高的器件。

T——日立公司用来表示收发报机用的推荐产品。

G——东芝公司用来表示专为通信用的设备制造的器件。

S——三洋公司用来表示专为通信设备制造的器件。

第七部分的符号，常被用来作为器件某个参数的分挡标志。例如，三菱公司常用 R、G、Y 等字母；日立公司常用 A、B、C、D 等字母，作为直流放大系数 h_{FE}的分挡标志。

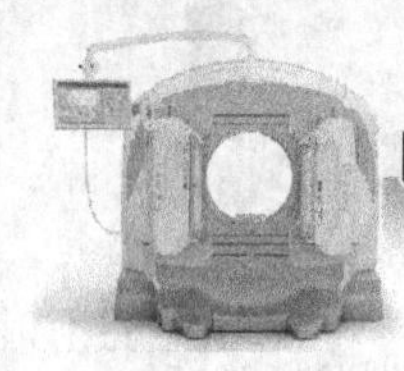

附表 2－14　日本半导体器件型号命名法

第一部分		第二部分		第三部分		第四部分		第五部分	
用数字表示类型或有效电极数		S表示日本电子工业协会(EIAJ)的注册产品		用字母表示器件的极性及类型		用数字表示在日本电子工业协会登记的顺序号		用字母表示对原来型号的改进产品	
符号	意义	符号	意义	符号	意义	符号	意义	符号	意义
0	光电(即光敏)二极管、晶体管及其组合管	S	表示已在日本电子工业协会(EIAJ)注册登记的半导体分立器件	A	PNP型高频管	四位以上的数字	从11开始,表示在日本电子工业协会注册登记的顺序号,不同公司的性能相同的器件可以使用同一顺序号,其数字越大越是近期产品	A B C D E F …	用字母表示对原来型号的改进产品
				B	PNP型低频管				
				C	NPN型高频管				
				D	NPN型低频管				
				F	P控制极可控硅				
1	二极管			G	N控制极可控硅				
2	三极管、具有两个以上PN结的其他晶体管			H	N基极单结晶体管				
				J	P沟道场效应管				
				K	N沟道场效应管				
				M	双向可控硅				
3 ……	具有四个有效电极或具有三个PN结的晶体管								
$n-1$	具有n个有效电极或具有$n-1$个PN结的晶体管								

示例：

①2SC502A（日本收音机中常用的中频放大管）

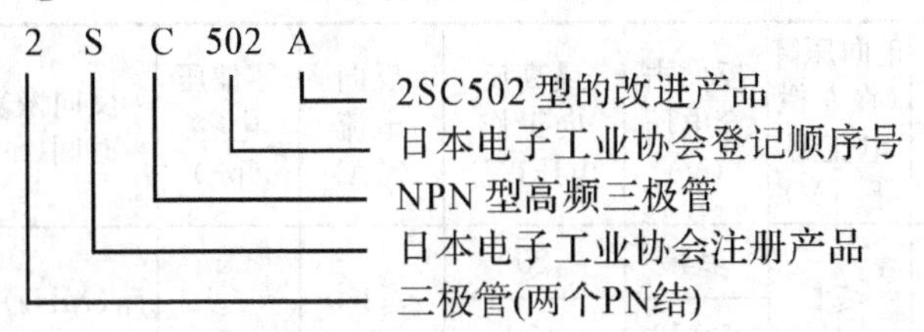

②2SA495（日本夏普公司GF－9494收录机用小功率管）

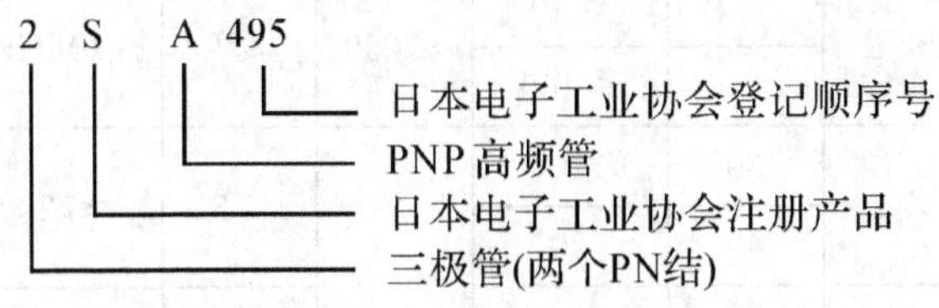

日本半导体器件型号命名法有如下特点：

①型号中的第一部分是数字，表示器件的类型和有效电极数。例如，用“1”表示二极管，用“2”表示三极管。而屏蔽用的接地电极不是有效电极。

②第二部分均为字母S，表示日本电子工业协会注册产品，而不表示材料和极性。

③第三部分表示极性和类型。例如用A表示PNP型高频管，用J表示P沟道场效应三极管。但是，第三部分既不表示材料，也不表示功率的大小。

④第四部分只表示在日本工业协会（EIAJ）注册登记的顺序号，并不反映器件的性能，顺序号相邻的两个器件的某一性能可能相差很远。例如，2SC2680型的最大额定耗散功率为200 mW，而2SC2681的最大额定耗散功率为100 W。但是，登记顺序号能反映产品时间的先后。登记顺序号的数字越大，越是近期产品。

⑤第六、七两部分的符号和意义各公司不完全相同。

⑥日本有些半导体分立器件的外壳上标记的型号，常采用简化标记的方法，即把2S省略。例如，2SD764、简化为D764，2SC502A简化为C502A。

⑦在低频管（2SB和2SD型）中，也有工作频率很高的管子。例如，2SD355的特征频率 f_T 为100 MHz，所以，它们也可当高频管用。

⑧日本通常把 $P_{cm} \geq 1$ W的管子，称作大功率管。

2. 常用半导体二极管的主要参数

附表 2-15　部分半导体二极管的参数

类型	型号＼参数	最大整流电流(mA)	正向电流(mA)	正向压降(在左栏电流值下)(V)	反向击穿电压(V)	最高反向工作电压(V)	反向电流(μA)	零偏压电容(pF)	反向恢复时间(ns)
普通检波二极管	2AP9	≤16	≥2.5	≤1	≥40	20	≤250	≤1	f_H(MHz)150
	2AP7		≥5		≥150	100			
	2AP11	≤25	≥10	≤1		≤10	≤250	≤1	f_H(MHz)40
	2AP17	≤15	≥10			≤100			
锗开关二极管	2AK1		≥150	≤1	30	10		≤3	≤200
	2AK2				40	20			
	2AK5		≥200	≤0.9	60	40		≤2	≤150
	2AK10		≥10	≤1	70	50		≤2	≤150
	2AK13		≥250	≤0.7	60	40			
	2AK14				70	50			
硅开关二极管	2CK70A~E		≥10	≤0.8	A≥30 B≥45 C≥60 D≥75 E≥90	A≥20 B≥30 C≥40 D≥50 E≥60		≤1.5	≤3
	2CK71A~E		≥20						≤4
	2CK72A~E		≥30						
	2CK73A~E		≥50	≤1				≤1	≤5
	2CK74A~D		≥100						
	2CK75A~D		≥150						
	2CK76A~D		≥200						
整流二极管	2CZ52B…H	2	0.1	≤1		25…600			同2AP普通二极管
	2CZ53B…M	6	0.3	≤1		50…1000			
	2CZ54B…M	10	0.5	≤1		50…1000			
	2CZ55B…M	20	1	≤1		50…1000			
	2CZ56B…B	65	3	≤0.8		25…1000			
	IN4001…4007	30	1	1.1		50…1000	5		
	IN5391…5399	50	1.5	1.4		50…1000	10		
	IN5400…5408	200	3	1.2		50…1000	10		

3. 常用整流桥的主要参数

附表 2-16 几种单相桥式整流器的参数

型号 \ 参数	不重复正向浪涌电流(A)	整流电流(A)	正向电压降(V)	反向漏电(μA)	反向工作电压(V)	最高工作结温(℃)
QL1	1	0.05	≤1.2	≤10	常见的分挡为：25，50，100，200，400，500，600，700，800，900，1000	130
QL2	2	0.1				
QL4	6	0.3				
QL5	10	0.5				
QL6	20	1				
QL7	40	2		≤15		
QL8	60	3				

4. 常用稳压二极管的主要参数

附表 2-17 部分稳压二极管的主要参数

测试条件	工作电流为稳定电流	稳定电压下	环境温度 <50 ℃	稳定电流下			环境温度 <10 ℃
型号 \ 参数	稳定电压(V)	稳定电流(mA)	最大稳定电流(mA)	反向漏电流	动态电阻(Ω)	电压温度系数(10^{-4}/℃)	最大耗散功率(W)
2CW51	2.5～3.5	10	71	≤5	≤60	≥-9	0.25
2CW52	3.2～4.5		55	≤2	≤70	≥-8	
2CW53	4～5.8		41	≤1	≤50	-6～4	
2CW54	5.5～6.5		38	≤0.5	≤30	-3～5	
2CW56	7～8.8		27		≤15	≤7	
2CW57	8.5～9.8		26		≤20	≤8	
2CW59	10～11.8	5	20		≤30	≤9	
2CW60	11.5～12.5		19		≤40	≤9	
2CW103	4～5.8	50	165	≤1	≤20	-6～4	1
2CW110	11.5～12.5	20	76	≤0.5	≤20	≤9	
2CW113	16～19	10	52	≤0.5	≤40	≤11	
2CW1A	5	30	240		≤20		1
2CW6C	15	30	70		≤8		1
2CW7C	6.0～6.5	10	30		≤10	0.05	0.2

5. 常用半导体三极管的主要参数

(1) 3AX51(3AX31)型 PNP 型锗低频小功率三极管

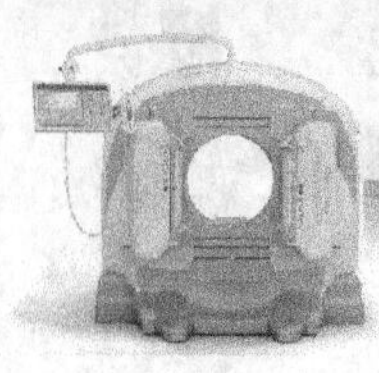

附表 2－18　3AX51(3AX31)型半导体三极管的参数

原型号		3AX31				测试条件
新型号		3AX51A	3AX51B	3AX51C	3AX51D	
极限参数	P_{CM}(mW)	100	100	100	100	T_a＝25 ℃
	I_{CM}(mA)	100	100	100	100	
	T_{jM}(℃)	75	75	75	75	
	BV_{CBO}(V)	≥30	≥30	≥30	≥30	I_C＝1 mA
	BV_{CEO}(V)	≥12	≥12	≥18	≥24	I_C＝1 mA
直流参数	I_{CBO}(A)	≤12	≤12	≤12	≤12	V_{CB}＝－10 V
	I_{CEO}(A)	≤500	≤500	≤300	≤300	V_{CE}＝－6 V
	I_{EBO}(A)	≤12	≤12	≤12	≤12	V_{EB}＝－6 V
	h_{FE}	40～150	40～150	30～100	25～70	V_{CE}＝－1 V　I_C＝50 mA
交流参数	$f_{(kHz)}$	≥500	≥500	≥500	≥500	V_{CB}＝－6 V　I_E＝1 mA
	N_F(dB)	—	≤8	—	—	V_{CB}＝－2 V I_E＝0.5 mA　f＝1 kHz
	h_{ie}(kΩ)	0.6～4.5	0.6～4.5	0.6～4.5	0.6～4.5	V_{CB}＝－6 V I_E＝1 mA　f＝1 kHz
	h_{re}(×10)	≤2.2	≤2.2	≤2.2	≤2.2	
	h_{oe}(μs)	≤80	≤80	≤80	≤80	V_{CB}＝－6 V I_E＝1 mA　f＝1 kHz
	h_{fe}	—	—	—	—	
h_{FE}色标分挡		(红)25～60;(绿)50～100;(蓝)90～150				
管脚		B E　C				

(2) 3AX81 型 PNP 型锗低频小功率三极管

附表 2－19　3AX81 型 PNP 型锗低频小功率三极管的参数

型　号		3AX81A	3AX81B	测试条件
极限参数	P_{CM}(mW)	200	200	
	I_{CM}(mA)	200	200	
	T_{jM}(℃)	75	75	
	BV_{CBO}(V)	－20	－30	I_C＝4 mA
	BV_{CEO}(V)	－10	－15	I_C＝4 mA
	BV_{EBO}(V)	－7	－10	I_E＝4 mA

续表

直流参数	I_{CBO}(μA)	≤30	≤15	$V_{CB}=-6$ V
	I_{CEO}(μA)	≤1 000	≤700	$V_{CE}=-6$ V
	I_{EBO}(μA)	≤30	≤15	$V_{EB}=-6$ V
	V_{BES}(μV)	≤0.6	≤0.6	$V_{CE}=-1$ V $I_C=175$ mA
	V_{CES}(V)	≤0.65	≤0.65	$V_{CE}=V_{BE}$ $V_{CB}=0$ $I_C=200$ mA
	h_{FE}	40～270	40～270	$V_{CE}=-1$ V $I_C=175$ mA
交流参数	f_β (kHz)	≥6	≥8	$V_{CB}=-6$ V $I_E=10$ mA
h_{FE}色标分挡	(黄)40～55 (绿)55～80 (蓝)80～120 (紫)120～180 (灰)180～270 (白)270～400			
管 脚	B E C			

(3) 3BX31 型 NPN 型锗低频小功率三极管

附表 2-20 3BX31 型 NPN 型锗低频小功率三极管的参数

型 号		3BX31M	3BX31A	3BX31B	3BX31C	测试条件
极限参数	P_{CM}(mW)	125	125	125	125	$T_a=25$ ℃
	I_{CM}(mA)	125	125	125	125	
	T_{jM}(℃)	75	75	75	75	
	BV_{CBO}(V)	−15	−20	−30	−40	$I_C=1$ mA
	BV_{CEO}(V)	−6	−12	−18	−24	$I_C=2$ mA
	BV_{EBO}(V)	−6	−10	−10	−10	$I_E=1$ mA
直流参数	I_{CBO}(μA)	≤25	≤20	≤12	≤6	$V_{CB}=6$ V
	I_{CEO}(μA)	≤1 000	≤800	≤600	≤400	$V_{CE}=6$ V
	I_{EBO}(μA)	≤25	≤20	≤12	≤6	$V_{EB}=6$ V
	V_{BES}(μV)	≤0.6	≤0.6	≤0.6	≤0.6	$V_{CE}=6$ V $I_C=100$ mA
	V_{CES}(μV)	≤0.65	≤0.65	≤0.65	≤0.65	$V_{CE}=V_{BE}$ $V_{CB}=0$ $I_C=125$ mA
	h_{FE}	80～400	40～180	40～180	40～180	$V_{CE}=1$ V $I_C=100$ mA
交流参数	f_β (kHz)	—	—	≥8	f_α≥465	$V_{CB}=-6$ V $I_E=10$ mA
h_{FE}色标分挡		(黄)40～55 (绿)55～80 (蓝)80～120 (紫)120～180 (灰)180～270 (白)270～400				
管 脚		B E C				

(4) 3DG100(3DG6) 型 NPN 型硅高频小功率三极管

附表 2-21　3DG100(3DG6) 型 NPN 型硅高频小功率三极管的参数

原型号		3DG6				测试条件
新型号		3DG100A	3DG100B	3DG100C	3DG100D	
极限参数	P_{CM}(mW)	100	100	100	100	
	I_{CM}(mA)	20	20	20	20	
	BV_{CBO}(V)	≥30	≥40	≥30	≥40	I_C=100 μA
	BV_{CEO}(V)	≥20	≥30	≥20	≥30	I_C=100 μA
	BV_{EBO}(V)	≥4	≥4	≥4	≥4	I_E=1001 A
直流参数	I_{CBO}(μA)	≤0.01	≤0.01	≤0.01	≤0.01	V_{CB}=10 V
	I_{CEO}(μA)	≤0.1	≤0.1	≤0.1	≤0.1	V_{CE}=10 V
	I_{EBO}(μA)	≤0.01	≤0.01	≤0.01	≤0.01	V_{EB}=1.5 V
	V_{BES}(V)	≤1	≤1	≤1	≤1	I_C=10 mA　I_B=1 mA
	V_{CES}(V)	≤1	≤1	≤1	≤1	I_C=10 mA　I_B=1 mA
	h_{FE}	≥30	≥30	≥30	≥30	V_{CE}=10 V　I_C=3 mA
交流参数	f_T(MHz)	≥150	≥150	≥300	≥300	V_{CB}=10 V　I_E=3 mA f=100 MHz　R_L=5 Ω
	K_P(dB)	≥7	≥7	≥7	≥7	V_{CB}=−6 V I_E=3 mA　f=100 MHz
	C_{ob}(pF)	≤4	≤4	≤4	≤4	V_{CB}=10V　I_E=0
h_{FE}色标分挡		(红)30～60　(绿)50～110　(蓝)90～160　(白)>150				
管脚		B E C				

(5) 3DG130(3DG12) 型 NPN 型硅高频小功率三极管

附表 2-22　3DG130(3DG12)型 NPN 型硅高频小功率三极管的参数

原型号		3DG12				测试条件
新型号		3DG130A	3DG130B	3DG130C	3DG130D	
极限参数	P_{CM}(mW)	700	700	700	700	
	I_{CM}(mA)	300	300	300	300	
	BV_{CBO}(V)	≥40	≥60	≥40	≥60	I_C=100 μA
	BV_{CEO}(V)	≥30	≥45	≥30	≥45	I_C=100 μA
	BV_{EBO}(V)	≥4	≥4	≥4	≥4	I_E=100 μA

续表

直流参数	I_{CBO}(μA)	≤0.5	≤0.5	≤0.5	≤0.5	V_{CB}=10 V
	I_{CEO}(μA)	≤1	≤1	≤1	≤1	V_{CE}=10 V
	I_{EBO}(μA)	≤0.5	≤0.5	≤0.5	≤0.5	V_{EB}=1.5 V
	V_{BES}(V)	≤1	≤1	≤1	≤1	≤I_C=100 mA I_B=10 mA
	V_{CES}(V)	≤0.6	≤0.6	≤0.6	≤0.6	I_C=100 mA I_B=10 mA
	h_{FE}	≥30	≥30	≥30	≥30	V_{CE}=10 V I_C=50 mA
交流参数	f_T(MHz)	≥150	≥150	≥300	≥300	V_{CB}=10 V I_E=50 mA f=100 MHz R_L=55
	K_P(dB)	≥6	≥6	≥6	≥6	V_{CB}=10 V I_E=50 mA f=100 MHz
	C_{ob}(pF)	≤10	≤10	≥10	≤10	V_{CB}=10V I_E=0
h_{FE}色标分挡		(红)30～60 (绿)50～110 (蓝)90～160 (白)>150				
管 脚		B E C				

(6) 9011～9018塑封硅三极管

附表 2-23 9011～9018塑封硅三极管的参数

型 号		(3DG) 9011	(3CX) 9012	(3DX) 9013	(3DG) 9014	(3CG) 9015	(3DG) 9016	(3DG) 9018
极限参数	P_{CM}(mW)	200	300	300	300	300	200	200
	I_{CM}(mA)	20	300	300	100	100	25	20
	BV_{CBO}(V)	20	20	20	25	25	25	30
	BV_{CEO}(V)	18	18	18	20	20	20	20
	BV_{EBO}(V)	5	5	5	4	4	4	4
直流参数	I_{CBO}(μA)	0.01	0.5	0.5	0.05	0.05	0.05	0.05
	I_{CEO}(μA)	0.1	1	1	0.5	0.5	0.5	0.5
	I_{EBO}(μA)	0.01	0.5	0.5	0.05	0.05	0.05	0.05
	V_{CES}(V)	0.5	0.5	0.5	0.5	0.5	0.5	0.35
	V_{BES}(V)		1	1	1	1	1	1
	h_{FE}	30	30	30	30	30	30	30

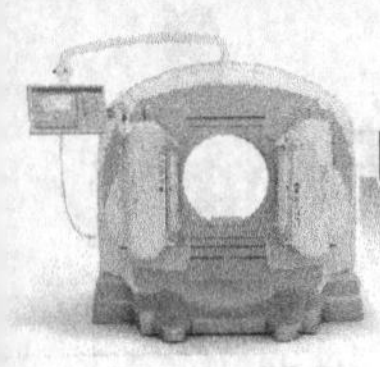

续表

型号		(3DG) 9011	(3CX) 9012	(3DX) 9013	(3DG) 9014	(3CG) 9015	(3DG) 9016	(3DG) 9018
交流参数	f_T(MHz)	100			80	80	500	600
	C_{ob}(pF)	3.5			2.5	4	1.6	4
	K_P(dB)							10
h_{FE}色标分挡		(红)30～60 (绿)50～110 (蓝)90～160 (白)>150						
管脚		EBC						

6. 常用场效应管主要参数

附表 2-24 常用场效应三极管主要参数

参数名称	N沟道结型				MOS型N沟道耗尽型		
	3DJ2	3DJ4	3DJ6	3DJ7	3D01	3D02	3D04
	D～H	D～H	D～H	D～H	D～H	D～H	D～H
饱和漏源电流 I_{DSS} (mA)	0.3～10	0.3～10	0.3～10	0.35～1.8	0.35～10	0.35～25	0.35～10.5
夹断电压 V_{GS}(V)	<|1～9|	<|1～9|	<|1～9|	<|1～9|	≤|1～9|	≤1～99|	≤|1～9|
正向跨导 g_m(μV)	>2 000	>2 000	>1 000	>3 000	≥1 000	≥4 000	≥2 000
最大漏源电压 BV_{DS}(V)	>20	>20	>20	>20	>20	>12～20	>20
最大耗散功率 P_{DNI}(mW)	100	100	100	100	100	25～100	100
栅源绝缘电阻 r_{GS}(Ω)	≥10^8	≥10^8	≥10^8	≥10^8	≥10^8	≥10^8～10^9	≥100
管脚	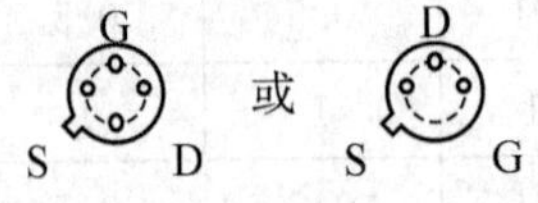						

五、模拟集成电路

1. 模拟集成电路命名方法(国产)

附表 2－25　器件型号的组成

第0部分		第一部分		第二部分	第三部分		第四部分	
用字母表示器件符合国家标准		用字母表示器件的类型		用阿拉伯数字表示器件的系列和品种代号	用字母表示器件的工作温度范围		用字母表示器件的封装	
符号	意义	符号	意义		符号	意义	符号	意义
C	中国制造	T	TTL		C	0～70 ℃	W	陶瓷扁平
		H	HTL		E	－40～85 ℃	B	塑料扁平
		E	ECL		R	－55～85 ℃	F	全封闭扁平
		C	CMOS		M	－55～125 ℃	D	陶瓷直插
		F	线性放大器		……	……	P	塑料直插
		D	音响、电视电路				J	黑陶瓷直插
		W	稳压器				K	金属菱形
		J	接口电路				T	金属圆形

例：

2. 国外部分公司及产品代号

附表 2－26　国外部分公司及产品代号

公司名称	代号	公司名称	代号
美国无线电公司(BCA)	CA	美国悉克尼特公司(SIC)	NE
美国国家半导体公司 (NSC)	LM	日本电气工业公司(NEC)	PC
美国摩托罗拉公司(MOTA)	MC	日本日立公司(HIT)	RA
美国仙童公司(PSC)	A	日本东芝公司(TOS)	TA
美国德克萨斯公司(TII)	TL	日本三洋公司(SANYO)	LA,LB
美国模拟器件公司(ANA)	AD	日本松下公司	AN
美国英特西尔公司(INL)	IC	日本三菱公司	M

3. 部分模拟集成电路引脚排列

(1) 运算放大器,如附图 2-3 所示:

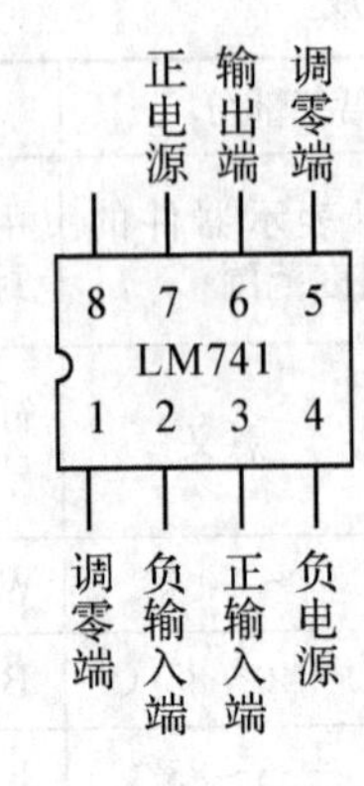

附图 2-3

(2) 音频功率放大器,如附图 2-4 所示:

附图 2-4

(3) 集成稳压器,如附图 2-5 所示:

附图 2-5

4. 部分模拟集成电路主要参数

(1) μA741 运算放大器的主要参数

附表 2-27 μA741 的性能参数

电源电压 $+U_{CC}$ $-U_{EE}$	+3 V~+18 V,典型值+15 V -3V~-18V, -15V	工作频率	10 kHz
输入失调电压 U_{IO}	2 mV	单位增益带宽积 $A_u \cdot BW$	1 MHz
输入失调电流 I_{IO}	20 nA	转换速率 S_R	0.5 V/S
开环电压增益 A_{uo}	106 dB	共模抑制比 CMRR	90 dB
输入电阻 R_i	2 MΩ	功率消耗	50 mW
输出电阻 R_o	75 Ω	输入电压范围	±13 V

（2）LA4100、LA4102 音频功率放大器的主要参数

附表 2－28　LA4100、LA4102 的典型参数

参数名称（单位）	条件	典型值	
		LA4100	LA4102
耗散电流（mA）	静态	30.0	26.1
电压增益（dB）	$R_{NF}=220\ \Omega, f=1\ kHz$	45.4	44.4
输出功率（W）	THD=10%，$f=1$ kHz	1.9	4.0
总谐波失真（×100）	$P_0=0.5\ W, f=1\ kHz$	0.28	0.19
输出噪声电压（mV）	$R_g=0, U_G=45\ dB$	0.24	

注：$+U_{CC}=+6$ V(LA4100)$+U_{CC}=+9$ V(LA4102)　$R_L=8\ \Omega$

（3）CW7805、CW7812、CW7912、CW317 集成稳压器的主要参数

附表 2－29　CW78XX、CW79XX、CW317 参数

参数名称（单位）	CW7805	CW7812	CW7912	CW317
输入电压（V）	＋10	＋19	－19	≤40
输出电压范围（V）	＋4.75～＋5.25	＋11.4～＋12.6	－11.4～－12.6	＋1.2～＋37
最小输入电压（V）	＋7	＋14	－14	$+3 \leqslant V_i - V_o \leqslant +40$
电压调整率（mV）	＋3	＋3	＋3	0.02%/V
最大输出电流（A）	加散热片可达 1			1.5

主要参考文献

[1] 孙肖子.现代电子线路和技术实验简明教程.北京:高等教育出版社,2004

[2] 秦曾煌.电工学.7版.北京:高等教育出版社,2010

[3] 童诗白,华成英.模拟电子技术基础.北京:高等教育出版社,2007

[4] 黄鸿,吴石增.传感器技术及其应用技术.北京:北京理工大学出版社,2008

[5] [印] R. S. Khandpur.实用电子技术:元器件使用与检测、设备维护与检修.北京:科学出版社,2008

[6] 梅开乡,梅军进.电子电路实验.北京:北京理工大学出版社,2009

[7] 林春方.数字电子技术.合肥:安徽大学出版社,2009

[8] 胡汉才.单片机原理.北京:清华大学出版社,2010

[9] 张勇.医用电子线路设计与制作.北京:人民卫生出版社,2011

[10] 李保平.电子技术实验指导书(数字部分).北京:中国电力出版社,2009